David Porter

DEUTSCHE PANZER IM ZWEITEN WELTKRIEG

1939 – 1945

WIELAND

David Porter

Deutsche Panzer im Zweiten Weltkrieg

1939–1945

Titel der Originalausgabe: German Tanks of World War II 1939-1945

Lektorat der Originalausgabe: Michael Spilling
Design der Originalausgabe: Andrew Easton
Bildredaktion: Terry Forshaw

1. Auflage der deutschen Ausgabe, 2023

ISBN 978-3-948264-18-5

Layout der deutschen Fassung: Caroline Wydeau
Ins Deutsche übersetzt von: Jürgen Brust
Lektorat: Birgit Arnold
Schlussredaktion: Karola Wieland

Druck: Print Consult
Printed in EU

INHALT

EINLEITUNG

1934 besuchte Hitler eine Vorführung in der Heeresversuchsanstalt Kummersdorf und sah ein paar Prototypen des leichten Panzerkampfwagens. Tief beeindruckt sagte er dem damaligen Oberst Heinz Guderian: „Genau das brauche ich!"

Hier begann Hitlers lebenslange Begeisterung für gepanzerte Kampffahrzeuge, was ernsthafte Konsequenzen für die Panzerwaffe haben sollte. Er setzte bei der Entwicklung der Panzer öfter auf das falsche Pferd, so bei seiner Unterstützung der überschweren Panzer und der unzuverlässigen, benzinelektrischen Konstruktionen von Dr. Ferdinand Porsche. Seine Einmischung in die Produktion führte auch dazu, dass die Herstellung von Ersatzteilen vernachlässigt wurde. Guderians Hinweis, dass die Panzerwaffe mit genügend Ersatzteilen statt neuer Panzer ihre Kampfkraft schneller und günstiger steigern könnte, stieß bei Hitler auf taube Ohren, da er eine Reduzierung der Produktion um 20 Prozent nicht akzeptieren wollte. Sein Desinteresse an der Entwicklung von Bergepanzern führte zu unnötigen Verlusten, bis endlich 1944 der Bergepanther erschien.

Trotz dieser Probleme waren die deutschen Panzer und Artillerie-Selbstfahrlafetten gut konstruiert und von hoher Fertigungsqualität. Ihre überlegene Feuerkraft und die ausgezeichnete Optik sorgten dafür, dass sie über große Entfernungen wesentlich effektiver feuern konnten als die Panzer der Alliierten. Diese Überlegenheit wurde aber zu einem hohen Preis erkauft: Der erforderliche feinmechanische Aufwand bremste das Produktionstempo aus.

Wie die Rote Armee zu Beginn der Operation Barbarossa feststellen musste, sind selbst die besten Panzer ohne gut ausgebildete Besatzungen praktisch nichts wert. Bis 1939 war die deutsche Ausbildung hervorragend. Dieser Standard wurde bis weit in den Krieg hinein aufrechterhalten, bis Treibstoffmangel und der dringende Bedarf an Ersatzpersonal zu einer kürzeren Ausbildung zwangen.

Guderian sorgte dafür, dass die deutschen Panzer schon vor dem Krieg über Funk und Bordsprechanlagen verfügten und die Panzerkommandanten so mit ihrer Besatzung und anderen Panzern sprechen konnten. General der Panzertruppe Hermann Balck schrieb: „Den entscheidenden Durchbruch im militärischen Denken brachte Guderian, nicht nur bei der Panzerung, sondern auch bei der Kommunikation." Für ihn war eine der wichtigsten Innovationen die standardisierte, fünfköpfige Besatzung mit einem eigenen Funker.

Auf der operativen Ebene gab eine Nachrichten-Abteilung pro Panzerdivision den Kommandeuren eine nie gekannte Flexibilität. Es lässt sich sogar behaupten, dass die deutschen Siege von 1939 bis 1942 weniger dem überlegenen Gerät als vielmehr der ausgeklügelten Taktik

Die A7V „Hagen" und „Wotan" halten 1918 auf dem Marsch zur Front bei Villers-Bretonneux.

und der hervorragenden Führung zu verdanken sind. Diese Faktoren ermöglichten ein Operationstempo, mit dem die Gegner zunächst überfordert waren. Ab 1942 ging dieser Vorteil allmählich verloren, weil die Alliierten begannen, ihre industrielle Überlegenheit zu nutzen und operative Lehren zu ziehen, mit denen sie die Panzerwaffe schlussendlich besiegten.

Das Interesse Deutschlands an Panzerwagen begann 1906 mit einem Prototypen von Heinrich Ehrhardt. Es handelte sich um ein ungewöhnliches Ballonabwehrfahrzeug mit einer 50-mm-Rheinmetall-Kanone in einem kleinen Turm. Dies erregte viel Aufsehen in der Öffentlichkeit, aber das Deutsche Heer sah darin eine Spielerei ohne echten militärischen Wert.

Der nächste Schritt folgte 1911, als der k.u.k. Oberleutnant Gunther Burstyn ein gepanzertes Kettenfahrzeug mit einer Kanone in einem Turm entwickelte. In vielen Eigenschaften war dieses Motorgeschütz den meisten Panzern von 1918 weit überlegen.

Im Oktober 1911 legte er dem k.u.k. Kriegsministerium in Wien einen Entwurf und ein Modell in kleinem Maßstab vor. Die Heeresverwaltung forderte einen Prototypen an, was angesichts ihrer extrem konservativen Einstellungen ein ermutigendes Zeichen war. Burstyn verfügte aber weder über die Mittel für den Bau noch über Kontakte zur Industrie. Also bot er die Pläne dem deutschen Kriegsministerium an, das ebenfalls Interesse gezeigt hatte. Aber trotz Unterstützung durch eine führende Militärzeitschrift scheiterte er in Berlin ebenfalls. Als sein Patentantrag 1912 abgelehnt wurde, weil er vorhandene Patente zu Kettentraktoren verletzen würde, gab Burstyn seine Idee schließlich auf.

Das Motorgeschütz ist zwar nicht über die Entwurfsphase hinaus gekommen, aber man kann sich schon fragen „Was wäre wenn…?“. Mit etwas mehr Unterstützung von offizieller Seite hätten die Heere von Deutschland und Österreich-Ungarn viel eher als die Alliierten Panzer entwickeln und einsetzen können.

DIE VORLÄUFER

Ehrhardt Straßenpanzerwagen

Die Vorstöße der alliierten Panzer zeigten das Potenzial dieser Fahrzeuge und bewogen Deutschland, eigene Panzer zu entwickeln. Sie bauten schwere Fahrzeuge, aber nur in kleiner Zahl – vom riesigen Büssing A5P wurden gerade einmal drei Exemplare gebaut. Nur der Ehrhardt E-V/4 wurde in größerer Zahl hergestellt. Insgesamt wurden zwischen 1915 und 1919 immerhin 53 Fahrzeuge ausgeliefert, die überwiegend an der Ostfront eingesetzt wurden. Nach dem Krieg übernahm das Heer die Panzer und setzte sie 1919 in den erbitterten Kämpfen gegen die kommunistischen Aufstände ein. Die verbliebenen Fahrzeuge gingen dann an die Ordnungspolizeien, wo sie bis 1945 im Rahmen der inneren Sicherheit eingesetzt wurden.

EHRHARDT E-V/4

Gewicht	7,75 t
Länge	5,30 m
Breite	2,20 m
Höhe	2,90 m
Antrieb	Daimler-Benz-6-Zylinder, 80 PS
Geschwindigkeit	60 km/h (Straße)
Reichweite	250 km
Besatzung	8 oder 9 Mann
Panzerung	6–9 mm
Bewaffnung	3 x MG 08 7,92 mm

Ehrhardt E-V/4
Ein getarnter Ehrhardt-Panzerwagen von 1917 im Jahr 1918 an der Ostfront. Die drei MGs konnten in jeder der zehn Luken in Wanne und Turm montiert werden.

A7V

Einer der fünf A7V, die unter dem Befehl von Hauptmann Greiff während der März-Offensive 1918 am Angriff auf St. Quentin beteiligt waren.

A7V

Nachdem die britischen und französischen Panzer 1916/17 keinen entscheidenden Durchbruch erzielen konnten, versuchte General Ludendorff, ihre Rolle herunterzuspielen. Eher technikaffine deutsche Offiziere erkannten aber, dass der Panzer trotz der noch vorhandenen Einschränkungen ein wertvolles Waffensystem war. So etablierte die Abteilung 7 Verkehrswesen des Allgemeinen Kriegsdepartements im Preußischen Kriegsministerium einen Entwicklungsausschuss, der die Entwicklung des A7V vorantrieb. Der Name des Panzers basiert auf der Abkürzung dieser Abteilung.

Die Produktion begann im September 1917. Zum Ende des Jahres standen bereits sieben Sturmpanzer-Abteilungen mit je fünf Panzern. Allerdings reichten die gebauten A7V nur für drei Abteilungen, die anderen erhielten erbeutete britische Panzer (meist Mark IV).

Aufgrund des hohen Schwerpunkts, der geringen Bodenfreiheit und der bescheidenen Grabenüberschreitfähigkeit von nur etwas mehr als zwei Metern war die Beweglichkeit auf dem Gefechtsfeld arg eingeschränkt. Der zeitgenössische Mark IV schlug sich wesentlich besser, speziell mit seiner Grabenüberschreitfähigkeit von bis zu drei Metern, sodass Beutepanzer sehr begehrt waren.

Ein deutscher Bericht beschrieb kurze Zeit später die Panzer als „Angriffswaffe zur Unterstützung der Infanterie. Sie sollten mit den Sturmtruppen der Infanterie feindliche Schwerpunkte, MG-Nester und andere Widerstandsnester bekämpfen ... um der folgenden Infanterie den Weg freizukämpfen."

Im Februar 1918 begann Sturm-Bataillon Nr. 5 (Rohr) eine Reihe von Übungen mit den A7V der Sturm-Panzer-Kraftwagen-Abteilung Nr. 1. Dies zahlte sich aus, als am 21. März 1918 zwei Einheiten die britischen Stellungen bei St. Quentin attackierten. Dabei gelang es den A7V mit Elementen des Sturm-Bataillons Rohr, sozusagen die ersten Panzergrenadiere, eine starke Befestigung zu überrennen.

A7V

Gewicht	32,00 t
Länge	7,35 m
Breite	3,05 m
Höhe	3,40 m
Antrieb	2 x Daimler-Benz-4-Zylinder mit insgesamt 200 PS
Geschwindigkeit	15 km/h (Straße)
Reichweite	35 km
Besatzung	18 Mann (Kommandant, Fahrer, Mechaniker, Mechaniker/Melder, 12 Schützen [6 MG-Schützen und 6 MG-Ladeschützen] sowie 2 Artilleristen [Richtkanonier und Ladeschütze])
Panzerung	5–30 mm
Bewaffnung	1 x Cockerill-Nordenfelt-Kasematt-Schnellfeuerkanone 5,7 cm L/26,3, 6 x MG 08 und 1 x MG 08/15 7,92 mm

K-Wagen

Das Erscheinen der alliierten Panzer im Jahr 1916 überzeugte viele progressive deutsche Militärtheoretiker, dass nur noch stärkere deutsche Panzer dieser Bedrohung gewachsen seien. Im Juni 1917 überredeten sie das Kriegsministerium, den neuen, besonders schweren K-Wagen für Durchbrüche zu beschaffen. Die Konstruktion stammt von Joseph Vollmer, Ingenieur der Verkehrstechnischen Prüfungskommission, und Hauptmann Weger.

Ursprünglich sollte der Großkampfwagen 165 Tonnen wiegen, was dann auf praktischere 120 Tonnen reduziert wurde. Die beeindruckende Bewaffnung umfasste vier 7,7-cm-Kanonen und sechs MGs. Aufgrund seiner enormen Größe und seines Gewichts konnte der K-Wagen nicht in einem Stück transportiert werden, also wurde er in sechs Abschnitte für den Bahntransport aufgeteilt und erst unmittelbar hinter der Front wieder zusammengefügt.

Von den zehn geplanten Fahrzeugen standen bei Kriegsende nur zwei in der Riebe-Kugellager-Fabrik in Berlin kurz vor der Fertigstellung. Im Rahmen des Vertrags von Versailles wurden beide durch die Alliierte Kontrollkommission vernichtet.

K-WAGEN

Gewicht	120,00 t
Länge	13,00 m
Breite	6,10 m
Höhe	3,00 m
Antrieb	2 x Daimler-Benz-V6 zu je 650 PS
Geschwindigkeit	8 km/h
Reichweite	190 km (Straße)
Besatzung	27 Mann
Panzerung	30 mm
Bewaffnung	4 × 7,7-cm-Kanone und 7 x MG 08 7,92 mm

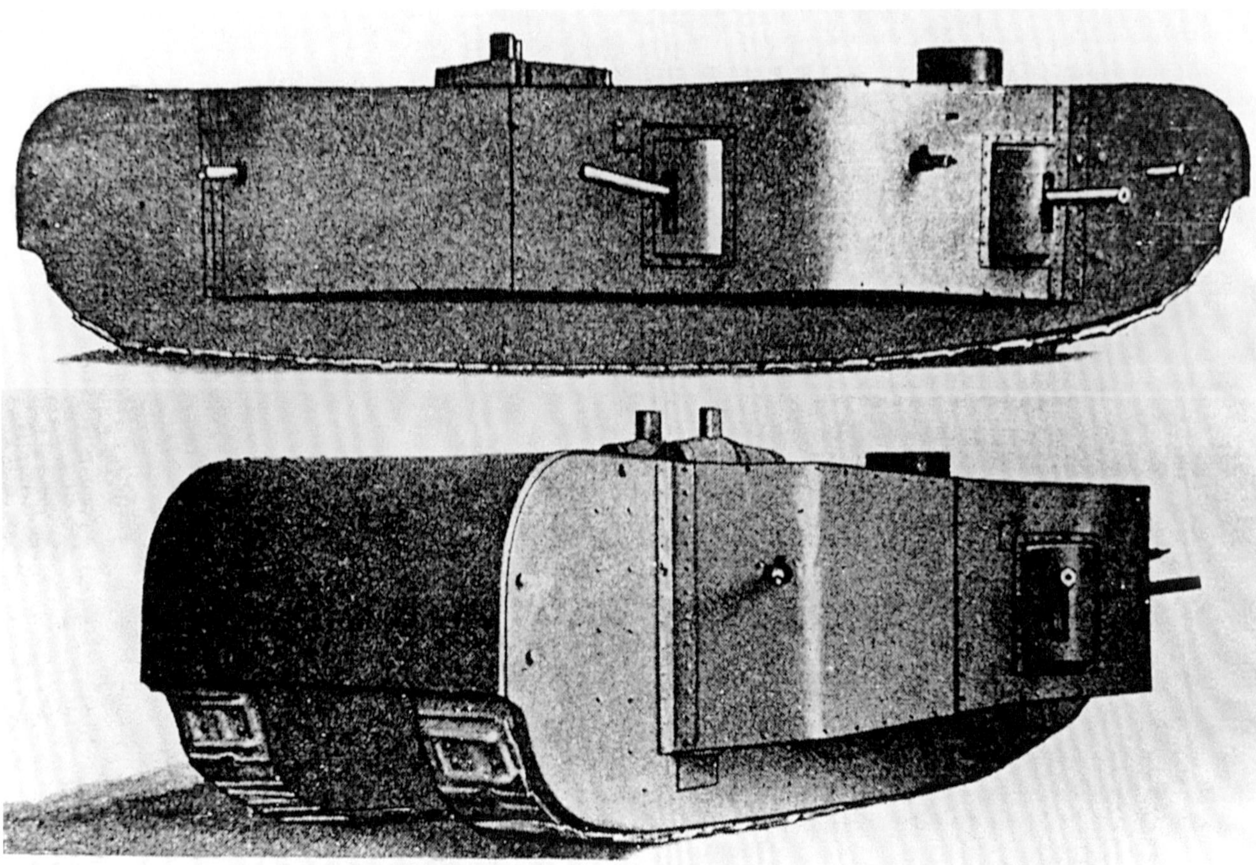

K-Wagen

Der gigantische K-Wagen wäre wohl noch unbeweglicher als der A7V gewesen und hätte gerade noch als halb bewegliches Ziel für die feindliche Artillerie getaugt.

Drei Neubaufahrzeuge der Panzer-Abteilung z.b.V. 40 nach dem Ausladen im Hafen von Oslo, April 1940.

Großtraktor und Neubaufahrzeug

Bereits 1921 erprobte die Reichswehr die Taktik der motorisierten Infanterie mit requirierten Zivilfahrzeugen. Bis zur Mitte der 1920er-Jahre nahmen immer mehr Panzerattrappen an Übungen teil. 1925 und 1926 bestellte die Reichswehr bei Rheinmetall-Borsig, MAN, Krupp und Daimler-Benz diverse Prototypen leichter (zehn bis zwölf Tonnen) und mittlerer (bis zu 23 Tonnen) Panzer, wegen der Geheimhaltung als Traktoren bezeichnet. Diese Fahrzeuge wurden von 1930 bis 1933 heimlich an der Panzerschule Kama bei Kasan in der Sowjetunion erprobt.

Die leichten Panzer mit der Bezeichnung Leichttraktor (VK 31) erhielten eine 3,7-cm-Kanone im Turm und ein koaxiales MG. Die mittleren Panzer, zunächst als Armeewagen 20 und dann als Großtraktor bezeichnet, waren mit einer 7,5-cm-Kanone L/24 im Turm und drei oder vier MGs in MG-Türmen bewaffnet. Diese Entwicklungen waren allesamt nicht befriedigend, gaben aber den deutschen Panzerentwicklern wertvolle Aufschlüsse für die Wiederaufrüstung in den 1930er-Jahren.

Die Entwicklung des Neubaufahrzeugs begann 1933, als das Heeresamt bei Rheinmetall und Krupp den Bau von drei Prototypen eines verbesserten Großtraktors in Auftrag gab. Die beiden Entwürfe unterschieden sich lediglich in der Anordnung der Bewaffnung. Beide hatten einen Hauptturm mit einer 7,5-cm-Kanone KwK 37 L/24 und einer 3,7-cm-Kanone KwK 36 L/45. Bei Rheinmetall saß die Nebenbewaffnung oberhalb der 7,5-cm-Kanone, während Krupp sich für eine koaxiale Anordnung entschied. Ähnlich wie der Panzerkampfwagen I hatten beide kleine MG-Türme vor und hinter dem Hauptturm.

1934 baute Rheinmetall drei Prototypen aus Flussstahl mit jeweils unterschiedlichen Turmkonstruktionen. Drei besser gepanzerte Prototypen mit von Krupp entwickelten Türmen wurden 1935 und 1936 fertiggestellt. Die Fahrzeuge von Rheinmetall erhielten die Bezeichnung Panzerkampfwagen NeubauFahrzeug V (PzKpfw NbFz V), die von Krupp liefen als PzKpfw NbFz VI.

Diese Fahrzeuge sollten eigentlich die schweren Durchbruchspanzer der Panzerwaffe werden, waren dafür jedoch zu kompliziert und unzuverlässig. Die sechs Prototypen wurden aber intensiven Erprobungen unterzogen, um Erfahrungen mit Panzern mit mehreren Türmen zu sammeln.

Drei Neubaufahrzeuge nahmen von April bis Juni 1940 an der Besetzung von Norwegen teil. Das war in erster Linie als Maßnahme gedacht, um den Alliierten vorzutäuschen, dass der Typ bereits in der Serienproduktion war.

PzKpfw NbFz VI
Einer der drei Panzer aus dem Zug mit den PzKpfw NbFz VI im April 1940 in Norwegen.

Die drei Neubaufahrzeuge der Panzer-Abteilung z.b.V. 40 in Oslo. Nur eines davon wurde wohl am 25. April 1940 beim Gefecht in Kvam eingesetzt. Dort wurde es durch einen Treffer aus einer 25-mm-Hotchkiss-Panzerabwehrkanone der British King's Own Yorkshire Light Infantry kampfunfähig geschossen.

PzKpfw NbFz
Ein PzKpfw NbFz V mit Funkgerät „Spez. 976 Ba" und Bügelantenne bei Übungen auf dem Übungsplatz Putlos 1937/38.

NEUBAUFAHRZEUG VI (NBFZ VI)

Gewicht	23,40 t
Länge	6,65 m
Breite	2,90 m
Höhe	2,90 m (mit Antenne)
Antrieb	Maybach-HL-108-TR mit 290 PS
Geschwindigkeit	30 km/h (Straße)
Reichweite	120 km (Straße)
Besatzung	6 Mann
Panzerung	13–20 mm
Bewaffnung	1 x 7,5-cm-KwK-37-L/24, 1 x koaxiale 3,7-cm-KwK-36-L/46,5 und 5 x MG 13 7,92 mm

Panzervormarsch: Panzergrenadiere in Halbkettenfahrzeugen SdKfz 251 und Panzer III rücken im Sommer 1942 über die russische Steppe vor.

PANZERWAGEN UND HALBKETTENFAHRZEUGE

Panzerwagen ließen sich schneller und einfacher bauen als Halbkettenfahrzeuge oder Panzer. So verwundert es nicht, dass die Reichswehr sich 1932 zunächst damit ausrüstete. Die Flotte der Halbkettenfahrzeuge der Wehrmacht bestand zum größten Teil aus den Sonderkraftfahrzeugen (SdKfz) 250 und 251. Bis zum Kriegsende wurden fast 22.000 Stück dieser Serien gebaut.

DIESES KAPITEL UMFASST DIE FOLGENDEN FAHRZEUGE:

- Kfz 13 und 14
- SdKfz 221, 222 und 223
- SdKfz 231 (6-Rad), 232 (6-Rad) und ADGZ
- SdKfz 231 (8-Rad) und 232 (8-Rad)
- SdKfz 263
- SdKfz 234/1 und 234/2
- SdKfz 234/3 und 234/4
- SdKfz 250/1, 250/3, 250/5, 250/7, 250/8, 250/9, 250/10 und 250/11
- SdKfz 251/1, 251/6, 251/7, 251/9, 251/10, 251/22 und 251/23

PANZERWAGEN UND LEICHTE PANZER

Aufklärungsoperationen der Wehrmacht

Zu Beginn des Krieges wurden Aufklärungsoperationen mit Truppen in Panzerwagen durchgeführt, unterstützt durch motorisierte Infanterie. Deren bescheidene Geländegängigkeit führte aber dazu, dass immer häufiger Halbkettenfahrzeuge der Typen SdKfz 250 und 251 eingesetzt wurden, im Verbund mit Kettenfahrzeugen wie dem Aufklärungspanzer 38(t).

Obwohl diese Fahrzeuge durchaus Panzerschutz und Feuerkraft boten, waren die Aufklärer eher darauf aus, im Verborgenen zu agieren, als sich Informationen über den Kampf zu verschaffen. Ein Offizier schrieb: „Die besten Aufklärungseinsätze führte ich mit ungenutzten Waffen. Selbst lohnende Ziele wurden nur gemeldet und nicht angegriffen. Darum kümmern sich die anderen. Ein schießfreudiger Truppenführer ist als Aufklärer nutzlos, denn er wird rasch vom Feind entdeckt und dann wie ein Hase gejagt. Ein Bericht über ein feindliches Panzerlager ist viel mehr wert als fünf zerschossene Lastwagen."

OPERATIVE AUFKLÄRUNG

Die Panzerwagentruppe der operativen Aufklärung erkundete weite Räume und drang tief hinter die feindlichen Linien ein, um Informationen für die strategische Planung zu gewinnen. Sie war eine wichtige Ergänzung zur Luftaufklärung, die bei schlechtem Wetter nicht stattfinden konnte und sich durch Tarnung leicht täuschen ließ.

TAKTISCHE AUFKLÄRUNG

Eine wichtige Aufgabe der Panzerwagentruppe war auch die taktische Aufklärung. Neben der Geländeerkundung

Das SdKfz 250/3 (links) war der übliche Funkpanzerwagen, der von den Truppenführern genutzt wurde.

Die Alliierten setzten erbeutete SdKfz 250 häufig ein. Hier überquert ein Fahrzeug mit einer britischen Besatzung im Oktober 1943 eine Schwimmbrücke über den Volturno in Süditalien.

zählten auch Informationen über Organisation, Kräfteverteilung, Kampfkraft und Verstärkungsfähigkeit der Alliierten dazu.

Die Truppenteile rückten in der Regel sprungweise vor, wenn die Gefahr einer Feindberührung bestand. Die Länge der Sprünge hing von der Deckung ab, die das Gelände bot, sowie von der Dichte des örtlichen Straßennetzes. Sie wurde um so kürzer, je näher man an die Stellungen der Alliierten rückte.

GEFECHTSAUFKLÄRUNG

Bei der Gefechtsaufklärung handelte es sich um die Nahbereichsaufklärung im Vorfeld der Dislozierung des Stammtruppenteils. Je nach taktischer Lage kamen Aufklärungstruppen unterschiedlicher Stärke zum Einsatz, unter anderem:

- Spähtrupps. Hier handelte es sich um kleinere Trupps, meist bestehend aus einem Unteroffizier mit drei oder vier Soldaten. Aufklärungsziele waren Stellungen der Alliierten und Minenfelder. Diese Trupps gingen in der Regel dem Feind aus dem Weg und zogen sich zurück, wenn sie unter Beschuss gerieten.
- Gefechtsspähtrupps oder Stoßtrupps. Ein Gefechtsspähtrupp bestand in der Regel aus einem Feldwebel mit 15 bis 20 Mann, unterteilt in zwei gleich große Gruppen mit je einem Gruppenführer. Hierbei handelte es sich in erster Linie um Stoßtrupps, die oft das Ziel hatten, gegnerische Soldaten für die Befragung gefangen zu nehmen.

DIE AUFKLÄRUNGSTRUPPEN WÄHREND DES RÜCKZUGS 1943–1945

Bei der Deckung während des Rückzugs blieben die gepanzerten Aufklärungskompanien in gedeckten Beobachtungsstellungen, nachdem sich die Division vom Feind gelöst hatte. Der Rest des Bataillons richtete unterdessen einen vorübergehenden Abwehrschirm ein, durch den sich die Panzerwagen und Halbkettenfahrzeuge zurückzogen, sobald sie den Befehl dazu erhalten hatten. Dabei hatten die gepanzerten Aufklärungskompanien die Aufgabe, die Flanken und die Nachhut vor feindlicher Aufklärung zu schützen und den Verlauf der feindlichen Angriffslinie zu melden. Die Aufklärungskompanien wurden zurückbeordert, sobald die Division durch Sprengung von Brücken, Fällen von Bäumen und Verminung der Straßen ihre Hauptverteidigungslinie eingerichtet hatte.

Kfz 13 und Kfz 14

Ab 1932 erhielt die motorisierte Aufklärungstruppe der Reichswehr diese sehr rudimentären Spähwagen. Die Fahrzeuge basierten auf dem Fahrgestell des Adler-Standard-6 mit Allradantrieb. Sie erhielten eine dünn gepanzerte, nach oben offene Wanne und waren unter dem Spitznamen „Badewanne" bekannt. Das Fahrgestell lieferte Adler in Frankfurt, während die Wanne bei der Deutschen Edelstahl AG in Hannover hergestellt wurde.

In der Ausführung Kfz 13 wurden insgesamt 147 Fahrzeuge gebaut. Sie verfügten über ein einziges MG 13 auf einem Sockel mit einem kleinen Schutzschild. Weitere 40 wurden als Funk-Kraftwagen-Kfz-14 gebaut. Hierbei handelte es sich um ungepanzerte Fahrzeuge mit einem Weitbereichsfunkgerät und einer faltbaren Rahmenantenne.

Beide Typen kamen vor dem Krieg häufig zum Einsatz. Einsatzfähige Fahrzeuge blieben bis 1940/41 im Dienst und wurden danach nur noch für Übungszwecke benutzt.

KFZ 13 UND KFZ 14

Gewicht	1,90 t
Länge	4,20 m
Breite	1,70 m
Höhe	3,30 m (mit Antenne)
Antrieb	Adler-6-Zylinder-Reihenmotor mit 60 PS
Geschwindigkeit	60 km/h
Reichweite	320 km (Straße)
Besatzung	2 Mann (Kfz 13) oder 3 Mann (Kfz 14)
Panzerung	4–8 mm
Bewaffnung	1 x MG 13 7,92 mm mit 1.000 Schuss in Kurvenmagazinen zu 25 Schuss oder Doppeltrommelmagazinen zu 75 Schuss (nur Kfz 13)

Kfz 14

Das Kfz 14 ist an der Funkantenne erkennbar.

Kfz 13

Ein Kfz 13 im üblichen Panzergrau am Ende des Polenfeldzugs. Die polnischen Panzerabwehrschützen fanden schnell heraus, dass das leuchtend weiße Balkenkreuz ein ausgezeichnetes Ziel abgab. So wurde es rasch durch eine unauffälligere, schwarz-weiße Version ersetzt.

SdKfz 221, SdKfz 222 und SdKfz 223

Das SdKfz 221 wurde ab 1934 als Nachfolger des Spähwagens Kfz 13/14 entwickelt. Es war wesentlich geräumiger als der Vorgänger und verfügte über eine gut abgeschrägte Panzerung. Bewaffnet war es mit einem einzigen MG 34 in einem nach oben offenen Turm, der mit zwei Gitterklappen gegen den Einwurf von Handgranaten geschützt wurde. Auch die Geländegängigkeit wurde verbessert.

Zwischen 1935 und 1940 entstanden insgesamt 339 dieser Panzerspähwagen. Nutzbare Fahrzeuge blieben bis 1945 im Dienst und viele erhielten die 2,8-cm-Schwere-Panzerbüchse-41 (sPzB 41) in einem veränderten Turm als Ersatz für das MG 34.

SDKFZ 222

Das SdKfz 222 war eine stärker bewaffnete Weiterentwicklung des SdKfz 221 mit einem größeren, nach oben offenen Turm mit einer 2-cm-KwK-30-L/55 und einem koaxialen MG 34 7,92 mm. Die Gitterklappen konnten abgeklappt werden, um eine Erhöhung der Kanone bis zu 80° nach oben zu ermöglichen, was in Grenzen die Flugabwehr zuließ. In der Praxis ließ sich der von Hand bewegte Turm aber nur langsam drehen und erhöhen, sodass es sich eher um einen theoretischen Vorteil handelte.

Die KwK 30 basierte auf einem Entwurf von Rheinmetall aus den 1920er-Jahren, der 1929 an die Schweizer

Aufklärungseinheit 1939/40: SdKfz 222, 223 und 232 (8-Rad) zusammen mit einem Motorrad mit Beiwagen.

Tochtergesellschaft Solothurn abgegeben wurde. Solothurn entwickelte daraus die S5-200, die in geringer Zahl exportiert wurde, bevor Rheinmetall auf dieser Basis die KwK 30 schuf. 1942 wurde die KwK 30 durch die schnellere KwK 38 mit dem gleichen Kaliber ersetzt und die Frontpanzerung wurde auf 30 Millimeter verstärkt. Das SdKfz 222 wurde von 1936 bis Mitte 1943 gebaut, und es wurden nahezu 1.000 Exemplare fertiggestellt.

SDKFZ 223

Das SdKfz 223 wurde neben dem SdKfz 221 als Funkwagen mit großer Reichweite für die Panzerwagentruppe entwickelt. Die große, rechteckige, klappbare Rahmenantenne der ersten Fahrzeuge wurde später durch eine weniger auffällige Sternantenne ersetzt. Die Produktion lief mit kleinen Zahlen von 1935 bis Januar 1944. Insgesamt wurden 550 Fahrzeuge gebaut.

SDKFZ 221

Gewicht	3,75 t
Länge	4,80 m
Breite	1,95 m
Höhe	1,80 m
Antrieb	Horch-V8-Ottomotor mit 75 PS
Geschwindigkeit	85 km/h
Reichweite	280 km (Straße)
Besatzung	2 Mann
Panzerung	8–14,5 mm
Bewaffnung	1 × MG 34 7,92 mm mit 1.100 Schuss (oder 1 × 2,8-cm-sPzB-41)

SdKfz 221

Ein leichter Panzerspähwagen 221 mit der nachgerüsteten 2,8-cm-Schwere-Panzerbüchse-41 (sPzB 41). Hier im Dienst einer Aufklärungseinheit der Waffen-SS im Sommer 1943 an der Ostfront.

SDKFZ 222

Gewicht	4,80 t
Länge	4,80 m
Breite	1,95 m
Höhe	2,06 m
Antrieb	Horch/Auto-Union-V8-Ottomotor mit 75 PS (später 90 PS)
Geschwindigkeit	85 km/h
Reichweite	280 km (Straße)
Besatzung	3 Mann
Panzerung	8 – 14,5 mm
Bewaffnung	1 x 2-cm-KwK-30-L/55 oder KwK 38 L/55 mit 18 Magazinen zu 10 Schuss und 1 x koaxiales MG 34 7,92 mm mit 1.100 Schuss

SdKfz 222

Ein SdKfz 222 der 21. Panzer-Division des Deutschen Afrikakorps im Herbst 1941 in Libyen. Dies war das Standardfahrzeug der Aufklärungseinheiten der Panzer- und Panzergrenadierdivisionen. Mit dem Allradantrieb war die Geländegängigkeit in den meisten Situationen recht ordentlich. Unter den extremen Bedingungen in Russland reichte das aber nicht. Deshalb wurden die Fahrzeuge ab Ende 1943 von der Ostfront abgezogen.

SdKfz 223

Ein SdKfz 223 der 13. Panzer-Division bei der Operation Barbarossa im Sommer 1941. Die ersten Versionen dieses Funkwagens basierten noch auf dem SdKfz 221, spätere Fahrzeuge hatten die Wanne und den stärkeren Motor des SdKfz 222. Dieses Fahrzeug trägt die typische faltbare Rahmenantenne und verfügt über eine Funkreichweite von bis zu 40 Kilometern.

SDKFZ 223

Gewicht	4,40 t
Länge	4,80 m
Breite	1,95 m
Höhe	1,80 m
Antrieb	Horch/Auto-Union-V8-Ottomotor mit 75 PS (später 90 PS)
Geschwindigkeit	80 km/h (Straße)
Reichweite	280 km (Straße)
Besatzung	3 Mann
Panzerung	8 – 30 mm
Bewaffnung	1 x MG 34 7,92 mm mit 1.050 Schuss

SdKfz 231 (6-Rad), SdKfz 232 (6-Rad) und ADGZ

Diese Panzerspähwagen basierten auf einem 6x4-LKW-Fahrgestell von Daimler-Benz, auf Allradlenkung umgebaut und mit gepanzerter Wanne und Turm versehen. Bei den ersten Erprobungen stellten sich die Vorderachse und der Kühler als zu schwach heraus.

Die ersten Fahrzeuge wurden 1932 als SdKfz 231 in Dienst gestellt. Dazu kam bald das SdKfz 232, dasselbe Fahrzeug, aber mit dem Funkgerät FuG 11 mit großer Reichweite und der typischen Bügelantenne. Die vordere Antennenhalterung war schwenkbar, damit der Turm sich um 360° drehen konnte.

SDKFZ 231 (6-RAD)

Gewicht	5,30 t
Länge	5,57 m
Breite	1,82 m
Höhe	2,25 m
Antrieb	Magirus-S88-6-Zylinder-Ottomotor mit 70 PS
Geschwindigkeit	62 km/h
Reichweite	300 km (Straße)
Besatzung	4 Mann
Panzerung	8–14,5 mm
Bewaffnung	1 x 2-cm-KwK-30 mit 20 Magazinen zu 10 Schuss und 1 x koaxiales MG 34 7,92 mm mit 1.300 Schuss

Beide Fahrzeuge wurden bis 1937 gebaut, und zwar insgesamt 123 SdKfz 231 und 28 SdKfz 232. Sie waren zwar mit der 6x4-Auslegung nicht besonders geländegängig und auch schwach motorisiert, aber vergleichbare ausländische Fahrzeuge waren auch nicht besser. Ab 1941 wurden sie nur noch zur Ausbildung und zur Bekämpfung von Partisanen eingesetzt.

STEYR ADGZ

Steyr entwickelte den ADGZ 1934 aufgrund einer Forderung der österreichischen Armee nach einem schweren Panzerwagen, der auch für die innere Sicherheit eingesetzt werden konnte.

Von 1935 bis 1937 wurden 27 mittlere Panzerwagen M35 gebaut, die nach dem Anschluss 1938 alle von Deutschland übernommen wurden. Sie dienten bei den Polizei-Panzer-Kompanien und der SS, drei gingen 1939 an die SS-Heimwehr Danzig und nahmen am Angriff auf die Westerplatte teil.

Die Fahrzeuge bewährten sich für Aufgaben der inneren Sicherheit, sodass die SS 1941 weitere 25 bestellte, die im Jahr darauf ausgeliefert wurden. Die meisten gingen an die 7.-SS-Freiwilligen-Gebirgs-Division „Prinz Eugen“ und wurden auf dem Balkan gegen Partisanen eingesetzt.

SdKfz 232 (6-Rad)
Ein Panzerspähwagen (Fu) in Polen im September 1939. Die Geländegängigkeit war bescheiden. Dieses Fahrzeug hatte einziehbare Rollen unter dem Kühler und der mittleren Wanne, um der Gefahr des Aufsetzens im Gelände vorzubeugen.

SdKfz 231 (6-Rad) und SdKfz 232 (6-Rad) während eines Manövers des VI. Armeekorps, Lüneburger Heide 1935.

ADGZ

Gewicht	12,00 t
Länge	6,25 m
Breite	2,18 m
Höhe	2,56 m
Antrieb	Austro-Daimler-6-Zylinder-Ottomotor mit 150 PS
Geschwindigkeit	70 km/h
Reichweite	330 km (Straße)
Besatzung	6–7 Mann
Panzerung	max. 11 mm
Bewaffnung	1 x 2-cm-KwK-35-L/45 mit 10 Magazinen zu 10 Schuss und 3 x MG 34 7,92 mm (im Turm, vorn und hinten in der Wanne)

ADGZ
Ein ADGZ der SS-Heimwehr Danzig im September 1939.

SdKfz 231 (8-Rad) und SdKfz 232 (8-Rad)

Die schlechte Geländegängigkeit der 6-Rad-Panzerspähwagen fiel in der Praxis sofort auf, sodass 1934 eine verbesserte Konstruktion gefordert wurde. Die neuen Fahrzeuge auf dem 8x8-Fahrgestell von Büssing-NAG waren zwar nicht besser gepanzert als die kleinen SdKfz 222, aber mit der Allradlenkung beweglicher und geländetauglicher. Die Fahrerplätze vorn und hinten wurden beibehalten, aber die neue Wanne mit dem Heckmotor sorgte für eine wesentlich bessere Gewichtsverteilung. Die Besatzungen waren auch von dem größeren Motorraum angetan, der die Wartung wesentlich einfacher machte als bei den alten 6-Rad-Panzerspähwagen.

Wie bei den früheren Versionen gab es auch hier spezielle Funkfahrzeuge, die SdKfz 232 (Fu). Diese erhielten zunächst das Funkgerät FuG 11 und eine große Bügelantenne; spätere Fahrzeuge hatten dann eine weniger auffällige Sternantenne. Zwischen 1936 und 1943 wurden 607 Panzerspähwagen dieser Typen gebaut.

SdKfz 232 (8-Rad)

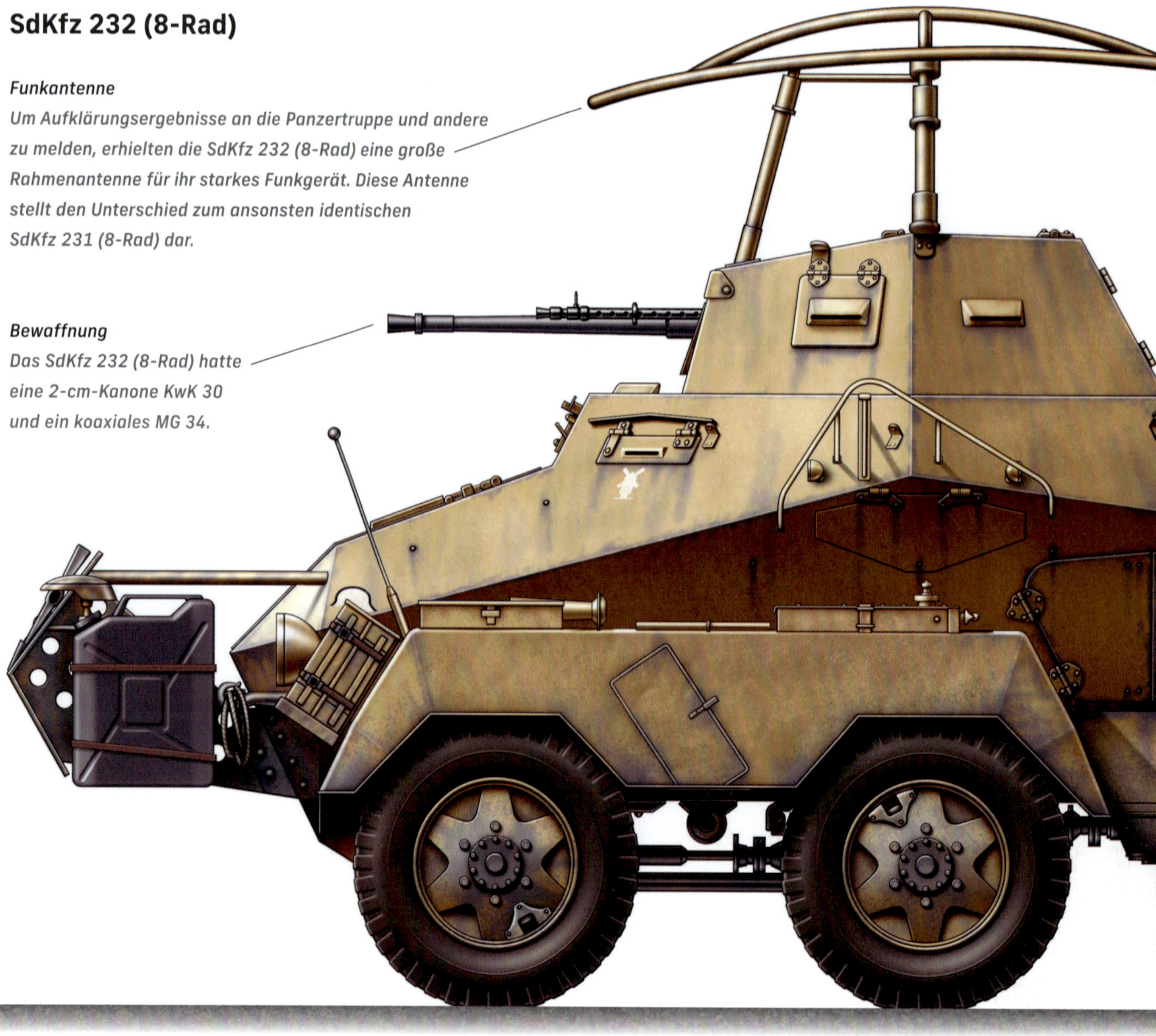

Funkantenne
Um Aufklärungsergebnisse an die Panzertruppe und andere zu melden, erhielten die SdKfz 232 (8-Rad) eine große Rahmenantenne für ihr starkes Funkgerät. Diese Antenne stellt den Unterschied zum ansonsten identischen SdKfz 231 (8-Rad) dar.

Bewaffnung
Das SdKfz 232 (8-Rad) hatte eine 2-cm-Kanone KwK 30 und ein koaxiales MG 34.

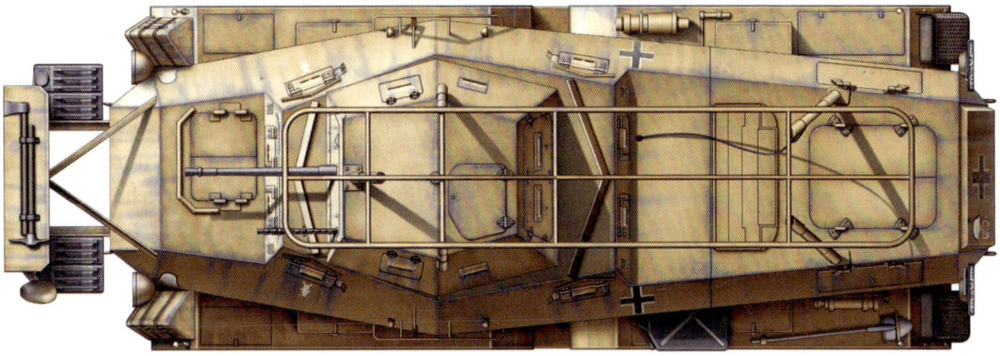

Beweglichkeit

Für ein Fahrzeug, das die ersten Feindberührungen haben sollte, waren diese Fahrzeuge sehr schwach bewaffnet und gepanzert. Deshalb war es so wichtig, dass sie in der Lage waren, in weniger als zehn Sekunden die Richtung zu wechseln.

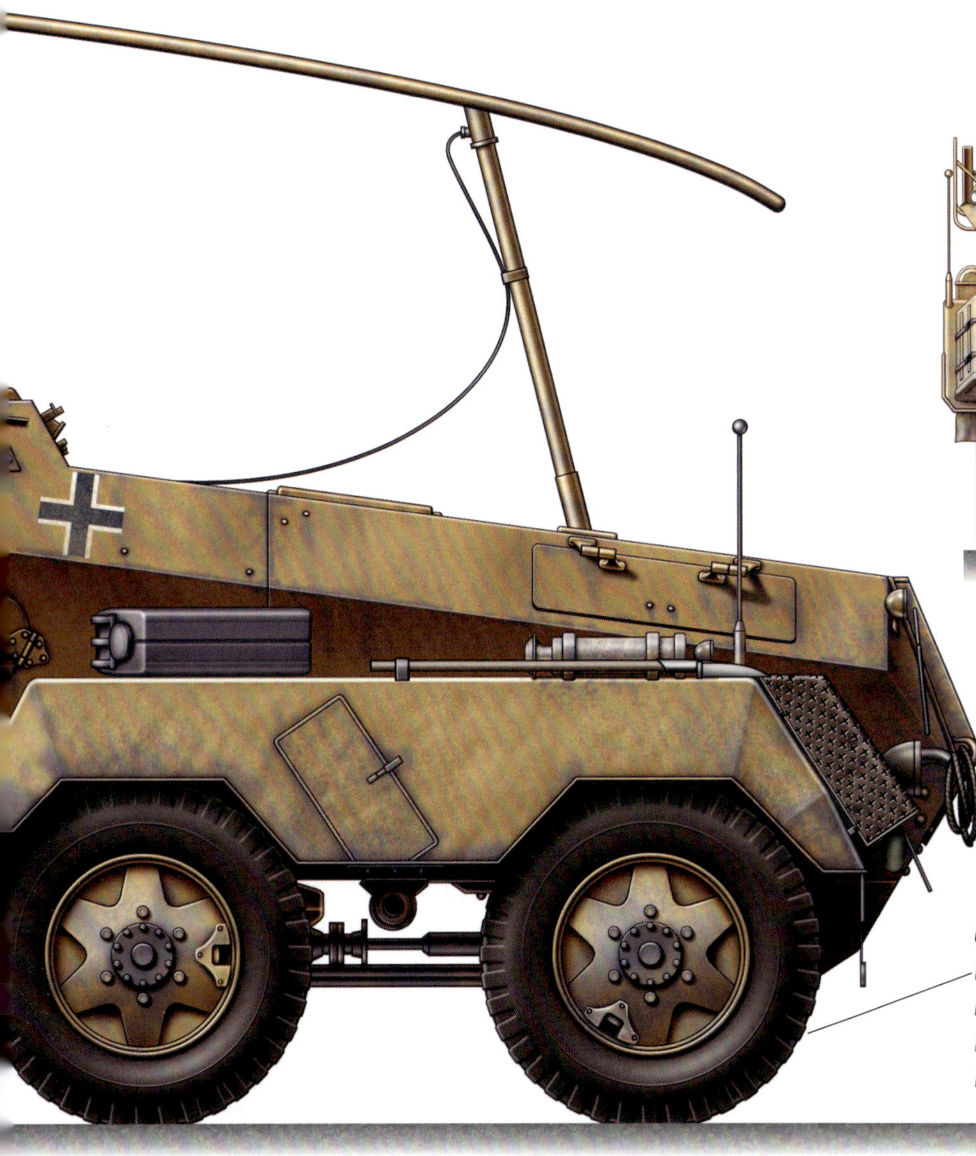

Geländegängigkeit

Die SdKfz 231 (8-Rad) und 232 (8-Rad) konnten Gräben bis zu anderthalb Meter Breite und bis zu einem Meter tiefe Flüsse überqueren.

SdKfz 231 (8-Rad)

SdKfz 231 (8-Rad) der SS-Pz.Aufkl.Abt. 2, Panzer-Division „Das Reich" in der Normandie im Juni 1944. Der acht Millimeter starke PaK-Schutz an der Front diente auch als Staubehälter. Jeder schwere Zug jeder Panzerkompanie erhielt drei dieser Fahrzeuge.

SDKFZ 231 (8-RAD)

Gewicht	7,70 t
Länge	5,85 m
Breite	2,20 m
Höhe	2,34 m
Antrieb	Büssing-NAG-L8V/GS-4-Zylinder-Ottomotor mit 150 PS
Geschwindigkeit	85 km/h
Reichweite	300 km (Straße)
Besatzung	4 Mann
Panzerung	8–14,5 mm
Bewaffnung	1 x 2-cm-KwK-30 mit 18 Magazinen zu 10 Schuss und 1 x koaxiales MG 34 7,92 mm mit 2.100 Schuss

SdKfz 263

1937 wurde eine Forderung nach einem Panzerfunkwagen auf der Basis der gerade eingeführten 8-Rad-Panzerspähwagen aufgestellt. Der Prototyp hatte einen erhöhten, völlig geschlossenen Aufbau, in dem Fahrer, Kommandant, Schütze und zwei Funker Platz fanden. Dieses Fahrzeug war so gelungen, dass zwischen 1938 und 1943 insgesamt 240 Stück gebaut wurden.

SDKFZ 263

Gewicht	8,40 t
Länge	5,85 m
Breite	2,20 m
Höhe	2,90 m (mit Antenne)
Antrieb	Büssing-NAG-L8V/GS-8-Zylinder-Ottomotor mit 180 PS
Geschwindigkeit	85 km/h
Reichweite	300 km (Straße)
Besatzung	5 Mann
Panzerung	8–14,5 mm
Bewaffnung	1 x MG 34 7,92 mm vorn in der Wanne mit 1.050 Schuss

SdKfz 232 (8-Rad)

SdKfz 232 (8-Rad), 5. Leichte Division, Libyen, April 1941. Dieses Fahrzeug war die Funkversion des SdKfz 231 mit einer Bügelantenne für das FuG 11, welches eine Reichweite von 50 Kilometern hatte. Die vordere Antennenstütze war faltbar, damit der Turm um 360° gedreht werden konnte.

SDKFZ 232 (8-RAD)

Gewicht	8,80 t
Länge	5,85 m
Breite	2,20 m
Höhe	2,90 m (mit Antenne)
Antrieb	Büssing-NAG-L8V/GS-8-Zylinder-Ottomotor mit 150 PS
Geschwindigkeit	85 km/h
Reichweite	300 km (Straße)
Besatzung	4 Mann
Panzerung	8–14,5 mm
Bewaffnung	1 x 2-cm-KwK-38-L/55 mit 18 Magazinen zu 10 Schuss und 1 x koaxiales MG 34 7,92 mm mit 1.050 Schuss

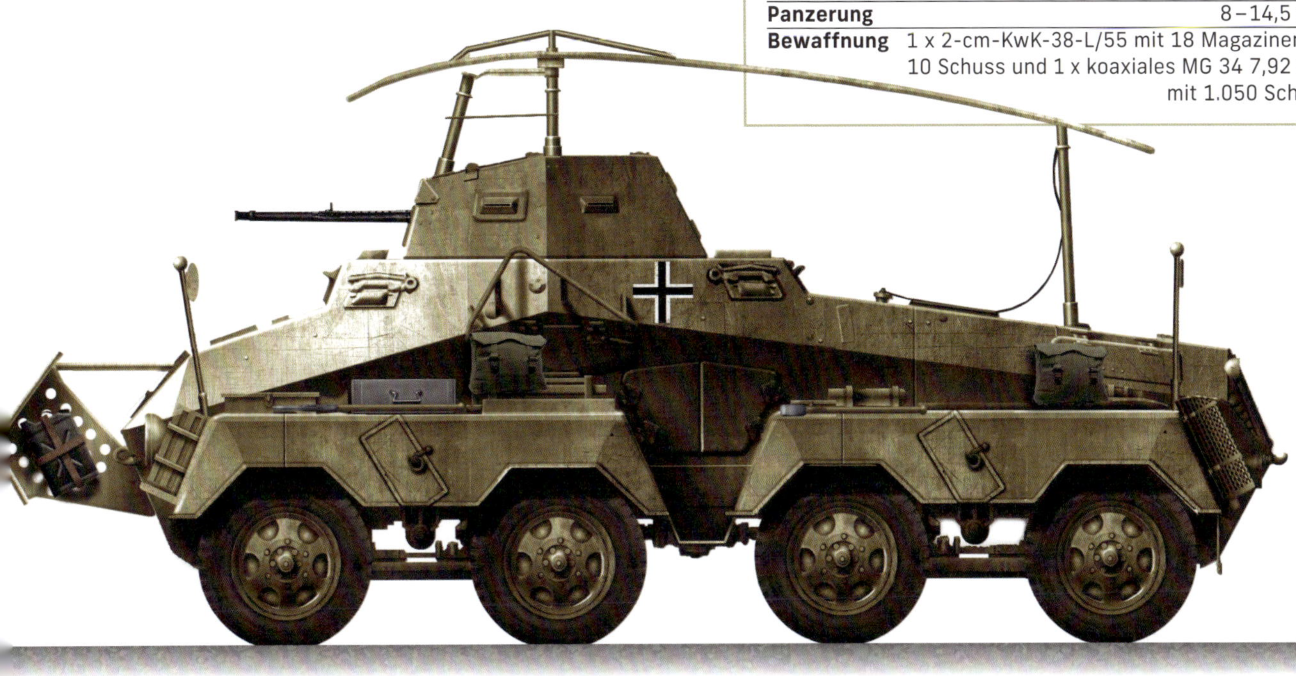

SdKfz 263

SdKfz 263 Panzerfunkwagen, Deutsches Afrikakorps, 1941.

SdKfz 234/1 und 234/2

Studien zu den Aufklärungseinsätzen beim Polen- und Frankreichfeldzug bewogen Büssing, die Panzerspähwagen mit einer selbsttragenden Wanne und einem luftgekühlten Motor auszustatten, der auch in Nordafrika eingesetzt werden konnte. Die ersten Prototypen wurden Mitte 1942 erprobt. Aufgrund des Motorenlärms erhielten sie einen V12-Dieselmotor von Tatra, der als Tatra 103 in die Produktion ging.

Erstaunlicherweise ging das SdKfz 234/2 Puma schon im September 1943 in Produktion, weit vor dem SdKfz 234/1. Der Puma erhielt den Turm, der für den nie gebauten Aufklärungspanzer Leopard VK 16.02 vorgesehen war und war damit einer der am besten geschützten Panzerwagen seiner Zeit. Im Einsatz schätzten die Soldaten die Zuverlässigkeit und die größere Reichweite des Dieselmotors, was gerade an der Ostfront besonders wichtig war.

Bis September 1944 wurden etwa 100 Stück gebaut, danach konzentrierte man sich auf das einfachere SdKfz 234/1. Dieses verfügte über die KwK 38 mit einem koaxialen MG und einem nach oben offenen Turm, ähnlich wie beim SdKfz 222. Von Juni 1944 bis Januar 1945 wurden etwa 200 SdKfz 234/1 gebaut.

SDKFZ 234/1

Gewicht	11,68 t
Länge	6,00 m
Breite	2,33 m
Höhe	2,10 m
Antrieb	Tatra-103-V12-Dieselmotor mit 210 PS
Geschwindigkeit	90 km/h (Straße)
Reichweite	900 km (Straße)
Besatzung	4 Mann
Panzerung	8–30 mm
Bewaffnung	1 x 2-cm-KwK-38-L/55 mit 48 Magazinen zu 10 Schuss und 1 x koaxiales MG 34 7,92 mm mit 2.400 Schuss

SdKfz 234/1

SdKfz 234/1 der Panzergrenadier-Division Großdeutschland, 1944. Diese Fahrzeuge wurden stets paarweise eingesetzt. Eines hatte ein Nahbereichsfunkgerät, das andere ein Weitbereichsgerät, hier erkennbar an der großen Sternantenne.

SdKfz 234/2

SdKfz 234/2 Puma in Berlin 1945. Mit der „langen" 5-cm-Kanone verbesserte sich die Fähigkeit zur Panzerabwehr im Vergleich zu früheren Panzerspähwagen deutlich.

SDKFZ 234/2

Gewicht	11,70 t
Länge	6,00 m
Breite	2,33 m
Höhe	2,23 m
Antrieb	Tatra-103-V12-Dieselmotor mit 210 PS
Geschwindigkeit	90 km/h (Straße)
Reichweite	900 km (Straße)
Besatzung	4 Mann
Panzerung	8–30 mm
Bewaffnung	1 x 5-cm-KwK-38-L/55 mit 18 Magazinen zu 10 Schuss und 1 x koaxiales MG 34 7,92 mm mit 1.050 Schuss

SdKfz 234/3 und 234/4

Die SdKfz 234/3 hatten eine 7,5-cm-Kanone KwK 51 L/24 mit begrenztem Seitenrichtbereich, installiert in einem nach oben offenen Besatzungsraum. Sie gaben den Aufklärungsbataillonen Feuerunterstützung für die Panzerspähwagen mit der 2-cm-Kanone. Zwischen Juni und Dezember 1944 wurden 90 Stück gebaut. Dann konzentrierte man sich auf das SdKfz 234/4.

SDKFZ 234/4

Dieser letzte Panzerspähwagen der Wehrmacht wurde im Dezember 1944 eingeführt. Wegen der zahlenmäßigen Überlegenheit der alliierten Panzer gab es einen dringenden Bedarf an hochbeweglichen Panzerabwehrwaffen. In Erprobungen hatte sich gezeigt, dass die Panzerabwehrkanone 7,5-cm-PaK-40 in das SdKfz 234 passte.

Die bis März 1945 gebauten 89 Fahrzeuge erhielten die PaK 40 mit dem vorhandenen Schild und der Lafette (ohne Ketten und Räder) auf einem Sockel in dem nach oben offenen Besatzungsraum.

SDKFZ 234/3

Gewicht	11,68 t
Länge	6,00 m
Breite	2,33 m
Höhe	2,10 m
Antrieb	Tatra-103-V12-Dieselmotor mit 210 PS
Geschwindigkeit	90 km/h (Straße)
Reichweite	900 km (Straße)
Besatzung	4 Mann
Panzerung	8 – 30 mm
Bewaffnung	1 x 7,5-cm-KwK-51-L/24 mit 50 Schuss und 1 x koaxiales MG 34 oder MG 42 7,92 mm mit 1.950 Schuss

SdKfz 234/3

SdKfz 234/3, Normandie, Juni 1944. Die Kanone war mit ihrer niedrigen Mündungsgeschwindigkeit zwar nur auf kurze Entfernungen präzise, aber die Hohlladungsgranate Gr. 38HL konnte 115 Millimeter Panzerung durchschlagen und damit im Notfall auch Panzer bekämpfen.

SdKfz 234/4

SdKfz 234/4 „Pakwagen", 1945.

SDKFZ 234/4

Gewicht	11,68 t
Länge	6,00 m
Breite	2,33 m
Höhe	2,35 m
Antrieb	Tatra-103-V12-Dieselmotor mit 210 PS
Geschwindigkeit	90 km/h (Straße)
Reichweite	900 km (Straße)
Besatzung	4 Mann
Panzerung	8 – 30 mm
Bewaffnung	1 x 7,5-cm-PaK-40-L/46 mit 12 Schuss und 1 x koaxiales MG 34 oder MG 42 7,92 mm mit 1.950 Schuss

SdKfz 250

Diese Reihe wurde 1939 gemäß einer Forderung des OKH nach einem leichten, gepanzerten Mannschafts-Transportwagen entwickelt. Sie diente zum Transport einer Halbgruppe der Infanterie, meist bei Aufklärungseinheiten. Büssing-NAG erhielt den Auftrag für die gepanzerte Wanne, während das Fahrgestell von Demag kam, eine verkürzte Version des Fahrwerks aus dem vorhandenen SdKfz 10.

Die Produktion für die komplizierte Konstruktion benötigte viel Zeit. So wurden die ersten 39 Fahrzeuge erst im Juni 1941 eingeführt. Sie sahen aus wie kleine SdKfz 251, waren aber dank ihrer höheren Leistung und dem

SDKFZ 250/1 „ALT"

Gewicht	5,00 t
Länge	4,56 m
Breite	1,95 m
Höhe	1,66 m
Antrieb	Maybach-HL-42-TRKM-6-Zylinder-Ottomotor mit 100 PS
Geschwindigkeit	65 km/h (Straße)
Reichweite	350 km (Straße)
Besatzung	2 Mann und 4 Infanteristen
Panzerung	8–12 mm
Bewaffnung	1 x MG 34 7,92 mm oder MG 42 mit 2.010 Schuss

SdKfz 250/1 „Alt"
Ein frühes Serienfahrzeug an der Ostfront, Herbst 1941. Auf dem sehr ähnlichen SdKfz 250/2 saß die unterstützende Halbgruppe, die zwei Dreibeine für das MG 34 oder das MG 42 hatte. Die Lafetten 34 oder 42 konnten auch abgesessen eingesetzt werden und boten dann Dauerfeuer auf Entfernungen über 3.000 Meter.

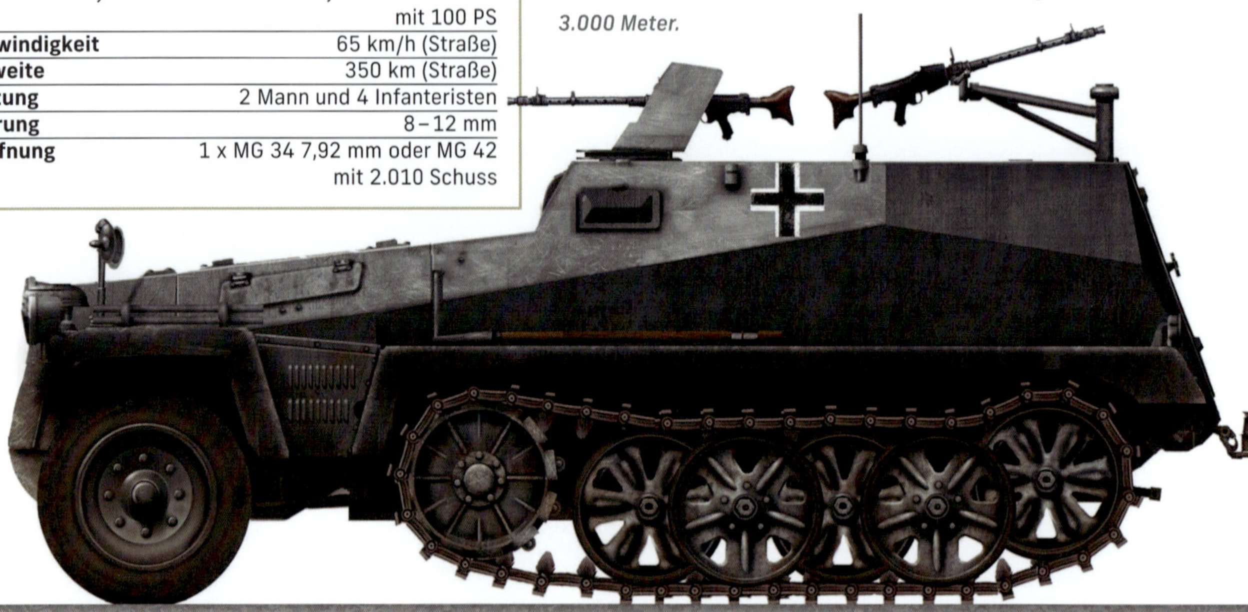

SdKfz 252
Hier handelte es sich um ein stark verändertes SdKfz 250, das oben geschlossen war und als Munitionsträger für Sturmgeschützeinheiten diente. Es konnte bis zu 128 Schuss 7,5-cm-Munition befördern, die Hälfte im Innenraum und die andere Hälfte im Einachsanhänger SdAh 32.

geringeren Gewicht schneller und beweglicher. Jede Kette lief auf vier überlappenden, versetzt angeordneten doppelten Laufrollen mit Drehstabfederung. Dieses Schachtellaufwerk findet sich bei fast allen deutschen Halbkettenfahrzeugen. Die aufwendige Lenkung nutzte die Vorderräder für leichte Lenkmanöver. Wurde das Lenkrad weiter gedreht, sorgte die Kettenbremse für abruptere Bewegungen. Grundmodell war der Schützenpanzerwagen SdKfz 250/1. Dieses flinke, gut konstruierte Fahrzeug war mit seiner abgeschrägten Panzerung gut gegen Gewehrfeuer und Granatsplitter geschützt. Der oben offene Kampfraum war aber durch Artillerie- und Mörserfeuer gefährdet.

SDKFZ 250/1 „NEU"

Gewicht	5,38 t
Länge	4,61 m
Breite	1,95 m
Höhe	1,98 m
Antrieb	Maybach-HL-42-TRKM-6-Zylinder-Ottomotor mit 100 PS
Geschwindigkeit	65 km/h
Reichweite	465 km (Straße)
Besatzung	2 Mann und 4 Infanteristen
Panzerung	6–15 mm
Bewaffnung	1 x MG 34 7,92 mm oder MG 42 mit 2.010 Schuss

SDKFZ 250/1 „NEU"

Die Produktion des SdKfz 250 war zeitaufwendig, da die komplex geformte Wanne aus 19 einzelnen Panzerplatten geschweißt wurde. Man vereinfachte daher die Konstruktion und baute ab Oktober 1943 das SdKfz 250/1 „Neu". Es ließ sich schneller herstellen, da es nur noch aus neun Panzerplatten bestand. Die einfachere Form schuf etwas mehr Platz im engen Besatzungsraum, zusätzliche Staufächer wurden oberhalb der Ketten integriert.

VERSIONEN DES SDKFZ 250

Dank der Vielseitigkeit der Grundkonstruktion des SdKfz 250 entstanden mindestens ein Dutzend Versionen, von denen wir im Folgenden einige zeigen.

SdKfz 250/1 „Neu"

Die Seitenansicht zeigt die einfacher geformte Panzerung. Bis 1944/45 wurden immer mehr Fahrzeuge mit dem MG 42 ausgestattet, das wegen seiner außergewöhnlichen Feuergeschwindigkeit von 1.200 Schuss pro Minute sehr begehrt war.

SDKFZ 250/3

Gewicht	5,75 t
Länge	4,56 m
Breite	1,95 m
Höhe	2,13 m
Antrieb	Maybach-HL-42-TRKM-6-Zylinder-Ottomotor mit 100 PS
Geschwindigkeit	60 km/h
Reichweite	350 km (Straße)
Besatzung	4 Mann
Panzerung	8–12 mm
Bewaffnung	1 x MG 34 oder MG 42 7,92 mm

SdKfz 250/3 Leichter Funkpanzerwagen

Dies ist der berühmteste aller gepanzerten Befehlswagen der Reihe SdKfz 250/3. Rommel nannte ihn „Greif" und benutzte ihn häufig während seiner Zeit als Kommandeur des Afrikakorps. Andere Fahrzeuge gingen an die Verbindungsgruppen der Luftwaffe zur Führung der Luftnahunterstützung. Sie hatten zwei Funkgeräte: ein FuG 7 mit einer zwei Meter hohen Stabantenne für die Boden-Luft-Verbindung und ein FuG 8 für das Funknetz der Division. Die ersten Ausführungen des FuG 8 hatten die hier gezeigte Rahmenantenne, spätere wurden mit einer Sternantenne ausgerüstet.

SDKFZ 250/7

Gewicht	5,95 t
Länge	4,56 m
Breite	1,95 m
Höhe	1,66 m
Antrieb	Maybach-HL-42-TRKM-6-Zylinder-Ottomotor mit 100 PS
Geschwindigkeit	60 km/h
Reichweite	200 km (Straße)
Besatzung	5 Mann
Panzerung	8–12 mm
Bewaffnung	1 x 8-cm-Granatwerfer-34 und 1 x MG 34 oder MG 42 7,92 mm

SdKfz 250/7
Leichter Schützenpanzerwagen (Schwerer Granatwerfer)

Diese Mörserträger lieferten indirekte Feuerunterstützung für die Panzeraufklärer. Da in dem beengten Innenraum nur 42 Mörsergeschosse untergebracht werden konnten, wurden weitere 66 Schuss in einem ähnlichen Fahrzeug, dem Munitionsfahrzeug SdKfz 250/6, mitgeführt.

SdKfz 250/5
Leichter Beobachtungspanzerwagen

Das SdKfz 250/5 war ein gepanzerter Beobachtungsposten und unterschied sich äußerlich kaum vom SdKfz 250/3. Der größte Unterschied war das Fehlen des Funkgeräts FuG 7. Das schuf mehr Raum für die Artilleriebeobachter, die über das Funkgerät FuG 8 das Feuer der Divisionsartillerie leiteten.

SDKFZ 250/8

Gewicht	6,30 t
Länge	4,61 m
Breite	1,95 m
Höhe	2,07 m
Antrieb	Maybach-HL-42-TRKM-6-Zylinder-Ottomotor mit 100 PS
Geschwindigkeit	60 km/h
Reichweite	465 km (Straße)
Besatzung	4 Mann
Panzerung	8–12 mm
Bewaffnung	1 x 7,5-cm-Kwk-51-L/24 mit 20 Schuss und 1 x MG 34 oder MG 42 7,92 mm

SdKfz 250/8

Leichter Schützenpanzerwagen (7,5 cm)

Diese Fahrzeuge wurden ab Anfang 1943 zur Feuerunterstützung für die Panzeraufklärer gebaut. Sie wurden den Zugführern in jeder Panzeraufklärungskompanie zugeteilt und ersetzten nach und nach die weitaus weniger effektiven SdKfz 250/10.

SDKFZ 250/9

Gewicht	6,00 t
Länge	4,56 m
Breite	1,95 m
Höhe	2,16 m
Antrieb	Maybach-HL-42-TRKM-6-Zylinder-Ottomotor mit 100 PS
Geschwindigkeit	60 km/h
Reichweite	350 km (Straße)
Besatzung	3 Mann
Panzerung	8–12 mm
Bewaffnung	1 x 7,5-cm-Kwk-38-L/55 mit 10 Magazinen zu 10 Schuss und 1 x MG 34 7,92 mm

SdKfz 250/9

Leichter Schützenpanzerwagen (2 cm)

Im März 1942 wurden 30 Erprobungsfahrzeuge angefordert, von denen drei in Russland getestet wurden, um festzustellen, ob sie geländegängiger waren als die Panzerwagen. Nachdem die Versuche zur Zufriedenheit ausgefallen waren, ging das SdKfz 250/9 im Mai 1943 in die Produktion und ersetzte die in Russland eingesetzten SdKfz 222. Zum Zweck der schnelleren Produktion erhielten die ersten fünf SdKfz 250/9 Türme, die für das SdKfz 222 vorgesehen waren.

SDKFZ 250/10

Gewicht	5,67 t
Länge	4,56 m
Breite	1,95 m
Höhe	1,98 m
Antrieb	Maybach-HL-42-TRKM-6-Zylinder-Ottomotor mit 100 PS
Geschwindigkeit	60 km/h
Reichweite	350 km (Straße)
Besatzung	4 Mann
Panzerung	6–15 mm
Bewaffnung	1 x 3,7-cm-PaK-35/36-L/45 und 2 x MP

SdKfz 250/10

Leichter Schützenpanzerwagen (3,7-cm-PaK)

Diese Fahrzeuge gingen an die Zugführer, womit jeder Zug über ein Feuerunterstützungsfahrzeug verfügte, das sogar gegen Panzer eingesetzt werden konnte. Im Lauf des Krieges stellte sich die Kanone aber als zu schwach gegen Panzer heraus, sodass das Fahrzeug allmählich durch das feuerkräftigere SdKfz 250/8 ersetzt wurde. Viele SdKfz 250/10 wurden dann für andere Zwecke umgerüstet.

SDKFZ 250/11

Gewicht	5,53 t
Länge	4,56 m
Breite	1,95 m
Höhe	2,13 m
Antrieb	Maybach-HL-42-TRKM-6-Zylinder-Ottomotor mit 100 PS
Geschwindigkeit	60 km/h
Reichweite	465 km (Straße)
Besatzung	4 Mann
Panzerung	8–12 mm
Bewaffnung	1 x 2,8-cm-Schwere-Panzerbüchse-41 von Mauser und 1 x MG 34 oder MG 42 7,92 mm mit 1.100 Schuss

SdKfz 250/11

Leichter Schützenpanzerwagen (Schwere Panzerbüchse 41)

Die Zugführer erhielten diese Version, um eine Panzerabwehrfähigkeit über kurze Entfernungen zu erhalten. Die sPzB 41 konnte ausgebaut und auf eine leichte Lafette gesetzt werden, die auf dem Fahrzeug mitgeführt wurde.

Doktrin und Taktik der Panzergrenadiere

H.Dv. 298/4a „Führung und Kampf der Panzergrenadiere" fasst ihren Einsatz wie folgt zusammen:

„Panzergrenadiere sind die stählernen Sturmtruppen der Panzerdivisionen. Sie bilden mit den Panzern eine enge Kampfgemeinschaft ... Die Hauptaufgaben der Panzergrenadiere sind:

- Unterstützung der Panzer beim Angriff durch Ausschalten von Panzerabwehrkanonen.
- Schutz der Panzer vor feindlichen Panzerjägern.
- Räumen, Besetzen und Halten des von den Panzern eroberten Geländes.
- Rasches Ausnutzen erfolgreicher Panzeroperationen.
- Sicherung der Panzereinheiten in den Sammelpunkten, bei Gefechtspausen und auf dem Marsch."

TAKTIK

Im Spanischen Bürgerkrieg und den Feldzügen 1939/40 hatte sich gezeigt, dass die Panzer ohne unterstützende Infanterie der feindlichen Infanterie schutzlos ausgesetzt waren. Die Verwundbarkeit war um so höher, je bessere Panzerabwehrkanonen der Feind hatte, aber selbst dürftig ausgestattete Gegner konnten eine Gefahr darstellen. Im Winterkrieg 1939/40 zerstörten finnische Panzerjäger etwa 1.600 sowjetische Panzer. Dazu setzten sie überwiegend Molotow-Cocktails ein, wobei sie die Verwundbarkeit der schlecht unterstützten Panzer in dicht bewaldeten Gebieten ausnutzten.

Wenn die Panzer sich durch die gegnerischen Verteidigungslinien kämpften oder Gelände durchquerten, das dem Feind viel Deckung bot, brauchten sie die Infanterie, die zunächst den Weg freikämpfen musste. Diese sollte im Idealfall bei einem schnellen Angriff auf Halbkettenfahrzeugen, LKW oder Motorrädern vorrücken, in seltenen Fällen sogar auf Panzern, um bei Bedarf rasch abzusitzen und alles zu bekämpfen, was den Vormarsch aufhalten konnte. Wenn die Panzer Gegenden mit großem feindlichen Widerstand umgingen, war es die Aufgabe der Panzergrenadiere, diese Nester zu vernichten oder wenigstens abzuriegeln, bis die konventionelle Infanterie aufgeholt hatte und diese Aufgaben übernehmen konnte.

Ein SdKfz 250 der 10. Panzer-Division 1942 an einem unbekannten Ort in Tunesien.

SdKfz 251

Die Entwicklung des SdKfz 251 begann 1937. Die ersten Serienfahrzeuge gingen 1939 an die 1. Panzer-Division. Von den frühen Ausf A und Ausf B wurden 1939 und 1940 nur wenige Fahrzeuge gebaut, weil die komplexe, aufwendig geformte Panzerung sich nur langsam in vielen Arbeitsschritten herstellen ließ. Mit der Einführung der Ausf C Ende 1940 wendete sich das Blatt endlich. Der Motorenraum wurde durch eine einzelne, abgeschrägte Panzerplatte geschützt, was nicht nur den Schutz verbesserte, sondern auch die Produktion vereinfachte.

AUSF C

Die Belüftungsklappen seitlich am Motorraum wurden durch effektivere Abdeckungen ersetzt, um die Kühlung zu verbessern. Im Feld hatte sich auch gezeigt, dass die Reifen der Vorderräder in schwierigem Gelände beschädigt werden konnten, wenn Schmutz zwischen Räder und Kotflügel geriet. Bei der Ausf C wurden die Kotflügel entsprechend geändert, dazu gab es kleine Verbesserungen an der Sitzverteilung und an den Staubehältern. Auch das Funkgerät war in seiner neuen Position unter der Frontpanzerung vor dem Sitz des Kommandanten besser erreichbar.

Die Ausf C war zwar einfacher herzustellen als die Vorgänger, aber die zahlreichen Panzerplatten erforderten immer noch viel Aufwand. So wurde bei der letzten Baureihe, der Ausf D, die Anordnung der Panzerung noch einmal vereinfacht. Dieses Fahrzeug wurde Ende 1943 eingeführt und war erkennbar an der einteiligen, schrägen Heckpanzerung mit flachen Türen. Mit diesen Verbesserungen war daraus ein guter Panzerwagen geworden. Das lange Kettenlaufwerk war nicht gespannt und kam ohne Stützrollen aus.

Die große Auflagefläche vermindert die Einsinkgefahr und verbessert die Traktion. So war das SdKfz 251 geländegängiger als die Halbkettenfahrzeuge anderer Natio-

SDKFZ 251/1 AUSF A

Gewicht	7,40 t
Länge	5,80 m
Breite	2,00 m
Höhe	1,75 m
Antrieb	Maybach-HL-42-TRKM-6-Zylinder-Ottomotor mit 100 PS
Geschwindigkeit	53 km/h
Reichweite	320 km (Straße)
Besatzung	2 Mann und 10 Infanteristen
Panzerung	8–12 mm
Bewaffnung	2 x MG 34 7,92 mm oder MG 42 mit 2.010 Schuss

SdKfz 251/1 Ausf A
Ein frühes Serienfahrzeug der 1. Panzer-Division mit Front-MG ohne Schild 1940 in Frankreich.

Besatzung und Infanteristen im SdKfz 251

Auf jedem Fahrzeug saß eine Gruppe, in der Regel zwölf Mann unter einem Gruppenführer. Dabei handelte es sich um einen Unteroffizier, der über eine Maschinenpistole MP 40 verfügte. Auf dem Marsch war er auch Kommandant und bediente das vordere MG 34 oder MG 42. Sein Vertreter, meist ein Obergefreiter, verfügte über ein Sturmgewehr und führte eine Halbgruppe, sobald die Gruppe geteilt wurde. Die Gruppe hatte zwei Trupps zu zwei Mann mit leichten MGs, vier Infanteristen mit Sturmgewehren sowie den Fahrer und den Beifahrer. Der Fahrer kümmerte sich um die tägliche Wartung und blieb in der Regel bei seinem Fahrzeug. Die Gruppe saß über die hinteren Türen auf. Der Gruppenführer saß am vorderen MG, der Rest der Gruppe auf nach innen gerichteten Bänken. Der stellvertretende Gruppenführer, der hinten im Fahrzeug saß, war für das Schließen der Türen zuständig.

nen. Das Schachtellaufwerk, das praktisch bei allen deutschen Halbkettenfahrzeugen eingesetzt wurde, fuhr sich im Gelände wesentlich besser, barg aber immer auch die Gefahr, dass Eis oder gefrorener Schlamm die Kette blockieren konnte.

SDKFZ 251/1

Die abgeschrägte Panzerung bot zwar einen guten Schutz vor MG-Feuer und Granatsplittern, aber alle SdKfz 251/1 hatten nach oben offene Besatzungsräume. So waren sie verwundbar durch zahlreiche Waffen wie Granaten,

SDKFZ 251/1 AUSF D

Gewicht	8,10 t
Länge	5,98 m
Breite	2,10 m
Höhe	1,75 m
Antrieb	Maybach-HL-42-TRKM-6-Zylinder-Ottomotor mit 100 PS
Geschwindigkeit	53 km/h
Reichweite	465 km (Straße)
Besatzung	2 Mann und 10 Infanteristen
Panzerung	6–15 mm
Bewaffnung	2 x MG 34 7,92 mm oder MG 42 mit 2.010 Schusss

SdKfz 251/1 Ausf D

Die vereinfachte Ausf D eignete sich besser für die Serienproduktion als die Vorgängermodelle. Zwischen September 1943 und März 1945 wurden insgesamt 10.600 Stück gebaut.

Mörser und Artilleriegeschosse. Mit dieser Schwäche waren sie aber nicht allein. Praktisch alle Schützenpanzerwagen der Achsenmächte und der Alliierten waren so gebaut. Geschlossene Schützenpanzer gab es erst in den 1950er-Jahren.

Das SdKfz 251/1 hatte zwei MG 34 oder MG 42, eines hinter einem Schild oberhalb des Fahrerraums und das zweite auf einer Flugabwehr-MG-Lafette oberhalb der hinteren Türen. Diese Waffe nahmen die Panzergrenadiere in der Regel mit, wenn sie abgesessen kämpften. Nach Möglichkeit wurden sie dabei durch das Feuer aus dem vorderen MG des Schützenpanzerwagens unterstützt. Bei der Verfolgung oder beim Angriff auf schwächere Feindkräfte saßen die Panzergrenadiere nicht ab, sondern schossen Unterstützungsfeuer vom Fahrzeug aus. Hier war der offene Besatzungsraum von Vorteil. Bis 1944 erschienen zahlreiche Varianten des SdKfz 251. In den letzten Kriegsmonaten folgten weitere Varianten, sodass es zum Schluss mehr als 20 waren. Einige werden im Folgenden beschrieben.

SDKFZ 251/6

Kommandopanzerwagen erhielten die Funkgeräte FuG 12 und FuG 19. Die Reichweite betrug 200 Kilometer. Die ersten Serienfahrzeuge hatten die große Rahmenantenne, spätere verfügten über eine einziehbare, neun Meter lange Stabantenne. Die Fahrzeuge der Divisions- und Korpskommandeure erhielten Enigma-Chiffriermaschinen.

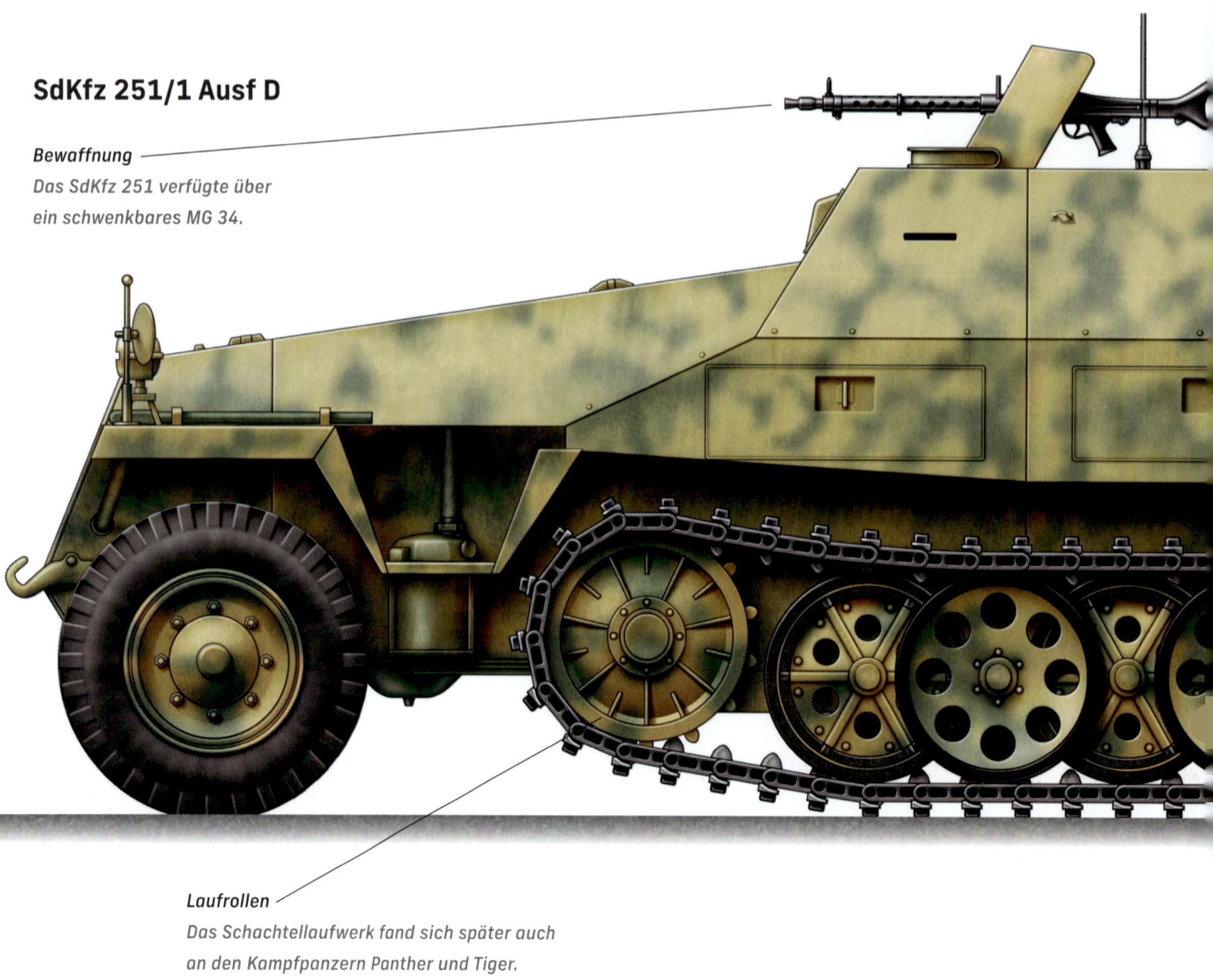

SDKFZ 251/9

Die 7,5-cm-KwK-37-L/24 stammten aus Überschussbeständen, die ursprünglich für die ersten Versionen des Pz IV gebaut wurden und hier eine neue Verwendung fanden. Die ersten SdKfz 251/9 Ausf C hatten die Kanone neben dem Fahrer. Um die Waffe montieren zu können, wurde ein Stück der Frontpanzerung weggeschnitten. Bei der Ausf D kam eine vereinfachte Variante zum Einsatz. Hier wurde die 7,5-cm-Kanone oberhalb des Fahrerraums montiert, geschützt durch niedrige Schilde vorn und an der Seite. Jedes Fahrzeug führte 52 Schuss 7,5-cm-Munition mit, darunter Sprenggranaten, Hohlladungsgeschosse, Granaten und Nebelmunition.

Besatzung
Der normale Schützenpanzerwagen konnte neben der zweiköpfigen Besatzung zehn Panzergrenadiere unterbringen.

Panzerung
Die zwölf Millimeter starke Panzerung genügte gegen Kleinwaffenfeuer und Granatsplitter.

Zugang
Der Besatzungsraum hatte hinten zwei Türen, aber die Besatzung stieg oft einfach über die Seiten ein und aus.

Konstruktion
Die späteren Modelle verfügten über eine einfachere Wanne, die sich schneller herstellen ließ. Die Panzerung war stets verschweißt und nicht genietet.

SDKFZ 251/10

Diese Version ging an die Zugführer. Das SdKfz 251/10 war mit einer nach vorn feuernden 3,7-cm-PaK-36 anstelle des vorderen MG 34 oder MG 42 bestückt. Die Kanone erhielt zunächst den gepanzerten Schutzschild der PaK 36 auf der gezogenen Spreizlafette. Damit fiel das Fahrzeug aber sehr stark auf und wurde ein bevorzugtes Ziel des feindlichen Feuers. In der Regel wurde deshalb der Schild auch komplett entfernt oder durch eine viel niedrigere Variante ersetzt, wodurch der Panzerwagen weniger ins Auge fiel. Eigentlich sollte die 3,7-cm-Kanone dem Zug die Möglichkeit geben, Panzer aus der Bewegung zu bekämpfen. Sie hatte aber unzureichende panzerbrechende Wirkung und verschoss dann eher Sprenggranaten zur Nahunterstützung.

SDKFZ 251/6

Gewicht	8,50 t
Länge	5,75 m
Breite	2,10 m
Höhe	2,70 m
Antrieb	Maybach-HL-42-TRKM-6-Zylinder-Ottomotor mit 100 PS
Geschwindigkeit	53 km/h
Reichweite	465 km (Straße)
Besatzung	8 Mann
Panzerung	8–12 mm
Bewaffnung	1 x MG 34 7,92 mm mit 1.100 Schuss

SdKfz 251/6

Einer der ersten SdKfz 251/6 Kommandopanzerwagen 1940 in Frankreich.

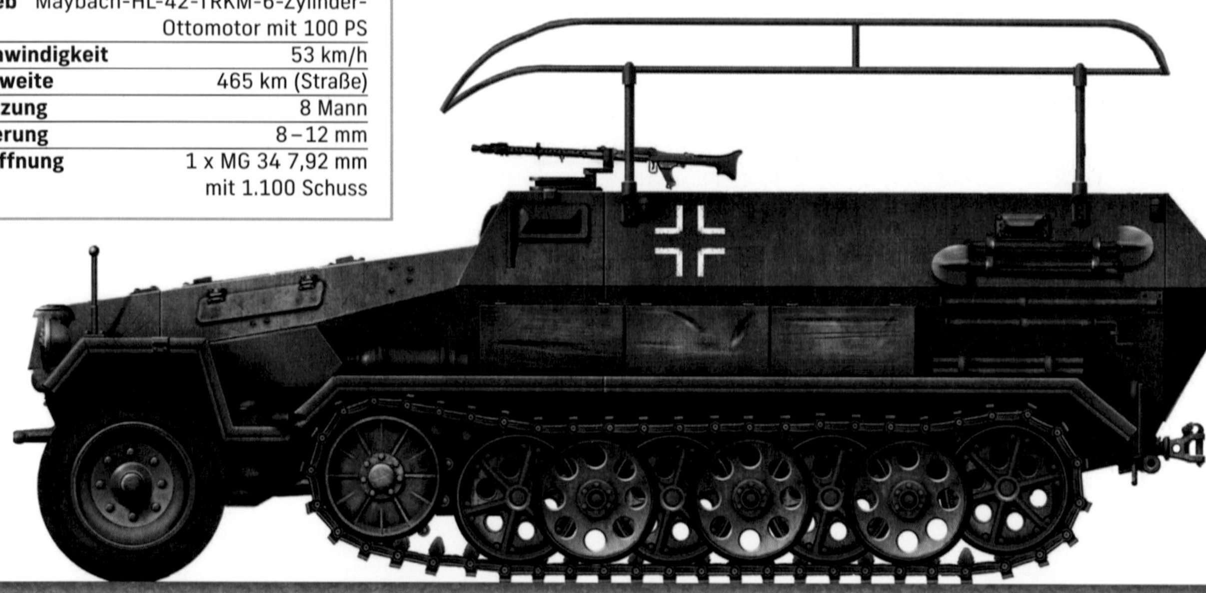

SdKfz 251/7

Der Pionierpanzerwagen führte eine Behelfsbrücke mit, die oberhalb des Besatzungsraums verstaut wurde. In den inneren Stauräumen wurde Pioniergerät wie Werkzeuge und Panzer- und Schützenminen untergebracht.

SDKFZ 251/7

Gewicht	8,80 t
Länge	5,75 m
Breite	2,10 m
Höhe	2,70 m
Antrieb	Maybach-HL-42-TRKM-6-Zylinder-Ottomotor mit 100 PS
Geschwindigkeit	53 km/h
Reichweite	465 km (Straße)
Besatzung	7 oder 8 Mann
Panzerung	6–15 mm
Bewaffnung	2 x MG 34 7,92 mm oder MG 42 mit 4.800 Schuss und 1 x PzB 39

Ein SdKfz 251 führt eine Kolonne LKW an der Ostfront. Die meisten Panzerdivisionen verfügten nur über Halbkettenfahrzeuge für eine Abteilung Panzergrenadiere. Die anderen drei Abteilungen marschierten auf LKW.

SDKFZ 251/9

Gewicht	8,80 t
Länge	5,75 m
Breite	2,10 m
Höhe	2,07 m
Antrieb	Maybach-HL-42-TRKM-6-Zylinder-Ottomotor mit 100 PS
Geschwindigkeit	53 km/h
Reichweite	465 km (Straße)
Besatzung	3 Mann
Panzerung	8–12 mm
Bewaffnung	1 x 7,5-cm-KwK-37-L/24 (später 1 x 7,5-cm-KwK-51-L/24) mit 32 Schuss und 2 x MG 34 oder MG 42 7,92 mm mit 2.010 Schuss

SdKfz 251/9 Schützenpanzerwagen (7,5-cm-KwK-37)
Dieses SdKfz 251/9 wurde 1944 in Italien eingesetzt.

SDKFZ 251/22 AUSF D – 7,5-CM-PAK-40-L/46 AUF MITTLEREM SCHÜTZENPANZERWAGEN

Das SdKfz 251/22 wurde ab Dezember 1944 gebaut, weil man dringend mehr Jagdpanzer benötigte. Zu diesem Zweck wurde die komplette PaK 40 mitsamt Lafette ohne Räder im Besatzungsraum montiert. Sie hatte einen Richtbereich von 20° nach links und 18° nach rechts. 1945 sollten die Panzerdivisionen mit 18 dieser Fahrzeuge ausgestattet sein. Es ist aber unwahrscheinlich, dass sie in größerer Zahl eingeführt wurden.

SDKFZ 251/10

Gewicht	8,50 t
Länge	5,75 m
Breite	2,10 m
Höhe	2,10 m
Antrieb	Maybach-HL-42-TRKM-6-Zylinder-Ottomotor mit 100 PS
Geschwindigkeit	53 km/h
Reichweite	465 km (Straße)
Besatzung	5 Mann
Panzerung	8–12 mm
Bewaffnung	1 x 7,5-cm-PaK-36 mit 168 Schuss, 1 x PzB 39 mit 40 Schuss und 1 x MG 34 7,92 mm mit 1.100 Schuss

SdKfz 251/10
Mittlerer Kanonenpanzerwagen
mit 3,7-cm-PaK-36
SdKfz 251/10 Ausf C der 5. Panzer-Division an der Gustav-Linie, Italien 1944.

SdKfz 251: Bewertung

Für seine Bauzeit von 1939 bis 1945 war das SdKfz 251 ein hochmodernes Halbkettenfahrzeug. Trotzdem entsprach es nicht ganz den Vorstellungen von Heinz Guderian, der für die Aufstellung der Panzerwaffe verantwortlich war. Er war überzeugt von der Idee einer komplett gepanzerten Truppe, wie er später in seinem Buch „Achtung – Panzer!“ schrieb: „In diesem Jahre 1929 hatte ich mich zu der Überzeugung durchgerungen, dass der Panzer allein und in der Bindung an die Infanterie niemals zu entscheidender Bedeutung gelangen könne. Das Studium der Kriegsgeschichte, die Übungen in England und die eigenen Erfahrungen mit unseren Attrappen festigten mich in der Ansicht, dass die Panzer zur Höchstleistung nur dann befähigt würden, wenn die anderen Waffen, auf deren Hilfe sie immer angewiesen blieben, in Bezug auf Geschwindigkeit und Geländegängigkeit mit ihnen auf den gleichen Nenner gebracht würden. Die Panzer mussten in diesem Verbande aller Waffen die erste Geige spielen, die anderen mussten sich nach den Panzern richten.“

Guderian wünschte sich Schützenpanzer und Artillerie-Selbstfahrlafetten als Vollkettenfahrzeuge, die ebenso beweglich wie Panzer waren und über eine adäquate Panzerung verfügten. Aber er musste schließlich akzeptieren, dass die Halbkettenfahrzeuge die beste Lösung waren, die die überforderte Industrie in brauchbarer Zahl bauen konnte (Prototypen des Kätzchen, eines Schützenpanzers mit der Wanne des Panzer 38(t), wurden 1944/45 fertiggestellt, aber nie eingeführt).

SdKfz 251/22 Ausf D

7,5-cm-PaK-40-L/46 auf Mittlerem Schützenpanzerwagen

Rheinland, März 1945.

SDKFZ 251/22 AUSF D

Gewicht	8,75 t
Länge	5,75 m
Breite	2,10 m
Höhe	2,07 m
Antrieb	Maybach-HL-42-TRKM-6-Zylinder-Ottomotor mit 100 PS
Geschwindigkeit	50 km/h
Reichweite	465 km (Straße)
Besatzung	4 Mann
Panzerung	6–15 mm
Bewaffnung	1 x 7,5-cm-PaK-40-L/46 mit 22 Schuss

SDKFZ 251/23 AUSF D

Gewicht	8,50 t
Länge	5,75 m
Breite	2,10 m
Höhe	2,07 m
Antrieb	Maybach-HL-42-TRKM-6-Zylinder-Ottomotor mit 100 PS
Geschwindigkeit	53 km/h
Reichweite	465 km (Straße)
Besatzung	8 Mann
Panzerung	8–15 mm
Bewaffnung	1 x 2-cm-KwK-38-L/55 mit 10 Magazinen zu 10 Schuss und 1 x MG 34 7,92 mm mit 2.010 Schuss

SdKfz 251/23 Ausf D

Mittlerer gepanzerter Schützenpanzerwagen mit 2-cm-Hängelafette

Westdeutschland, Januar 1945.

Routinewartung: Diese Panzer I Ausf B waren zuverlässiger als die früheren Ausf A, verlangten aber immer noch einen umfangreichen Wartungsaufwand.

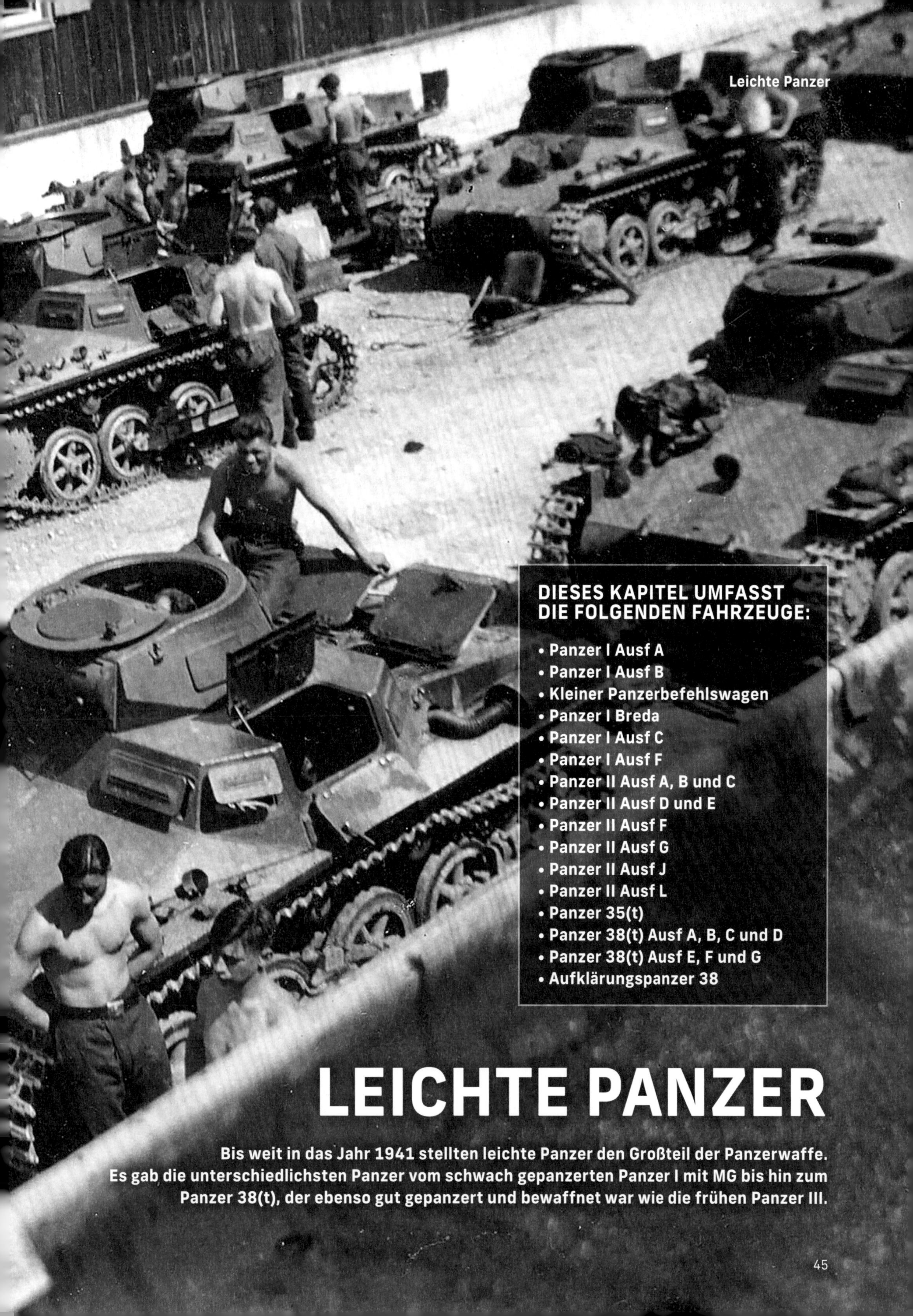

DIESES KAPITEL UMFASST DIE FOLGENDEN FAHRZEUGE:

- Panzer I Ausf A
- Panzer I Ausf B
- Kleiner Panzerbefehlswagen
- Panzer I Breda
- Panzer I Ausf C
- Panzer I Ausf F
- Panzer II Ausf A, B und C
- Panzer II Ausf D und E
- Panzer II Ausf F
- Panzer II Ausf G
- Panzer II Ausf J
- Panzer II Ausf L
- Panzer 35(t)
- Panzer 38(t) Ausf A, B, C und D
- Panzer 38(t) Ausf E, F und G
- Aufklärungspanzer 38

LEICHTE PANZER

Bis weit in das Jahr 1941 stellten leichte Panzer den Großteil der Panzerwaffe. Es gab die unterschiedlichsten Panzer vom schwach gepanzerten Panzer I mit MG bis hin zum Panzer 38(t), der ebenso gut gepanzert und bewaffnet war wie die frühen Panzer III.

Panzer I Ausf A

Die Entwicklung des Panzer I (SdKfZ 101) begann 1932. Die ersten Panzer noch ohne Türme gingen zwei Jahre später an die Kraftfahrlehrkommandos in Zossen und Ohrdruf. Es handelte sich um einfache Fahrzeuge, deren Laufwerk dem britischen Kleinpanzer Carden-Loyd Tankette aus den späten 1920er-Jahren nachempfunden war.

ERSTE ERPROBUNGEN

Die ersten fahrbereiten Panzer I Ausf A wurden im September 1934 ausgeliefert. Bis Juli 1935 besaßen die Kraftfahrlehrkommandos bereits 475 Stück. Die Besatzungen hatten Probleme mit Geländefahrten, weil die Aufhängung für unangenehmes Schaukeln sorgte. Problematischer waren aber häufige Ausfälle durch die unzureichende Motorkühlung. Die Motoren liefen sogar auf Straßenmärschen heiß. Als die 2. Panzer-Division für den Anschluss Österreichs einen 675-Kilometer-Straßenmarsch von Würzburg nach Wien durchführte, fielen 30 Prozent der Panzer I aus.

Leutnant Helmut Ritgen erinnerte sich: „ ... während sie über die Straße ratterten, kamen sie hustend und stotternd zum Halt. Das hieß absitzen, Motorklappen öffnen und versuchen, den Motor wieder in Gang zu bringen.

Man musste die Zündkerzen wechseln oder die Benzinpumpe von Hand betätigen, auf Kosten geschwärzter, verbrannter und geprellter Finger und Gesichter. Manchmal sprang das Birst mit einem lauten Knall wieder an. Sonst musste der Bergetrupp kommen."

Trotz dieser Probleme blieb die Ausf A bis zum Juni 1936 im Dienst. Bis dahin wurden 818 Exemplare gebaut.

Ein Panzer III Ausf D und drei Panzer I Ausf A im Winter 1941/42 irgendwo an der Ostfront. Das war kein seltener Anblick, denn die Panzerwaffe erlitt 1941 in Russland enorme Verluste (wohl bis zu 2.000 Panzer), sodass die Fronteinheiten auch mit längst überholten Panzern ausgestattet wurden.

PANZER I AUSF A

Gewicht	5,40 t
Länge	4,02 m
Breite	2,06 m
Höhe	1,72 m
Antrieb	Krupp-M-305-4-Zylinder-Boxermotor mit 60 PS
Geschwindigkeit	40 km/h (Straße)
Reichweite	145 km (Straße)
Besatzung	2 Mann
Panzerung	6–13 mm
Bewaffnung	2 x MG 13 7,92 mm mit 90 Magazinen zu 25 Schuss

Panzer I Ausf A
Ein frühes Serienmodell des Panzer I Ausf A in disruptiver Vorkriegstarnung, ca. 1936.

Panzer I Ausf B

Die Ausf A erwies sich als derart ungeeignet, dass sie schon kurz nach der Einführung der ersten Panzer völlig verändert wurde. Als Grundlage für die Ausf B diente die längere Wanne des kleinen Panzerbefehlswagens. Die zusätzliche Laufrolle und das höhergesetzte Leitrad reduzierten das Schaukeln im Gelände. Ein neues Getriebe und der leistungsfähigere, wassergekühlte Sechszylindermotor Maybach NL 38 TR verbesserten die Zuverlässigkeit unterwegs.

Die Ausf B wurde 1935 eingeführt. Bis Mitte 1937 wurden insgesamt 675 Stück gebaut, bis dann die Kapazitäten für den neuen Panzer II benötigt wurden.

AUSMUSTERUNG DER AUSF A UND B

Die Ausf A und B kamen 1939 und 1940 häufig zum Einsatz. 640 Stück nahmen am Frankreichfeldzug teil, waren aber da schon deutlich überholt. So wurden sie in der zweiten Jahreshälfte 1940 allmählich von der Front abgezogen. Mitte 1941 waren nur noch 74 Fahrzeuge bei der Panzertruppe im Einsatz. Die Fahrzeuge, die die Eröffnungsphase der Operation Barbarossa überstanden hatten, wurden dann rasch abgezogen.

PANZER I AUSF B	
Gewicht	6,00 t
Länge	4,42 m
Breite	2,06 m
Höhe	1,72 m
Antrieb	Maybach-NL-38-TR-6-Zylinder-Ottomotor mit 100 PS
Geschwindigkeit	40 km/h (Straße)
Reichweite	180 km (Straße)
Besatzung	2 Mann
Panzerung	6–13 mm
Bewaffnung	2 x MG 13 7,92 mm mit 90 Magazinen zu 25 Schuss

Panzer I Ausf B
Panzer I Ausf B der 2. Panzer-Division im Mai 1940 in Belgien.

Panzer I Ausf B
Panzer I Ausf B der 4. Panzer-Division 1939 in Polen.

Kleiner Panzerbefehlswagen

Die Standardversionen des Panzer I hatten aus Platzgründen nur Funkgeräte vom Typ FuG 2. Die Führungsfahrzeuge mussten also umfassend verändert werden, um eine Funkempfangs- und -sendestation unterzubringen. Für den Kleinen Panzerbefehlswagen wurde deshalb die Wanne des Panzer I verlängert. Er verfügte über einen festen Aufbau, der Platz für die Funkgeräte FuG 2 und FuG 6 bot, während die Bewaffnung aus einem einzigen MG 13 vorn in der Wanne bestand. Zwischen 1935 und 1937 wurden 190 Fahrzeuge gebaut. Sie dienten als Führungsfahrzeuge bei den Panzerverbänden. Die letzten verbliebenen Exemplare wurden Ende 1942 nur noch für die Ausbildung benutzt.

KLEINER PANZERBEFEHLSWAGEN

Gewicht	3,90 t
Länge	4,42 m
Breite	2,06 m
Höhe	1,99 m
Antrieb	Maybach-NL-38-TR-6-Zylinder-Ottomotor mit 100 PS
Geschwindigkeit	40 km/h
Reichweite	170 km (Straße)
Besatzung	3 Mann
Panzerung	6–13 mm (Nach dem Polenfeldzug wurden Wanne und Aufbau mit einer 15 mm starken Zusatzpanzerung versehen)
Bewaffnung	1 x MG 13 oder MG 34 7,92 mm mit 36 Magazinen zu 25 Schuss

Kleiner Panzerbefehlswagen (SdKfz 265)
Ein kleiner Panzerbefehlswagen der 1. Panzer-Division 1939 in Polen. Das FuG 6 hatte eine Morsereichweite von 13 Kilometern, aber Sprachübertragungen waren nur über maximal zehn Kilometer möglich.

Panzer I Breda

Insgesamt 122 Panzer I (96 Ausf A, 21 Ausf B, 4 Kleine Panzerbefehlswagen und ein turmloser Ausbildungspanzer) standen der Legion Condor bei der Unterstützung der Nationalisten im Spanischen Bürgerkrieg zur Verfügung. Die offensichtliche Überlegenheit der sowjetischen T-26 und BT-5 bei den Republikanern führte zu hastigen Bemühungen, die Feuerkraft des Panzer I ebenfalls zu verbessern.

Vier Panzer erhielten die italienische 2-cm-L/65-Breda-Flak in einem umgebauten Turm. Die Breda konnte zwar jeden feindlichen Panzer auf über 250 Meter vernichten, war aber bei den deutschen Panzerbesatzungen unbeliebt, weil die große Schießluke selbst bei feindlichem Kleinwaffenfeuer extrem gefährlich war.

VIER UMBAUTEN

Nur vier Fahrzeuge wurden umgerüstet. Es gab ein Fahrzeug pro Panzerkompanie, damit die Einheiten wenigstens eine geringe Fähigkeit zur Panzerabwehr hatten. Langfristig entschied man sich dazu, erbeutete T-26 in den Panzer-I-Kompanien einzuführen.

PANZER I BREDA

Gewicht	5,40 t
Länge	4,02 m
Breite	2,06 m
Höhe	1,99 m
Antrieb	Krupp-M-305-4-Zylinder-Boxermotor mit 60 PS
Geschwindigkeit	40 km/h (Straße)
Reichweite	145 km (Straße)
Besatzung	2 Mann
Panzerung	6–13 mm
Bewaffnung	1 x 2-cm-Kanone Breda Modello 1935

Panzer I Breda
Ein Panzer I Breda der 4a Compañia Bandera de Carros de Combate de la Legión.

Panzer I Ausf C

Die Ausf C war eine Neukonstruktion, die mit dem früheren Panzer I nur den Namen gemeinsam hatte. Die Entwicklung begann zwar schon im September 1939, aber aufgrund zahlreicher technischer Probleme ging der Panzer erst im Juli 1942 in die Produktion. Der relativ kräftige Maybach-Motor in Verbindung mit der Drehstabfederung und dem Schachtellaufwerk machten ihn schneller und geländegängiger als alle anderen Panzer I und II.

Die Frontpanzerung wurde auf 30 Millimeter verstärkt. Als Hauptbewaffnung diente eine Maschinenkanone EW 141, deren panzerbrechende 7,92-mm-Munition per Gurt zugeführt wurde. Durch die lange Entwicklungszeit war die Ausf C aber bei ihrer Einführung schon überholt. Deshalb wurden nur 40 Exemplare gebaut. Zwei davon wurden Anfang 1943 an der Ostfront bei der 1. Panzer-Division erprobt, die anderen gingen an das LVIII. Reserve-Panzerkorps, das in Ludwigsburg stationiert war. Einige sind eventuell sogar noch zum Einsatz gekommen, denn der Korps wurde am 6. Juli 1944 zum LVIII. Panzerkorps umbenannt und unterstützte deutsche Verbände in Frankreich.

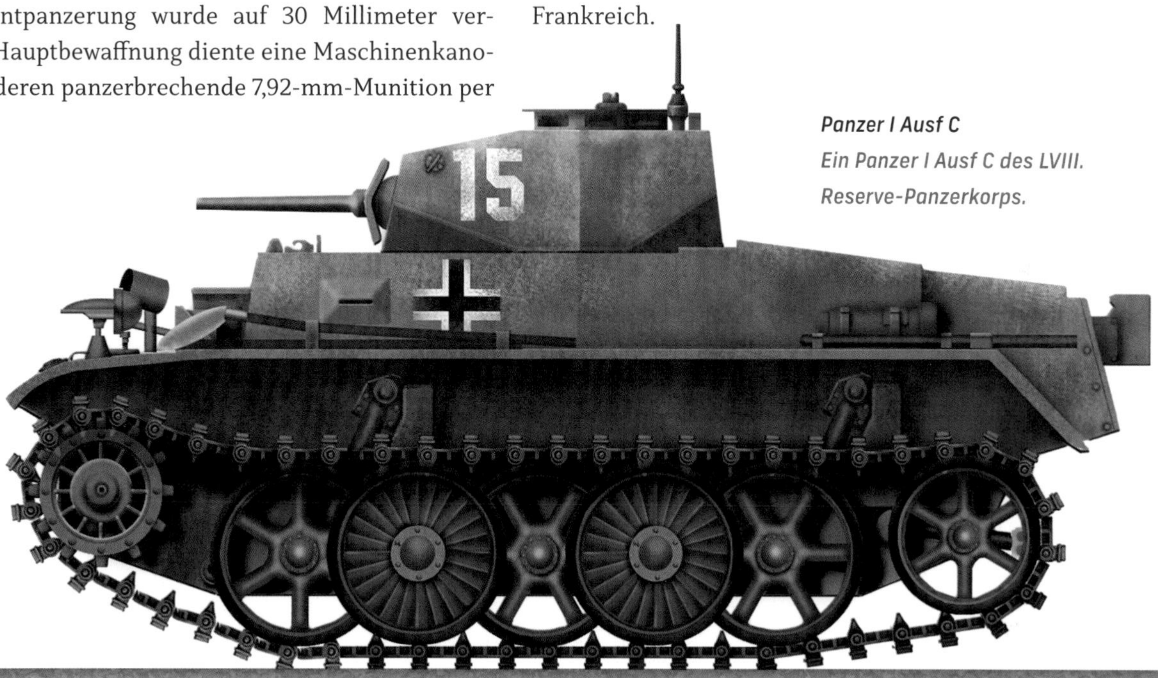

Panzer I Ausf C
Ein Panzer I Ausf C des LVIII. Reserve-Panzerkorps.

PANZER I AUSF C	
Gewicht	8,00 t
Länge	4,19 m
Breite	1,92 m
Höhe	1,94 m
Antrieb	Maybach-HL-45-P-6-Zylinder-Ottomotor mit 150 PS
Geschwindigkeit	79 km/h (Straße)
Reichweite	300 km (Straße)
Besatzung	2 Mann
Panzerung	10–30 mm
Bewaffnung	1 x MK EW 141 mit panzerbrechender Munition und 1 x koaxiales MG 34 7,92 mm

Ein Zug Panzer I Ausf B bei einer Vorführung in Nürnberg noch in Friedenszeiten.

Panzer I Ausf F

Diese letzte Version des Panzer I war als stark gepanzerter Kampfwagen zur Infanterieunterstützung gedacht, ähnlich wie die britischen „Infanteriepanzer". Obwohl der Auftrag von 1939 war, fand der Serienanlauf erst im April 1942 statt. Im Dezember desselben Jahres war nach 30 Stück schon wieder Schluss.

Die Ausf F hatte den Maybach-Motor und die Drehstabfederung der Ausf C. Breitere Ketten sollten den Bodendruck reduzieren. Bewaffnet war der Panzer mit zwei MG 34 in einem von Hand schwenkbaren Turm. Das Fahrzeug ähnelte einem kleinen „Tiger".

Zwei Lose gingen Anfang 1943 zur Gefechtsfelderprobung nach Russland. Die 1. Panzer-Division erhielt acht, sieben gingen an die 12. Panzer-Division. Einige der verbliebenen Panzer wurden in verschiedenen Einheiten zur Bekämpfung von Aufständischen eingesetzt.

PANZER I AUSF F

Gewicht	21,00 t
Länge	4,38 m
Breite	2,64 m
Höhe	2,05 m
Antrieb	Maybach-HL-45-P-6-Zylinder-Ottomotor mit 150 PS
Geschwindigkeit	25 km/h
Reichweite	150 km (Straße)
Besatzung	2 Mann
Panzerung	25–80 mm
Bewaffnung	2 x MG 34 7,92 mm

Panzer I Ausf F
1. Panzer-Division, Juli 1943 in Kursk.

Panzer II Ausf A, B und C

Bereits 1934 hatte man erkannt, dass neben dem Panzer I ein stärker bewaffneter Panzer erforderlich war. So wurden den Prototypen bei Krupp, MAN, Henschel und Daimler-Benz in Auftrag gegeben, die mit einer 2-cm-Kanone und einem koaxialen MG ausgerüstet werden sollten.

Obwohl die ersten Prototypen bereits im Oktober 1935 erprobt wurden, wurde eine Reihe technischer Probleme erst gelöst, nachdem im Juli 1937 bereits 125 Vorserienfahrzeuge ausgeliefert waren. Die drei Lose verteilten sich folgendermaßen: 75 Panzer II Ausf A, 25 Ausf B und 25 Ausf C.

Panzer II Ausf A/3
Hier sieht man die Träger der Aufhängung, die typisch für alle Vorserienfahrzeuge waren. Viele dieser Panzer gingen im Polenfeldzug an Kampfeinheiten. Dort zeigte sich, dass die schwache Panzerung dem Feuer der Panzerbüchse wz. 35 UR und der Bofors-37-mm-Panzerabwehrkanone nicht gewachsen war.

PANZER II AUSF A/3

Gewicht	7,60 t
Länge	4,38 m
Breite	2,14 m
Höhe	2,00 m
Antrieb	Maybach-HL-57-TR-6-Zylinder-Ottomotor mit 140 PS
Geschwindigkeit	40 km/h
Reichweite	200 km (Straße)
Besatzung	3 Mann
Panzerung	5–15 mm
Bewaffnung	1 x 2-cm-KwK-30-L/55 mit 18 Magazinen zu 10 Schuss und 1 x koaxiales MG 34 7,92 mm mit 2.250 Schuss

Ein deutscher Panzer II bricht im Winter 1941/42 aus einem russischen Waldstück. Der Panzer II war für die harten Winter an der Ostfront nicht geeignet.

Die ersten echten Serienmodelle wurden ab 1937 eingeführt. Die drei Varianten unterschieden sich kaum. Es gab lediglich geringfügige Unterschiede in den Konstruktionen der Wanne und der Visiere.

Die wichtigste Verbesserung gegenüber der Vorserie war eine stärkere Aufhängung. Die Fahrzeuge verfügten über fünf große Laufrollen mit Blattfedern auf jeder Seite. Dieses neue Fahrwerk sorgte zusammen mit einem neuen Getriebe und einer verbesserten Motorkühlung für deutlich mehr Beweglichkeit auf dem Gefechtsfeld.

Leider hatte sich die Panzerung gegenüber der Vorserie kaum verändert. Ihre Verwundbarkeit gegenüber den polnischen Panzerabwehrwaffen sorgte für Proteste bei den Besatzungen. Das war nur verständlich, denn von den 1.127 im Dienst befindlichen Panzer II wurden 259 kampfunfähig geschossen und 83 davon sogar total zerstört.

ZUSATZPANZERUNG

Als Lösung wurden 20 Millimeter starke Panzerplatten an der Wanne und am Turm angebracht. Bis Mai 1940 waren bereits 70 Prozent der Panzer II mit dieser Zusatzpanzerung versehen, der Rest war bis Anfang 1941 umgerüstet.

Ein anderer Kritikpunkt war die schlechte Sicht bei geschlossener Luke. Hier gab es eine deutliche Verbesserung: Die Kommandantenkuppel erhielt acht Sehrohre, die im Feld von den Werkstätten der Einheiten eingebaut wurden. Die Produktion lief im April 1940 nach insgesamt 1.113 Stück aus.

Panzer II Ausf C

Panzer II Ausf C der 21. Panzer-Division, Afrikakorps, 1941.

Panzer II Ausf C

Panzer II Ausf C der berühmten 1. Panzer-Division. Sie war Teil von Guderians XIX. Korps, das im Mai 1940 den Vorstoß durch die Ardennen schaffte.

PANZER II AUSF C

Gewicht	8,90 t
Länge	4,81 m
Breite	2,28 m
Höhe	2,02 m
Antrieb	Maybach-HL-62-TR-6-Zylinder-Ottomotor mit 140 PS
Geschwindigkeit	40 km/h (Straße)
Reichweite	200 km (Straße)
Besatzung	3 Mann
Panzerung	5–16 mm
Bewaffnung	1 x 2-cm-KwK-30-L/55 mit 18 Magazinen zu 10 Schuss und 1 x koaxiales MG 34 7,92 mm mit 2.250 Schuss

Panzer II Ausf D und E

Diese Varianten unterschieden sich kaum voneinander. Als Schnellkampfwagen wurden sie für die Aufklärung und Ausnutzung von Angriffserfolgen gebaut. Sie hatten vier große Laufrollen und Drehstabfederung.

Zusammen mit dem verbesserten Getriebe waren sie auf der Straße schneller, aber im Gelände so unbeweglich, dass die Produktion im August 1939 nach nur 43 Stück wieder eingestellt wurde. Die Panzer wurden im Polenfeldzug eingesetzt, aber dann für den Umbau zum leichten Flammpanzer „Flamingo“ zurückgerufen.

PANZER II AUSF D

Gewicht	9,50 t
Länge	4,81 m
Breite	2,28 m
Höhe	2,15 m
Antrieb	Maybach-HL-62-TRM-6-Zylinder-Ottomotor mit 140 PS
Geschwindigkeit	55 km/h (Straße)
Reichweite	200 km (Straße)
Besatzung	4 Mann
Panzerung	5–30 mm
Bewaffnung	1 x 2-cm-KwK-30-L/55 mit 18 Magazinen zu 10 Schuss und 1 x koaxiales MG 34 7,92 mm mit 1.425 Schuss

Panzer II Ausf D

Ein Panzer II Ausf D 1939 in Polen. Zu jener Zeit war das Balkenkreuz offiziell noch weiß, aber die Besatzungen übermalten es oft in Mattgelb, um kein leichtes Ziel für die polnische Panzerabwehr abzugeben.

Panzer II Ausf F

Die Ausf F war die letzte größere Serie des regulären Panzer II. Zwischen März 1941 und Dezember 1942 entstanden insgesamt 524 dieser Fahrzeuge. Die Frontpanzerung wurde etwas verstärkt, Bewaffnung und Fahrleistungen blieben jedoch unverändert.

PANZER II AUSF F

Gewicht	9,50 t
Länge	4,81 m
Breite	2,21 m
Höhe	2,14 m
Antrieb	Maybach-HL-62-TRM-6-Zylinder-Ottomotor mit 140 PS
Geschwindigkeit	40 km/h (Straße)
Reichweite	200 km (Straße)
Besatzung	3 Mann
Panzerung	5–35 mm
Bewaffnung	1 x 2-cm-KwK-30-L/55 mit 18 Magazinen zu 10 Schuss und 1 x koaxiales MG 34 7,92 mm mit 2.700 Schuss

Panzer II Ausf F

Panzer II Ausf F der 10. Panzer-Division im Dezember 1942 in Tunesien.

Panzer II Ausf G

Die Ausf G wurde als Aufklärungspanzer mit hoher Geschwindigkeit entwickelt. Wegen zahlreicher Änderungswünsche lief die Produktion aber erst im April 1941 an.

Bis zur Einstellung der Produktion im Februar 1942 entstanden lediglich zwölf Fahrzeuge. 27 überschüssige Türme wurden dann für die Befestigung des Atlantikwalls verwendet.

PANZER II AUSF G

Gewicht	10,50 t
Länge	4,24 m
Breite	2,38 m
Höhe	2,02 m
Antrieb	Maybach-HL-66-P-6-Zylinder-Ottomotor mit 180 PS
Geschwindigkeit	50 km/h (Straße)
Reichweite	200 km (Straße)
Besatzung	3 Mann
Panzerung	15–30 mm
Bewaffnung	1 x 7,92 mm EW141 mit 200 Schuss und 1 x koaxiales MG 34 7,92 mm mit 2.100 Schuss

Panzer II Ausf G

Einer der wenigen Panzer II Ausf G, die 1942 als Erprobungsfahrzeuge gebaut wurden.

Panzer II Ausf J

Hier handelte es sich im Prinzip um den Panzer II Aus F mit einer stärkeren Waffe in einem größeren Turm.

Der Auftrag wurde Ende 1939 erteilt. Innerhalb von sechs Monaten war der erste Prototyp fertig. Die Serienproduktion sollte im Dezember 1940 anlaufen, aber aufgrund technischer Probleme kam es immer wieder zu Verzögerungen. So wurden zwischen April und Dezember 1942 nur 22 Stück fertiggestellt. Sieben davon gingen 1943 an die 12. Panzer-Division zur Gefechtserprobung an die Ostfront. Die übrigen Fahrzeuge wurden vermutlich für die Ausbildung eingesetzt.

PANZER II AUSF J

Gewicht	18,00 t
Länge	4,24 m
Breite	2,38 m
Höhe	2,14 m
Antrieb	Maybach-HL-45-P-6-Zylinder-Ottomotor mit 150 PS
Geschwindigkeit	30 km/h (Straße)
Reichweite	200 km (Straße)
Besatzung	3 Mann
Panzerung	25–80 mm
Bewaffnung	1 x 2-cm-KwK-38-L/55 mit 18 Magazinen zu 10 Schuss und 1 x koaxiales MG 34 7,92 mm mit 2.700 Schuss

Panzer II Ausf J

Einer der sieben Panzer II Ausf J, die 1943 bei der 12. Panzer-Division im Einsatz waren.

Panzer II Ausf L

Die Ausf L „Luchs“ war als Aufklärungspanzer vorgesehen. Die Entwicklung begann im April 1939, die Serienproduktion sollte im August 1942 anlaufen. Nach der Fertigstellung des Prototypen im April 1942 wurde ein Auftrag über 800 Stück erteilt. Die ersten 100 erhielten die 2-cm-KwK-38. Weitere Fahrzeuge sollen die 5-cm-KwK-39/1-L/60 erhalten haben, werden aber manchmal mit dem Leopard/VK 16.02 verwechselt. Der Leopard selbst wurde nie gebaut und auch die Produktion des „Luchs“ wurde eingestellt, nachdem zwischen September 1943 und Januar 1944 nur etwa 100 Fahrzeuge gebaut wurden. Die für den Leopard bereits gebauten Türme fanden beim Panzerspähwagen SdKfz 234/2 Verwendung.

PANZER II AUSF L

Gewicht	11,50 t
Länge	4,63 m
Breite	2,48 m
Höhe	2,21 m
Antrieb	Maybach-HL-66-P-6-Zylinder-Ottomotor mit 180 PS
Geschwindigkeit	60 km/h (Straße)
Reichweite	290 km (Straße)
Besatzung	3 Mann
Panzerung	10–30 mm
Bewaffnung	1 x 2-cm-KwK-38-L/55 mit 33 Magazinen zu 10 Schuss und 1 x koaxiales MG 34 7,92 mm mit 2.250 Schuss

Panzer II Ausf L
Ein „Luchs“ der Panzer-Aufklärungs-Abteilung der 12. Panzer-Division im Jahr 1944.

Bewertung des Panzer II

Die 920 Panzer II, über die die Wehrmacht im Mai 1940 verfügte, stellten zu Beginn des Frankreichfeldzugs fast 40 Prozent der deutschen Panzerwaffe dar. Die Verluste beliefen sich auf gesamt 240 Fahrzeuge (26 %). Das ist ein guter Wert, denn für den Panzer III betrug er 39 %, für Panzer IV 35 %.

Die starken Verluste der Panzer III und IV sind darauf zurückzuführen, dass sie zu jener Zeit nicht besser gepanzert waren als der Panzer II. Bis Mai 1940 hatten 70 Prozent der Panzer II eine 20 Millimeter starke Zusatzpanzerung erhalten, was die Frontpanzerung auf 34,5 Millimeter brachte. Dagegen hatten die meisten Panzer III und IV nur eine Frontpanzerung von 30 Millimeter, ein paar ältere Modelle mussten sich sogar mit 15 Millimeter begnügen. Im Juni 1941 machten die 746 Panzer II, die am Russlandfeldzug teilnahmen, mehr als 22 Prozent der gesamten Stärke der Panzertruppe bei der Operation Barbarossa aus. Der Panzer II war zwar den T-34 und KW-1 unterlegen (ebenso wie den Somua und Matilda II in Frankreich), aber er war besser gepanzert als die leichten Panzer T-26 und BT, die er auf Entfernungen unter 500 Metern mit seiner 2-cm-Schnellfeuerkanone KwK 30 zerstören konnte.

Als die Sowjets diese überholten, leichten Panzer 1942/43 durch bessere Panzer ersetzte, wurde der Panzer II von der Front abgezogen und nur noch in der Ausbildung und zur Bekämpfung von Aufständischen eingesetzt.

Panzer 35(t)

Die Škoda-Werke in Pilsen waren der wichtigste Waffenfabrikant in Österreich-Ungarn gewesen. Sie hatten Klein- und Artilleriewaffen verschiedener Kaliber an Heer und Marine geliefert. Nach dem Zerfall des Kaiserreichs im Jahr 1918 wandte die Firma sich dem Panzerbau zu und belieferte die tschechoslowakische Armee in den 1930er-Jahren mit technisch fortschrittlichen Panzern, die jedem Vergleich standhielten. Nach der Besetzung großer Teile der Tschechoslowakei griff die Wehrmacht zu und übernahm die modernsten Panzer als Panzer 35(t) und 38(t). Das „t" stand dabei für „tschechisch".

LT VZ. 35

Der Panzer 35(t) war im Jahr 1936 als LT vz. 35 in die tschechoslowakische Armee eingeführt worden. Für die zeitgenössischen Verhältnisse handelte es sich um einen extrem fortschrittlichen Panzer.

Allerdings zog die übereilte Einführung einen Rattenschwanz an Problemen mit der elektrischen Anlage und der pneumatischen Unterstützung für Getriebe, Bremsen und Lenkung nach sich, die nie komplett gelöst werden konnten.

LT vz. 35 der slowakischen „Schnellen Division" der Heeresgruppe Süd im Jahr 1941 in Russland.

Ursprünglich war eine Besatzung von drei Mann vorgesehen, der Kommandant im Turm und Fahrer und Funker in der Wanne. Diese Auslegung hatte man von den französischen Vorkriegspanzern übernommen, und sie sorgte dafür, dass der Kommandant extrem überfordert war. Er war gleichzeitig auch Lade- und Richtschütze. Wenn er dann noch Zugführer oder Kompaniechef war, musste er zusätzlich bis zu 15 weitere Panzer führen.

Insgesamt wurden zwischen 1935 und 1938 424 dieser Panzer gebaut, von denen die Wehrmacht 219 als Panzer 35(t) übernahm. Besonders beeindruckt war sie von der 3,7-cm-Škoda-Kanone, die eine wesentlich bessere panzerbrechende Wirkung hatte als die 3,7-cm-KwK-36 des Panzer III.

Der Einmannturm wurde aber generell abgelehnt. So wurden ein paar Munitionsgestelle entfernt, um Platz für einen Ladeschützen zu schaffen. Das entlastete den Kommandanten schon erheblich.

Die 1. Leichte Division wurde im Oktober 1939 zur 6. Panzer-Division und übernahm alle einsatzbereiten Panzer 35(t), von denen sie 128 im Frankreichfeldzug einsetzte. Von diesen gingen bis zur Kapitulation Frankreichs 62 verloren, aber der Großteil ließ sich instandsetzen, sodass die Division 160 Panzer 35(t) bei der Operation Barbarossa einsetzen konnte.

Da war das Modell aber schon etwas überholt. Ersatzteile waren schwer zu beschaffen, und das schlechte Gelände wie auch das extreme Klima an der Ostfront sorgten für zahlreiche Ausfälle. Dazu kamen Verluste im Gefecht, sodass am 31. Oktober 1941 nur noch 34 Panzer einsatzbereit waren und weitere 41 sich in der Instandsetzung befanden.

Die Divisionen meldeten, dass jeder Panzer im Schnitt 12.500 Kilometer gelaufen war, und dass Ersatzteile nur aus anderen Panzern ausgebaut werden konnten, weil es keine Ersatzteilversorgung für den Panzer 35(t) gab.

Sie warnten auch davor, dass von den 41 Panzern in der Instandsetzung höchstens zehn reparabel waren und ein Neuaufbau nicht mehr möglich war, weil die wichtigen Komponenten völlig verschlissen waren. Die verbliebenen Panzer 35(t) hielten durch, bis die 6. Panzer-Division zur Neuausrüstung nach Frankreich verlegt wurde. Die letzten 26 einsatzbereiten Fahrzeuge wurden an Rumänien verkauft.

Panzer 35(t)
Panzer 35(t) der 1. Leichten Division im September 1939 in Polen.

Der Panzer 35(t) in Polen

Beim Einmarsch in Polen war der Panzer 35(t) eine wertvolle Ergänzung für die Panzertruppe. Bei der Panzerabteilung 65 der 1. Leichten Division und dem 11. Panzer-Regiment wurden insgesamt 112 dieser Panzer eingesetzt. 77 Panzer 35(t) fielen während des Feldzugs aus (meist wegen technischer Probleme), aber nur sieben wurden zerstört.

PANZER 35(T)

Gewicht	10,50 t
Länge	4,65 m
Breite	2,25 m
Höhe	2,35 m
Antrieb	Škoda-T11/0-wassergekühlter-4-Zylinder-Ottomotor mit 115 PS
Geschwindigkeit	35 km/h (Straße)
Reichweite	170 km (Straße)
Besatzung	4 Mann
Panzerung	15–25 mm
Bewaffnung	1 x 3,7-cm-KwK-34(t)-L/40 mit 72 Schuss und 2 x MG 37(t) 7,92 mm (eines koaxial und eines vorn in der Wanne) mit 1.800 Schuss

Panzer 35(t)
Panzer 35(t) der 6. Panzer-Division im Sommer 1941 an der Ostfront.

Panzer 38(t) Ausf A, B, C und D

Bei den 150 Panzern 38(t) Ausf A handelt es sich um noch nicht fertiggestellte tschechische LT vz. 38, die der Wehrmacht im März 1939 in die Hände fielen. Sie wurden zwischen Mai und November 1939 fertiggestellt.

PANZER 38(T) AUSF B

Gewicht	9,70 t
Länge	4,61 m
Breite	2,14 m
Höhe	2,40 m
Antrieb	Praga-EPA-6-Zylinder-Ottomotor mit 125 PS
Geschwindigkeit	42 km/h (Straße)
Reichweite	240 km (Straße)
Besatzung	4 Mann
Panzerung	15–25 mm
Bewaffnung	1 x 3,7-cm-KwK-38(t)-L/47,8 mit 72 Schuss und 2 x MG 37(t) 7,92 mm (eines koaxial und eines vorn in der Wanne) mit 2.400 Schuss

Ebenso wie der Panzer 35(t) hatten sie einen Einmannturm. So wurden auch hier Munitionsgestelle ausgebaut, um Platz für einen Ladeschützen zu schaffen. 59 dieser Panzer waren bei der 3. Leichten Division in Polen im Einsatz, weitere 15 nahmen am Norwegenfeldzug teil.

Die 325 Ausf B, C und D, die zwischen Januar und November 1940 gebaut wurden, unterschieden sich nur in Details wie einer Nebelkerzenabwurfvorrichtung und Notek-Scheinwerfern. 229 Fahrzeuge dieser Versionen waren bei der 7. und 8. Panzer-Division in Frankreich im Einsatz.

Panzer 38(t) Ausf B
Panzer 38(t) Ausf B von Rommels 7. Panzer-Division im Mai 1940 beim Frankreichfeldzug.

Panzer 38(t) Ausf E, F und G

Der 38(t) war zwar in Bezug auf Panzerschutz und Feuerkraft mit dem Panzer III vergleichbar, aber der Verlust von 54 Panzern in Frankreich führte zu einer Verbesserung der Panzerung.

Die zwischen November 1940 und Oktober 1941 gebauten 525 Ausf E und F erhielten eine 25-mm-Zusatzpanzerung, was die Frontpanzerung auf 50 Millimeter brachte. Die seitliche Panzerung wurde auf 30 Millimeter verstärkt, und die vernietete Panzerung wurde teilweise durch eine geschweißte ersetzt. Trotz allem waren die 824 Panzer 38(t) bei der Operation Barbarossa den sowjetischen Panzern und Panzerabwehrwaffen nicht gewachsen, sodass bis Dezember 1941 die Verluste bei etwa 700 lagen. Der Typ wurde trotzdem weitergebaut, da die Produktion der Panzer III und IV den Bedarf nicht deckte.

Die letzten 321 konventionellen Panzer der Ausf G wurden zwischen Oktober 1941 und Juni 1942 gebaut. Sie verfügten über mehr verschweißte Panzerplatten, waren aber technisch überholt. Sobald genügend moderne Panzer zur Verfügung standen, wurden sie von der Front abgezogen. Noch im September 1944 waren 229 von ihnen im Einsatz. Einige waren auf gepanzerten Eisenbahnzügen eingesetzt, um Partisanenbanden zu bekämpfen, die die Züge angriffen.

Panzer 38(t) Ausf F

Panzer 38(t) Ausf F der 20. Panzer-Division im Sektor Charkow im Sommer 1942. Die sandbeige Tarnung war in der ukrainischen Steppe nicht unüblich.

PANZER 38(T) AUSF F

Gewicht	9,85 t
Länge	4,61 m
Breite	2,14 m
Höhe	2,40 m
Antrieb	Praga-EPA-6-Zylinder-Ottomotor mit 125 PS
Geschwindigkeit	42 km/h (Straße)
Reichweite	240 km (Straße)
Besatzung	4 Mann
Panzerung	8 – 50 mm
Bewaffnung	1 x 3,7-cm-KwK-38(t)-L/47,8 mit 90 Schuss und 2 x MG 37(t) 7,92 mm (eines koaxial und eines vorn in der Wanne) mit 2.700 Schuss

PANZER 38(T) AUSF G

Gewicht	9,70 t
Länge	4,61 m
Breite	2,12 m
Höhe	2,60 m
Antrieb	Praga-EPA-6-Zylinder-Ottomotor mit 125 PS
Geschwindigkeit	42 km/h (Straße)
Reichweite	250 km (Straße)
Besatzung	4 Mann
Panzerung	8 – 50 mm
Bewaffnung	1 x 3,7-cm-KwK-38(t)-L/47,8 mit 90 Schuss und 2 x MG 37(t) 7,92 mm (eines koaxial und eines vorn in der Wanne) mit 2.700 Schuss

Panzer 38(t) Ausf G

Panzer 38(t) Ausf G im Antipartisanen-Einsatz in der Ukraine im Sommer 1943.

Panzer 38(t)

Genietete Panzerung

Turm und Wanne des Panzer 38(t) waren genietet und nicht verschweißt. Einige Komponenten wurden dann auf den Aufbau geschraubt.

Panzerung

Die ersten Panzer 38(t) hatten eine Panzerung von 8 mm in weniger gefährdeten Bereichen und bis zu 30 mm bei der Frontpanzerung. Die letzten Serienmodelle hatten bis zu 50 mm Panzerung.

Motor

Der wassergekühlte Praga-EPA-6-Zylinder-Ottomotor leistete 125 PS und brachte den Panzer 38(t) auf der Straße bis auf 42 km/h.

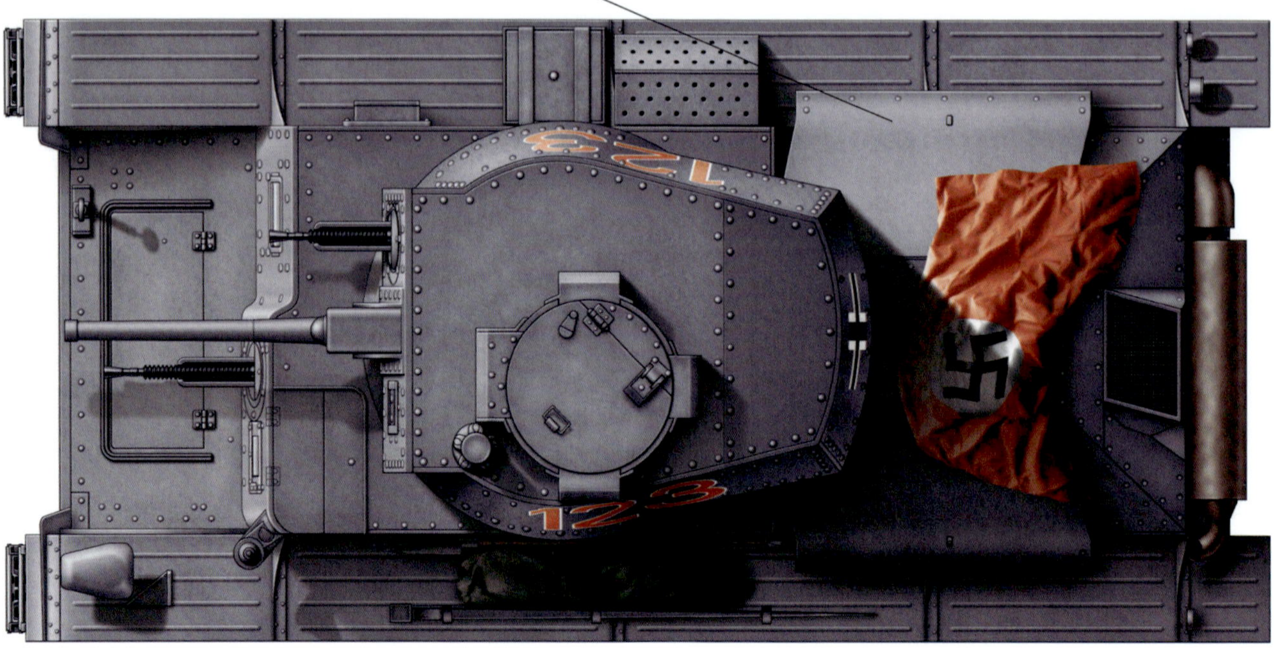

Bewertung von Panzer 35(t) und 38(t)

1939 hatte der Panzer 35(t) sein Entwicklungspotenzial ausgereizt. Er war zwar in den relativ kurzen Polen- und Frankreichfeldzügen durchaus effektiv, aber der hohe Wartungsbedarf und die nicht zu beseitigende Unzuverlässigkeit machten ihn für Russland ungeeignet.

Ganz anders der Panzer 38(t): Bei seiner Einführung war er auf Augenhöhe mit dem Panzer III und galt bei den Besatzungen als beliebtes, robustes Fahrzeug.

Zu Beginn der Operation Barbarossa wurden ihm aber auch die Grenzen aufgezeigt. Otto Carius, seinerzeit Ladeschütze in einem Panzer 38(t), erinnert sich: „Sie schossen uns diesseits der Waldlinie am anderen Flussufer kampfunfähig. Es geschah wie ein Blitz. Ein Treffer auf den Panzer, ein Krachen, der Schrei eines Kameraden, das war alles! Ein großes Stück Panzerplatte neben dem Funkersitz war durchschlagen. Da musste uns niemand befehlen zu flüchten. Erst als ich im Straßengraben lag und mit der Hand über das Gesicht fuhr, merkte ich, dass es auch mich erwischt hatte. Unser Funker hatte seinen linken Arm verloren. Wir verfluchten den spröden tschechischen Stahl, der der russischen 4,5-cm-Panzerabwehrkanone so wenig entgegenzusetzen hatte. Die umherfliegenden Stücke der Panzerung und die Nieten richteten mehr Schaden an als die Splitter des Geschosses selbst."

Obwohl die immer besseren sowjetischen Panzer und Kanonen den Panzer 38(t) 1942 alt aussehen ließen, hatte die Wanne durchaus noch Potenzial für die Weiterentwicklung. Sie kam bei anderen Panzern zum Einsatz, von denen der letzte noch 1970 im Dienst war.

Aufklärungspanzer 38

In dem schwierigen Gelände an der Ostfront konnten kaum Automobile eingesetzt werden, selbst Halbkettenfahrzeuge hatten oft Probleme.

So gab es einen dringenden Bedarf an Aufklärungspanzern. Eigentlich sollte der „Luchs" zu diesem Zweck in Großserie gebaut werden, aber letztlich entstanden nur 100 Stück. Diese Lücke wurde zumindest teilweise geschlossen, indem 50 Panzer 38(t) im Februar/März 1944 einen oben offenen Turm erhielten, der mit einer 2-cm-KwK-38 und einem koaxialen MG 42 ausgestattet war.

AUFKLÄRUNGSPANZER 38

Gewicht	9,75 t
Länge	4,51 m
Breite	2,15 m
Höhe	2,40 m
Antrieb	Praga-EPA-6-Zylinder-Ottomotor mit 125 PS
Geschwindigkeit	42 km/h (Straße)
Reichweite	250 km (Straße)
Besatzung	4 Mann
Panzerung	8–50 mm
Bewaffnung	1 x 2-cm-KwK-38-L/55 mit 48 Magazinen zu 10 Schuss und 1 x koaxiales MG 42 7,92 mm mit 2.400 Schuss

Aufklärungspanzer 38

Aufklärungspanzer 38, eine der einfacheren Umrüstungen des Panzer 38(t).

MITTLERE PANZER

Die mittleren Panzer waren die Arbeitstiere der Wehrmacht. Besonders der Panzer IV war eine der wenigen Vorkriegskonstruktionen, die so modernisiert werden konnten, dass sie bis 1945 im Fronteinsatz waren. Zu diesem Zeitpunkt war aber die Grenze seiner Möglichkeiten erreicht, und er wurde allmählich durch den eleganten, tödlichen Panther abgelöst.

DIESES KAPITEL UMFASST DIE FOLGENDEN FAHRZEUGE:

- Panzer III Ausf A, B, C und D
- Panzer III Ausf E und F
- Panzer III Ausf G
- Panzer III Ausf H und J
- Panzer III Ausf L und M
- Panzer III Ausf N
- Panzer IV Ausf A, B und C
- Panzer IV Ausf D
- Tauchpanzer IV
- Panzer IV Ausf E
- Vorpanzer F1
- Panzer IV Ausf F1
- Panzer IV Ausf F2
- Panzer IV Ausf G
- Panzer IV Ausf H
- Panzer IV Ausf J
- Panther-Prototypen
- Panther Ausf D
- Panther Ausf A
- Panther Ausf G
- Beobachtungspanzerwagen Panther
- Bergepanther
- Panther-Stellungen – Ostwallturm

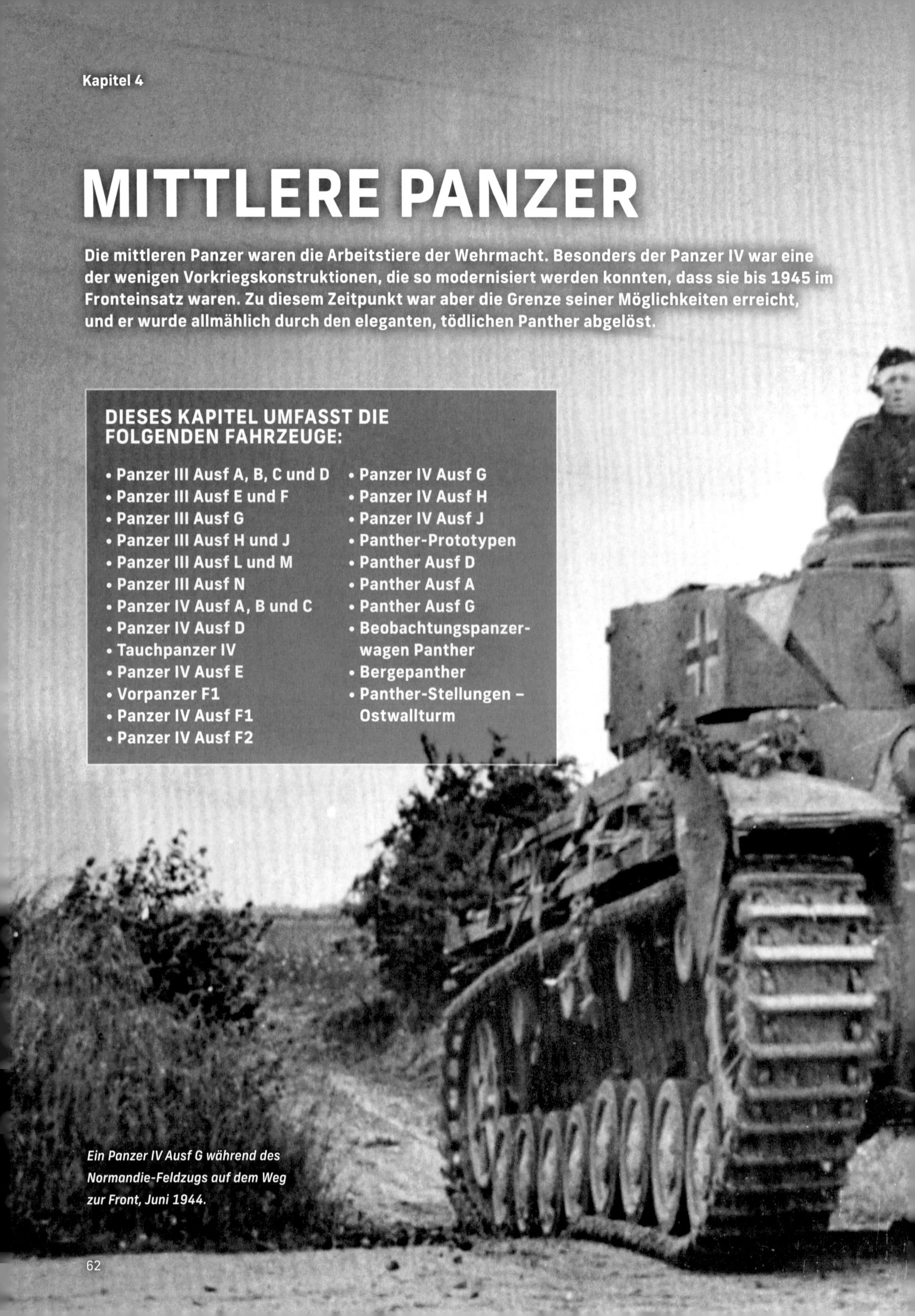

Ein Panzer IV Ausf G während des Normandie-Feldzugs auf dem Weg zur Front, Juni 1944.

Panzer III Ausf A, B, C und D

Der Ursprung des Panzer III liegt in einer Forderung aus dem Januar 1934. Gefragt war ein mittlerer Panzer mit einem Höchstgewicht von 24 Tonnen und einer Geschwindigkeit von 35 km/h.

Geplant war er als Kampfpanzer der Panzerdivisionen, mit dem die gegnerischen Panzertruppen bekämpft und vernichtet werden sollten. Prototypen kamen von Daimler-Benz, Krupp, MAN und Rheinmetall. Nach ausgiebigen Erprobungen in den Jahren 1936 und 1937 wurde das Modell von Daimler-Benz ausgewählt.

Von den ersten Serien (Ausf A bis Ausf D) entstanden 1937 und 1938 nur 70 Stück, die im Prinzip alle Prototypen waren. Sie wurden zwar im Polenfeldzug eingesetzt, aber ihre dünne Panzerung und das problembehaftete Laufwerk führten dazu, dass alle Panzer im Februar 1940 aus den Kampfeinheiten abgezogen wurden. Somit lief die Serienproduktion erst mit den Ausf E und Ausf F im Jahr 1939 richtig an.

PANZER III AUSF A

Gewicht	15,40 t
Länge	5,69 m
Breite	2,81 m
Höhe	2,34 m
Antrieb	Maybach-HL-108-TR-12-Zylinder-Ottomotor mit 250 PS
Geschwindigkeit	35 km/h
Reichweite	170 km (Straße)
Besatzung	5 Mann
Panzerung	5–15 mm
Bewaffnung	1 x 3,7-cm-KwK-36-L/45 mit 150 Schuss und 3 x MG 34 7,92 mm (zwei koaxial und eines vorn in der Wanne) mit 4.500 Schuss

Panzer III Ausf A

Einer von nur zehn Panzer III Ausf A, gebaut 1937. Die großen Laufrollen mit den Schraubenfedern bewährten sich nicht. Erst mit der Ausf E war das Laufwerk zur Zufriedenheit ausgereift.

Panzer III Ausf C

Ein Panzer III Ausf C im September 1939 in Polen. Die Ausf B hatte ein neu konstruiertes Laufwerk mit acht kleinen Laufrollen an Blattfedern. Diese Auslegung kam mit kleineren Abweichungen auch in den Ausf C und D zum Einsatz.

PANZER III AUSF C

Gewicht	16,00 t
Länge	6,00 m
Breite	2,87 m
Höhe	2,45 m
Antrieb	Maybach-HL-108-TR-12-Zylinder-Ottomotor mit 250 PS
Geschwindigkeit	35 km/h
Reichweite	180 km (Straße)
Besatzung	5 Mann
Panzerung	5–15 mm
Bewaffnung	1 x 3,7-cm-KwK-36-L/45 mit 121 Schuss und 3 x MG 34 7,92 mm (zwei koaxial und eines vorn in der Wanne) mit 4.500 Schuss

Panzer III Ausf D

Der Panzer III Ausf D stellte die letzte und größte Vorserie. 1938 entstanden 30 Stück. Er wurde zwar im Februar 1940 von der Front abgezogen, aber anscheinend wurden im Folgemonat einige Panzer rasch an die Panzer-Abteilung z.b.V. 40 abgegeben. Dieser Verband leistete im April 1940 Panzerunterstützung für die Operation Weserübung, den Einmarsch in Dänemark und Norwegen.

PANZER III AUSF D

Gewicht	19,80 t
Länge	6,00 m
Breite	2,82 m
Höhe	2,43 m
Antrieb	Maybach-HL-108-TR-12-Zylinder-Ottomotor mit 250 PS
Geschwindigkeit	35 km/h
Reichweite	160 km (Straße)
Besatzung	5 Mann
Panzerung	10–30 mm
Bewaffnung	1 x 3,7-cm-KwK-36-L/45 mit 121 Schuss und 3 x MG 34 7,92 mm (zwei koaxial und eines vorn in der Wanne) mit 4.500 Schuss

Panzer III Ausf E und F

Das waren die ersten gefechtstauglichen Modelle. Sie hatten sechs Laufrollen an jeder Kette und eine sehr moderne, sauber konstruierte Drehstabfederung, die bei allen künftigen Versionen eingebaut wurde.

Beide Modelle waren fast identisch und machten den Großteil der 348 Panzer III aus, die im Mai 1940 für den Einmarsch in Frankreich zur Verfügung standen. Die meisten der 431 Panzer, die zwischen Dezember 1938 und Juli 1940 gebaut wurden, hatten zunächst die 3,7-cm-Kanone KwK 36, die letzten 100 Exemplare der Ausf F erhielten die 5-cm-KwK-38. Ab August 1940 wurden auch ältere Panzer mit der KwK 38 nachgerüstet. Das Umrüstungsprogramm lief bis etwa Mitte 1942. Die Panzer ohne Kanone erhielten einen deutlich besseren Panzerschutz durch eine 30 Millimeter starke Zusatzpanzerung. Bis 1943 wurde der überwiegende Teil der noch vorhandenen Panzer III zur Ausbildung abgestellt, aber einige waren noch bis Juni 1944 bei der 116. Panzer-Division im Einsatz.

Panzer III Ausf E

Dieser Panzer III Ausf E war 1941 beim Afrika-Korps im Einsatz. Diese erste echte Serienversion war geeignet für die Massenproduktion und wurde ab Oktober 1939 bei Daimler-Benz, Henschel und MAN gebaut. Es wurden aber auch nur 96 Stück hergestellt.

PANZER III AUSF E

Gewicht	19,50 t
Länge	5,41 m
Breite	2,91 m
Höhe	2,44 m
Antrieb	Maybach-HL-120-TR-12-Zylinder-Ottomotor mit 300 PS
Geschwindigkeit	40 km/h (Straße)
Reichweite	170 km (Straße)
Besatzung	5 Mann
Panzerung	15–30 mm
Bewaffnung	1 x 3,7-cm-KwK-36-L/45 mit 131 Schuss und 3 x MG 34 7,92 mm (zwei koaxial und eines vorn in der Wanne) mit 4.500 Schuss

Panzer III Ausf E

Die Ausf E und F erhielten erstmals den großen Staubehälter am Turm, der bei allen späteren Panzer III verbaut wurde.

Panzer III Ausf G

Die Ausf G ging im April 1940 in die Serienproduktion. Die Panzerung hinten an der Wanne wurde von 21 auf 30 Millimeter verstärkt, und der Aufenthalt im Besatzungsraum wurde durch einen Luftabzug oben im Turm erträglicher. Zwischen April 1940 und Februar 1941 entstanden etwa 600 Exemplare dieser Version, von denen die meisten später die 30-mm-Zusatzpanzerung erhielten.

PANZER III AUSF G	
Gewicht	20,30 t
Länge	5,48 m
Breite	2,97 m
Höhe	2,44 m
Antrieb	Maybach-HL-120-TRM-12-Zylinder-Ottomotor mit 300 PS
Geschwindigkeit	40 km/h (Straße)
Reichweite	170 km (Straße)
Besatzung	5 Mann
Panzerung	10–30 mm
Bewaffnung	1 x 5-cm-KwK-38-L/42 mit 99 Schuss und 2 x MG 34 7,92 mm (eines koaxial und eines vorn in der Wanne) mit 2.700 Schuss

Panzer III Ausf G
Die ersten Modelle der Ausf G vor Juli 1940 hatten noch die 3,7-cm-Kanone KwK 36, die meisten verfügten aber über die 5-cm-Kanone KwK 38.

Eine Kolonne Panzer III auf dem Vormarsch zur russischen Front, Sommer 1943.

Panzer III Ausf H und J

Die Ausf H war nicht viel mehr als eine Zwischenlösung, von der von Oktober 1940 bis April 1941 knapp über 300 Stück gebaut wurden. Es handelt sich um den ersten Panzer III mit einer Turmbühne. Diese wurde später auch bei den Ausf E, F und G nachgerüstet. Alle erhielten ab Werk die 30-mm-Zusatzpanzerung und waren zunächst mit der 5-cm-Kanone KwK 38 ausgestattet.

Die Ausf J war der erste Panzer III mit 50 Millimeter Frontpanzerung. Bereits im August 1940 hatte Hitler angeordnet, alle künftigen Panzer III mit der 5-cm-Hochleistungskanone KwK 39 auszustatten. Das Heereswaffenamt setzte aber auf die KwK 38, von der es meinte, sie würde gegen die alliierten Panzer ausreichen. General der Panzertruppe von Thoma glaubte, dass diese Entscheidung „... stark zu unserer Niederlage beigetragen hat".

Hitler wusste nichts davon und erfuhr es erst, als er bei einer Vorführung im April 1941 sah, dass keiner der neuen Panzer III nach seiner Vorgabe ausgestattet worden war. Aufgebracht forderte er den sofortigen Einbau der KwK 39, aber die Zeit reichte nur noch aus, um 44 der insgesamt 2.068 Panzer III, die an der Eröffnung der Operation Barbarossa teilnahmen, umzurüsten.

PANZER III AUSF J

Gewicht	22,30 t
Länge	6,41 m
Breite	2,95 m
Höhe	2,50 m
Antrieb	Maybach-HL-120-TRM-12-Zylinder-Ottomotor mit 300 PS
Geschwindigkeit	40 km/h (Straße)
Reichweite	175 km (Straße)
Besatzung	5 Mann
Panzerung	10–50 mm
Bewaffnung	1 x 5-cm-KwK-39-L/60 mit 84 Schuss und 2 x MG 34 7,92 mm (eines koaxial und eines vorn in der Wanne) mit 2.700 Schuss

Bewertung des Panzer III

Alle frühen Versionen bis einschließlich der Ausf F hatten die 3,7-cm-KwK-36, die aber 1940 gegen gut geschützte, schwere Panzer der Alliierten wie Matilda und Char B praktisch nutzlos war. Die Panzerwaffe hatte aber das Glück, dass der Turmdrehkranz des Panzer III groß genug war, um auch die stärkeren 5-cm-Kanonen aufzunehmen. Zunächst kam die KwK 38 L/42 zum Einsatz, die eine wesentlich bessere panzerbrechende Wirkung hatte und gegen die älteren sowjetischen Panzer wie T-26 und BT äußerst wirkungsvoll war. Man stellte aber schon zu Beginn der Operation Barbarossa fest, dass sie für die T-34 und KW-1 nicht ausreichte.

Mit der 5-cm-Kanone KwK 39 L/60 und ihrer panzerbrechenden Granate mit Wolfram-Hartkern war der Panzer III noch weit bis in das Jahr 1943 ein brauchbarer Kampfpanzer. Mit dieser Kombination konnte die Frontpanzerung des T-34 auf 500 Meter und die seitliche Panzerung des KW-1 auf ähnliche Entfernung durchschlagen werden, aber aufgrund von Materialknappheit waren die Geschosse schwer zu beschaffen. Es gab Zeiten, da hatte die Panzergruppe 4 nur fünf Schuss für jeden Panzer III. So konnte man mit dieser Granate zwar ein Problem lösen, schuf sich aber ein anderes, denn Wolfram war knapp und wurde auch für Werkzeugmaschinen gebraucht. Ende 1943 war die Lage so kritisch, dass die Produktion der Geschosse eingestellt wurde, um die Wolfram-Reserven für die Kriegsindustrie zu schonen.

Die umgerüsteten Panzer III erhielten auch eine stärkere Panzerung. Die ersten Modelle hatten höchstens 15 Millimeter. Die Panzerung wurde dann allmählich verstärkt, bis sie bei den Ausf J, L, M und N 70 Millimeter erreicht hatte. Diese Versionen waren auch 1943 noch überwiegend im Einsatz. Mit dieser Panzerung war der Panzer III praktisch immun gegen die 4,5-cm-Panzerkanonen und Panzerabwehrwaffen der Roten Armee. Auf Entfernungen über 500 Meter war auch der Schutz gegen die 7,62-cm-Kanonen des T-34 und KW-1 noch recht ordentlich.

Die letzte erfolgreiche Umrüstung des Panzer III geschah mit der 7,5-cm-Kanone KwK 37 L/24. Diese war in großer Zahl vor-

Panzer III Ausf J
Die Ausf J des Afrika-Korps war Rommels am stärksten bewaffneter Panzer, bis Mitte 1942 die ersten Panzer IV mit der 7,5-cm-Kanone KwK 40 L/43 eintrafen. Sie wurden von der britischen Eighth Army als „Panzer IV Special" bezeichnet.

handen, da sich bei der Umrüstung des Panzer IV auf eine längere Kanone Überschüsse ergeben hatten. Diese Kanone war äußerst vielseitig. Sie konnte Sprenggranaten, Kartätschen und Nebelgranatpatronen verschießen, mit der Hohlladungspatrone konnte sie zur Not auch Panzer bekämpfen. Mit dem kurzen Kanonenrohr war sie aber nur auf kurze Entfernungen präzise. Das beste Hohlladungsgeschoss, die Granate 38 HL/C, konnte eine Panzerung von 115 Millimeter durchschlagen.

Im Juni 1942 waren immer noch etwa 1.100 Panzer III allein in Russland im Einsatz. Sie spielten auch eine wichtige Rolle bei den letzten größeren Siegen der Wehrmacht an der Ostfront Anfang 1943 und waren immer noch recht wirksam, aber im Sommer 1943 lief die Zeit langsam davon. Im Juli 1943 setzten die Heeresgruppen Mitte und Süd noch 432 Panzer III mit der Kanone L/60 bei der Operation Zitadelle ein, aber das war auch der letzte Einsatz, an dem der Panzer III in größerer Zahl teilnahm. Die Produktion wurde schließlich im August 1943 eingestellt. Anfang 1944 wurden die meisten verbliebenen Panzer III zur Ausbildung oder zur Bekämpfung von Aufständischen abgestellt. Dabei blieb es bis zum Ende des Krieges.

Ein Panzer III Ausf J der 9. Panzer-Division, Russland 1942.

Panzer III Ausf L und M

Von diesen beiden Versionen, die sich kaum unterschieden, wurden zwischen Juni 1942 und Februar 1943 insgesamt 903 Exemplare gebaut. Durch eine zusätzliche Abstandspanzerung von 20 Millimetern an der Rohrblende und vorn an der Wanne wurde die Frontpanzerung auf 70 Millimeter gebracht. Viele erhielten auch acht Millimeter starke Schürzen seitlich an der Wanne und am Turm, um Schutz vor den sowjetischen Panzerbüchsen zu gewährleisten.

PANZER III AUSF M

Gewicht	22,30 t
Länge	6,41 m
Breite	2,95 m
Höhe	2,50 m
Antrieb	Maybach-HL-120-TRM-12-Zylinder-Ottomotor mit 300 PS
Geschwindigkeit	40 km/h (Straße)
Reichweite	175 km (Straße)
Besatzung	5 Mann
Panzerung	10–70 mm
Bewaffnung	1 x 5-cm-KwK-39-L/60 mit 92 Schuss und 2 x MG 34 7,92 mm (eines koaxial und eines vorn in der Wanne) mit 4.950 Schuss

Panzer III Ausf M
Eine späte Ausf M. Insgesamt nahmen 432 Ausf L und M an der Schlacht bei Kursk teil.

Panzer III Ausf N

1942/43 zeigte sich, dass die KwK 39 nicht mehr mithalten konnte. Es gab verschiedene Vorschläge, wie man den Panzer III wieder kampftauglich machen könnte. Darunter waren recht drastische Maßnahmen wie die Umrüstung auf den Turm des Panzer IV. Diese Idee wurde schnell wieder aufgegeben, als man erkannte, dass die Aufhängung mit dem hohen Gewicht überfordert war und auch die Fahrleistungen leiden würden. So wurde entschieden, die 7,5-cm-Kanone KwK 37 L/24 einzubauen. Mit dieser Kanone wurden von Juni 1942 bis August 1943 700 Panzer unter der Bezeichnung Panzer III Ausf N gebaut.

PANZER III AUSF N

Gewicht	23,00 t
Länge	5,52 m
Breite	2,97 m
Höhe	2,51 m
Antrieb	Maybach-HL-120-TRM-12-Zylinder-Ottomotor mit 300 PS
Geschwindigkeit	40 km/h (Straße)
Reichweite	175 km (Straße)
Besatzung	5 Mann
Panzerung	10–70 mm
Bewaffnung	1 x 7,5-cm-KwK-37-L/24 mit 64 Schuss und 2 x MG 34 7,92 mm (eines koaxial und eines vorn in der Wanne) mit 3.750 Schuss

Panzer III Ausf N
Eine Ausf N in Wintertarnung an der Ostfront 1942 oder 1943. Die letzten Ausf M und N erhielten Nebelgranatenabschussgeräte rechts und links vom Turm.

Im Hintergrund brennen Häuser, während deutsche Soldaten, unterstützt durch einen Panzer III, irgendwo an der Ostfront eine umkämpfte Straße räumen. Der Panzer III wurde während des Krieges immer weiter verbessert.
Da auch die Panzer der Alliierten immer stärker wurden, war dieser Kampfpanzer mit seiner Feuerkraft und Bewaffnung bald nur noch ein Unterstützungsfahrzeug für die Infanterie.

Panzer IV Ausf A, B und C

Der Panzer IV wurde parallel zum Panzer III entwickelt. Im Januar 1934 gab es eine Anforderung für einen Panzer mit einer großkalibrigen 7,5-cm-Kanone als Ergänzung zum Panzer III. Dieser Panzer war auf die Nahunterstützung ausgelegt. Sein Ziel waren feindliche Panzerabwehrwaffen und Feldbefestigungen, um dem Panzer III die Bekämpfung feindlicher Panzer zu ermöglichen.

Prototypen kamen von MAN, Krupp und Rheinmetall-Borsig. Für die Serie wurde das Modell von Krupp ausgewählt. Es flossen immer wieder kleine Verbesserungen in die Serie ein, aber die Produktion ging nur langsam voran, sodass bis zum Sommer 1940 nicht einmal 500 Fahrzeuge aller Versionen gebaut wurden.

Alle hatten die 7,5-cm-Kanone KwK 37 L/24. Diese Kurzrohrwaffe sollte in erster Linie Sprenggranaten verschießen, eignete sich aber auch für die Bekämpfung von Panzern. Trotz des ausgezeichneten Visiers, über das alle Panzer IV verfügten, war es nicht leicht, mit der langsamen Waffe ein bewegliches Ziel zu treffen, aber die vorzüglich ausgebildeten Panzerbesatzungen von 1939/40 kamen gut damit klar.

Das panzerbrechende Geschoss war zunächst ein konventionelles Wuchtgeschoss mit Kappe und Haube, das auf 500 Meter eine Panzerung von 50 Millimetern durchschlagen konnte. Damit meinte man, gegen alle alliierten Panzer gerüstet zu sein. Das sollte sich schon im Sommer 1940 in Frankreich als Illusion herausstellen, denn die Matilda und Char B erwiesen sich als praktisch unverwundbar. So wurde hastig versucht, die Panzerabwehrfähigkeiten des Panzer IV zu verbessern.

Zunächst wurden eine Reihe von Hohlladungsgeschossen für die KwK 37 eingeführt. Die ersten konnten nur 52 Millimeter Panzerstahl durchschlagen, aber spätere Versionen brachten es auf 115 Millimeter. Das war zwar hilfreich, aber man erkannte auch, dass man für die Panzerabwehr eine Hochleistungskanone brauchte. So wurde versuchsweise eine 5-cm-L60-Kanone auf der Grundlage der 5-cm-Panzerabwehrkanone PaK 38 in den Panzer IV Ausf D eingebaut. Da die Wehrmacht aber in Frankreich so schnell vorankam, wurde der erste Auftrag über 80 solcher Panzer schon vor dem Anlauf der Produktion storniert.

PANZER IV AUSF A

Von Oktober 1937 bis März 1938 entstanden nur 35 Stück. Man hatte rechtzeitig erkannt, dass die Panzerung für die Einsätze im Gefecht viel zu schwach war, speziell für die vorgesehene Rolle bei der Nahunterstützung.

PANZER IV AUSF B

Die Ausf B war der erste kampftaugliche Panzer IV. Die Frontpanzerung wurde auf 30 Millimeter verstärkt, und ein stärkerer Motor mit einem neuen Getriebe verbesserte die Fahrleistungen erheblich. Obwohl von April bis September 1938 nur 42 Stück gebaut wurden, waren einige sogar noch während der Landung der Alliierten in der Normandie im Einsatz.

PANZER IV AUSF C

Trotz einiger kleinerer Verbesserungen unterschied sich die Ausf C kaum von der Ausf B. Zunächst wurden 300 Panzer in Auftrag gegeben, später reduzierte sich der Umfang auf 140 Stück, die zwischen September 1938 und März 1939 fertiggestellt wurden.

Eine Kolonne Panzer IV Ausf H 1943 beim Vormarsch durch die Steppe.

PANZER IV AUSF A

Gewicht	17,30 t
Länge	5,60 m
Breite	2,75 m
Höhe	2,65 m
Antrieb	Maybach-HL-108-TR-12-Zylinder-Ottomotor mit 250 PS
Geschwindigkeit	32 km/h (Straße)
Reichweite	180 km (Straße)
Besatzung	5 Mann
Panzerung	5–15 mm
Bewaffnung	1 x 7,5-cm-KwK-37-L/24 mit 122 Schuss und 2 x MG 34 7,92 mm (eines koaxial und eines vorn in der Wanne) mit 3.000 Schuss

Panzer IV Ausf A

Ein Panzer IV Ausf A der 1. Panzer-Division 1939 in Polen.

PANZER IV AUSF B

Gewicht	18,50 t
Länge	5,92 m
Breite	2,83 m
Höhe	2,68 m
Antrieb	Maybach-HL-120-TR-12-Zylinder-Ottomotor mit 300 PS
Geschwindigkeit	42 km/h (Straße)
Reichweite	200 km (Straße)
Besatzung	5 Mann
Panzerung	8–30 mm
Bewaffnung	1 x 7,5-cm-KwK-37-L/24 mit 80 Schuss und 1 x koaxiales MG 34 7,92 mm mit 2.400 Schuss

Panzer IV Ausf B

Ein Panzer IV Ausf B der 21. Panzer-Division im Juni 1944 in der Normandie.

PANZER IV AUSF C

Gewicht	20,00 t
Länge	5,92 m
Breite	2,84 m
Höhe	2,68 m
Antrieb	Maybach-HL-120-TRM-12-Zylinder-Ottomotor mit 300 PS
Geschwindigkeit	42 km/h (Straße)
Reichweite	200 km (Straße)
Besatzung	5 Mann
Panzerung	5–30 mm
Bewaffnung	1 x 7,5-cm-KwK-37-L/24 mit 80 Schuss und 1 x koaxiales MG 34 7,92 mm mit 2.400 Schuss

Panzer IV Ausf C

Ein Panzer IV Ausf C der 4. Panzer-Division Mai/Juni 1940 in Frankreich.

Panzer IV Ausf D

Von Oktober 1939 bis Mai 1941 wurden insgesamt 229 Panzer IV in dieser Ausführung gebaut. Sie hatte kleinere Verbesserungen beim Panzerschutz, wie eine 35 Millimeter starke, externe Rohrblende, und die hintere Panzerung wurde von 15 auf 20 Millimeter verstärkt. Die letzten Modelle erhielten noch eine Zusatzpanzerung – 30 Millimeter vorn an der Wanne und 20 Millimeter an den Seiten. Das vordere MG wurde bei dieser Ausführung und allen späteren Versionen wieder eingebaut.

PANZER IV AUSF D

Gewicht	20,00 t
Länge	5,92 m
Breite	2,84 m
Höhe	2,68 m
Antrieb	Maybach-HL-120-TRM-12-Zylinder-Ottomotor mit 300 PS
Geschwindigkeit	42 km/h (Straße)
Reichweite	200 km (Straße)
Besatzung	5 Mann
Panzerung	10–35 mm
Bewaffnung	1 x 7,5-cm-KwK-37-L/24 mit 80 Schuss und 2 x MG 34 7,92 mm (eines koaxial und eines vorn in der Wanne) mit 2.700 Schuss

Panzer IV Ausf D
Ein Panzer IV Ausf D der 21. Panzer-Division im Dezember 1941 in El Agheila.

Tauchpanzer IV

Einer der ungewöhnlichsten Panzer IV war der Tauchpanzer IV. Dieser tauchfähige Panzer war ursprünglich für die Operation Seelöwe, die Invasion Englands, vorgesehen.

42 Panzer der Ausf D wurden sorgfältig am Turm, an allen Luken und am Motorraum abgedichtet, um Einsätze bis zu einer Tiefe von 15 Metern zu ermöglichen. Die Panzer sollten direkt von den Rampen der Landungsboote starten. Unter Wasser erfolgte die Luftzufuhr über einen flexiblen Schlauch an einer Boje, der mit einem Schnorchel versehen war, sodass der Panzer selbstständig an die Küste fahren konnte. Nach der Aufgabe der Operation Seelöwe gingen diese Panzer zusammen mit einigen ähnlich umgerüsteten Panzer III an die 18. Panzer-Division, die damit am ersten Tag der Operation Barbarossa einen Unterwasserangriff durch den Fluss Bug vornahm.

TAUCHPANZER IV

Gewicht	21,00 t
Länge	5,92 m
Breite	2,84 m
Höhe	2,86 m
Antrieb	Maybach-HL-120-TRM-12-Zylinder-Ottomotor mit 300 PS
Geschwindigkeit	42 km/h (Straße)
Reichweite	200 km (Straße)
Besatzung	5 Mann
Panzerung	10–35 mm
Bewaffnung	1 x 7,5-cm-KwK-37-L/24 mit 80 Schuss und 2 x MG 34 7,92 mm (eines koaxial und eines vorn in der Wanne) mit 2.700 Schuss

Tauchpanzer IV
Ein Tauchpanzer IV mit der wasserdichten Versiegelung um die Rohrblende und die Kommandantenkuppel.

Panzer IV Ausf E

Die 223 Panzer der Ausf E, die von September 1940 bis April 1941 gebaut wurden, erhielten eine Zusatzpanzerung von 30 Millimetern an der Wannenfront und 20 Millimetern an den Seiten, sodass sie nun über bis zu 60 Millimeter Panzerung verfügten. Ein Luftabzug im Turmdach sorgte für eine wesentlich bessere Aufenthaltsqualität im Turm.

PANZER IV AUSF E

Gewicht	21,00 t
Länge	5,92 m
Breite	2,84 m
Höhe	2,68 m
Antrieb	Maybach-HL-120-TRM-12-Zylinder-Ottomotor mit 300 PS
Geschwindigkeit	42 km/h (Straße)
Reichweite	200 km (Straße)
Besatzung	5 Mann
Panzerung	10–45 mm
Bewaffnung	1 x 7,5-cm-KwK-37-L/24 mit 80 Schuss und 2 x MG 34 7,92 mm (eines koaxial und eines vorn in der Wanne) mit 2.700 Schuss

Panzer IV Ausf E
Eine Ausf E der 11. Panzer-Division im April 1941 in Jugoslawien.

Ein Panzer IV Ausf E dringt im Oktober 1941 in ein Dorf im Bezirk Tscherkassy in der Sowjetunion ein.

Vorpanzer F1

Da die Umrüstung des Panzer IV einige Zeit in Anspruch nehmen würde, versuchte man, durch eine schwere Zusatzpanzerung seine Überlebensfähigkeit zu verbessern.

Es sind keine detaillierten Aufzeichnungen überliefert, aber nach vorhandenen Fotos zu urteilen wird zumindest ein Teil der Zusatzpanzerung eine Stärke von 30 Millimetern oder mehr gehabt haben. Eine unbekannte Anzahl der Ausf D, E und F wurde auf diese Weise verbessert, aber letztlich war dieses Programm auch nur eine Notlösung vor der Einführung einer Version mit einer stärkeren Kanone.

VORPANZER F1

Gewicht	23,00 t
Länge	5,92 m
Breite	2,84 m
Höhe	2,68 m
Antrieb	Maybach-HL-120-TRM-12-Zylinder-Ottomotor mit 300 PS
Geschwindigkeit	40 km/h
Reichweite	175 km (Straße)
Besatzung	5 Mann
Panzerung	10–80 mm (geschätzt)
Bewaffnung	1 x 7,5-cm-KwK-37-L/24 mit 80 Schuss und 2 x MG 34 7,92 mm (eines koaxial und eines vorn in der Wanne) mit 3.000 Schuss

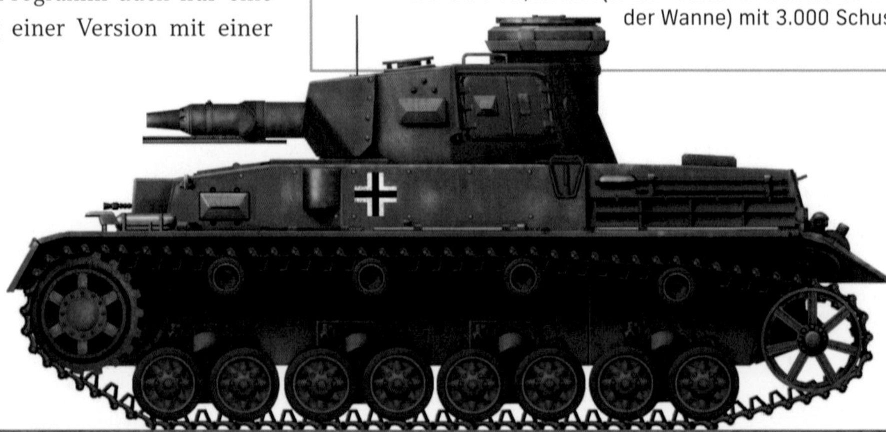

Vorpanzer F1
Vorpanzer F1 mit aufgeschraubter Zusatzpanzerung an Wanne und Rohrblende.

Panzer IV Ausf F1

Beim F1 wurde versucht, die Panzerung zu vereinheitlichen. Sie betrug nun erstmals 50 Millimeter an der Rohrblende und der Turmfront. Auch andere gefährdete Stellen wurden stärker gepanzert. Geplant war eine Serie von 625 Fahrzeugen, von denen aber schlussendlich von April 1941 bis März 1942 nur 462 Stück gebaut wurden. Das lag daran, dass man gegen die sowjetischen T-34 und KW-1 dringend eine stärkere Kanone als die KwK 37 benötigte.

PANZER IV AUSF F1

Gewicht	22,30 t
Länge	5,93 m
Breite	2,88 m
Höhe	2,68 m
Antrieb	Maybach-HL-120-TRM-12-Zylinder-Ottomotor mit 300 PS
Geschwindigkeit	42 km/h (Straße)
Reichweite	200 km (Straße)
Besatzung	5 Mann
Panzerung	10–50 mm
Bewaffnung	1 x 7,5-cm-KwK-37-L/24 mit 80 Schuss und 2 x MG 34 7,92 mm (eines koaxial und eines vorn in der Wanne) mit 3.000 Schuss

Panzer IV Ausf F1
Panzer IV Ausf F1 der 21. Panzer-Division im Juni 1942 in Tobruk. Weiterer Kraftstoff und Wasser wurden in Kanistern oberhalb des Kettenschutzes mitgeführt.

Panzer IV Ausf F2

Es wurde zunächst kaum etwas unternommen, um den Panzer IV stärker zu bewaffnen. Erst im November 1941, als immer mehr Beschwerden über die Unterlegenheit gegenüber dem T-34 und dem KW-1 kamen, erkannte man die Dringlichkeit.

Anfangs gab es die Idee, den Panzer IV mit der 5-cm-Kanone L/60 auszurüsten, man merkte jedoch schnell, dass deren Panzerdurchschlagsleistung nicht genügte. So machte Krupp sich daran, die neue 7,5-cm-Panzerabwehrkanone (später PaK 40 /L46) an den Panzer IV anzupassen.

Da der Rücklaufweg der PaK 40 zu lang für den Turm war, wurden die Rohrbremse und der Ladungsraum angepasst. Dieses neue Modell hieß dann KwK 40 L/43. Der erste Panzer IV mit der neuen Kanone war die Ausf F2, die im März 1942 eingeführt wurde. Zusammen mit einem besseren Panzerschutz hatte er den Rückstand gegenüber dem T-34 fast aufgeholt. Auf 500 Meter konnte er sogar den KW-1 von der Seite oder von hinten vernichten. Zwischen März und Juli 1942 entstanden 200 Exemplare.

PANZER IV AUSF F2

Gewicht	23,60 t
Länge	6,63 m
Breite	2,88 m
Höhe	2,68 m
Antrieb	Maybach-HL-120-TRM-12-Zylinder-Ottomotor mit 300 PS
Geschwindigkeit	38 km/h (Straße)
Reichweite	190 km (Straße)
Besatzung	5 Mann
Panzerung	10–50 mm
Bewaffnung	1 x 7,5-cm-KwK-40-L/43 mit 87 Schuss und 2 x MG 34 7,92 mm (eines koaxial und eines vorn in der Wanne) mit 3.000 Schuss

Panzer IV Ausf F2

Panzer IV Ausf F2, Division Großdeutschland, Ende 1942. Die ersten KwK 40 L/43 hatten noch die typische kugelförmige Mündungsbremse.

Ein Panzer IV Ausf F2 1942 in Russland. Seine 7,5-cm-Kanone KwK 40 L/43 machte Schluss mit der Überlegenheit des T-34 im Gefecht.

Panzer IV Ausf F1

Beweglichkeit
Breitere Ketten und Änderungen am vorderen Kettenrad und am hinteren Leitrad machten den Panzer IV auch in schwierigem Gelände fahrbar. Für die Beweglichkeit im Winter wurden Eisgreifer installiert.

Hauptbewaffnung
In Bezug auf die Hauptbewaffnung gab es die Versionen F1 und F2. Der F1 hatte die 7,5-cm-Kanone L/24 mit kurzem Rohr.

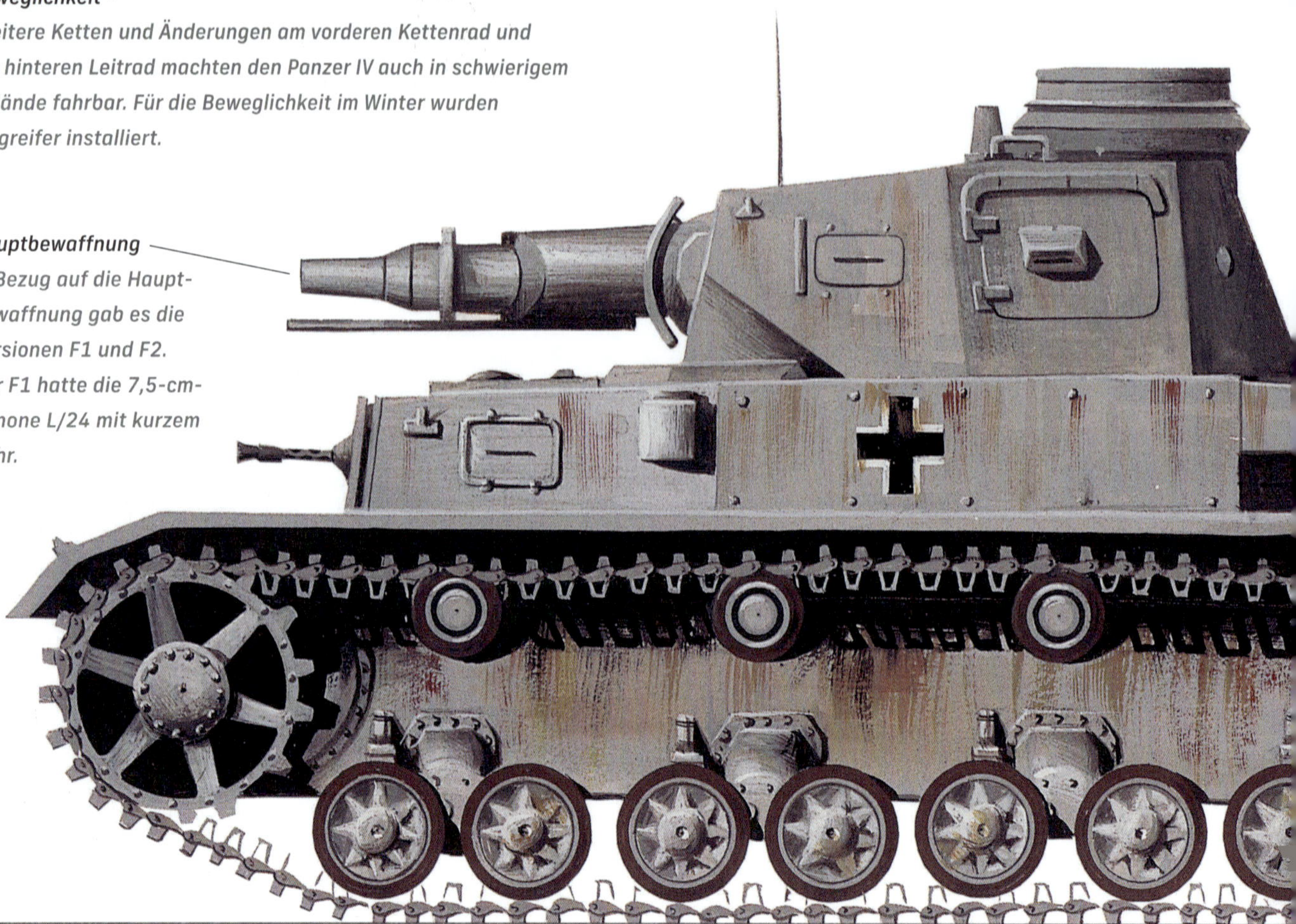

Produktion

Zu Spitzenzeiten stellte der Panzer IV ganze 30 Prozent der aktiven Panzerflotte der Wehrmacht. Nach dem Ausbruch des Zweiten Weltkriegs dauerte es allerdings einige Zeit, bis er in ausreichender Zahl an der Front zur Verfügung stand. Beim Einmarsch in Polen im September 1939 und auch noch in Frankreich und in den Niederlanden 1940 waren überwiegend die leicht gepanzerten und bewaffneten Panzer I und II im Einsatz. Als die Wehrmacht in Warschau einmarschierte, waren nur 211 Panzer IV dabei, und auch im folgenden Frühjahr waren an der Westfront nur 278 von ihnen im Einsatz.

Anfang 1940 war aber klar, dass man mehr Panzer IV benötigte. Bis dahin wurde er ausschließlich bei Krupp gebaut, aber nun wurde die Produktion auch auf andere Werke ausgedehnt. So löste der Panzer IV allmählich die überholten, älteren Modelle ab, die schon seit Kriegsbeginn im Einsatz gewesen waren. 1939 wurden nicht einmal 40 Panzer IV pro Monat hergestellt. Dann stieg die Anzahl allmählich auf 83 im Jahr 1942, 252 im Jahr 1943 und 300 Anfang 1944. Dann wurden die Montagestraßen für andere Kriegsgüter benötigt. Im Herbst 1944 war der monatliche Ausstoß auf 55 gesunken.

Turm
Der Panzer IV war asymmetrisch aufgebaut. Der Turm war um 66,5 Millimeter zur Seite versetzt, damit die Kardanwelle am Schleifringübertrager vorbeigeführt werden konnte.

Motor
Der wassergekühlte 12-Zylinder-Reihenmotor Maybach HL 120 TRM leistete 296 PS und bot eine Höchstgeschwindigkeit von 42 km/h.

Panzer IV Ausf G

Im Mai 1942 wurde die Produktion auf die Ausf G umgestellt. Diese brachte weitere Verbesserungen wie eine Zusatzpanzerung mit 30 Millimeter Stärke. So betrug die Frontpanzerung nun 80 Millimeter. Anfangs war geplant, etwa die Hälfte aller gebauten Panzer IV mit dieser Zusatzpanzerung auszustatten, aber im Januar 1943 bestimmte Hitler, dass alle künftigen Panzer IV eine Frontpanzerung von 80 Millimetern haben sollten. Das wurde positiv aufgenommen, obwohl sich die Buglastigkeit des Panzers dadurch erhöhte.

ZUSATZPANZERUNG

Ein Versuch, die Frontpanzerung auf 100 Millimeter zu erhöhen, wurde aufgegeben, da der Panzer so buglastig wurde, dass er kaum noch fahrbar war. Dazu war die Belastung der vorderen Laufrollen und Aufhängungen gefährlich hoch. Um die Reparaturen nach Minenschäden zu vereinfachen, wurde über dem linken Kettenschutz ein Gestell für zwei Reserve-Laufrollen angebracht. Halter für zusätzliche Kettenglieder fanden sich an der Frontpanzerung. Da diese Kettenglieder zusätzlichen Schutz boten, wurden oft noch weitere an Wanne und Turm befestigt.

Um den Bau zu vereinfachen, wurden die Sehschlitze seitlich am Turm und vorn rechts weggelassen. Dem Risiko überhitzter Motoren im Sommer beugte man durch Luftschlitze in der Motorabdeckung vor. Das Kaltstartverhalten verbesserte sich durch einen Kühlwassertauscher, der sich am heißen Kühlwasser anderer Panzer bediente, und einen neuen Anlasser. Dazu kam ein neuer Scheinwerfer, und die Signalluke auf dem Turm verschwand. Die allerletzten Ausf G hatten statt der doppelten Luke für den Kommandanten eine einzelne, runde Luke, und die Kuppel wurde besser gepanzert. Während die Produktion dieser Ausführung 1943 langsam auslief, wurde noch die KwK 40 L/43 durch die längere 7,5-cm-Kanone 40 L/48 ersetzt. Ein neue Mündungsbremse mit mehreren Prallplatten verbesserte das Rückstoßverhalten.

PANZER IV AUSF G

Gewicht	23,60 t
Länge	7,02 m
Breite	2,88 m
Höhe	2,68 m
Antrieb	Maybach-HL-120-TRM-12-Zylinder-Ottomotor mit 300 PS
Geschwindigkeit	38 km/h (Straße)
Reichweite	185 km (Straße)
Besatzung	5 Mann
Panzerung	zunächst 10 – 50 mm, später verbessert auf 10 – 80 mm
Bewaffnung	1 x 7,5-cm-KwK-40-L/48 mit 87 Schuss und 2 x MG 34 7,92 mm (eines koaxial und eines vorn in der Wanne) mit 3.000 Schuss

Panzer IV Ausf G

Ein Panzer IV Ausf G der 15. Panzer-Division 1943 in Tunesien. Insgesamt wurden von Mai 1942 bis Juni 1943 1.687 Stück gebaut.

Panzer IV Ausf H

Panzer IV Ausf H
Ein Panzer IV Ausf H der 2. Panzer-Division im Juni 1944 in Frankreich.

Als nächste Version ging die Ausf H im April 1943 unter der Bezeichnung SdKfz 161/2 in die Produktion. Die Stabilität der Frontpanzerung wurde dadurch verbessert, dass anstatt der einzelnen 30- und 50-mm-Platten nun eine 80-mm-Panzerplatte verwendet wurde. Damals war man davon überzeugt, dass die Infanterie der Alliierten über magnetische Panzerabwehrminen verfügte. Es wurden deshalb alle senkrechten Flächen der Panzerung mit Zimmerit-Paste versehen, um sich vor diesen Waffen zu schützen. Die Paste sorgte für einen eisenfreien Abstand zwischen der Stahlpanzerung und den Magneten - praktisch eine nichtmagnetische „Abstandspanzerung". Dabei wurden magnetische Panzerabwehrminen in großem Stil nur von der Wehrmacht eingesetzt.

Die Seiten und der Turm erhielten zusätzlichen Schutz in Form von fünf (Seiten) und acht Millimeter (Turm) starken Schürzen. Diese Schürzen waren als Schutz vor den sowjetischen Panzerbüchsen entwickelt worden, boten aber auch einen brauchbaren Schutz vor den Hohlladungsgeschossen der PIAT und vor der Panzerfaust.

Während der Produktion flossen einige Änderungen in die Serie ein. Umlenkrollen aus Stahlguss ersetzten die ursprünglichen gummibereiften Rollen, und am Turm wurden die schnell beschädigten Seitenschürzen durch stabilere, dreieckige Stützen gehalten. Dazu gab es ein Fliegerbeschussgerät für ein MG 34 in der Kommandantenkuppel. Eigentlich war geplant, die neue Nahverteidigungswaffe (Nebel- und Granatwerfer für den Nahbereich) einzubauen, aber diese war nicht in größerer Zahl verfügbar. So war bei den meisten Panzer IV die Kugelblende im Turmdach mit einer kreisförmigen Panzerplatte verschlossen. Durch diese Veränderungen stieg das Gewicht des Panzers auf 25 Tonnen, worunter natürlich die Geschwindigkeit litt. Das wurde nicht besser, als man sich entschied, das Sechsganggetriebe SSG 77 aus dem Panzer III einzubauen, das den zunächst verwendeten Versionen aus dem Panzer IV klar unterlegen war.

PANZER IV AUSF H

Gewicht	25,00 t
Länge	7,03 m
Breite	3,35 m
Höhe	2,68 m
Antrieb	Maybach-HL-120-TRM-12-Zylinder-Ottomotor mit 300 PS
Geschwindigkeit	38 km/h (Straße)
Reichweite	185 km (Straße)
Besatzung	5 Mann
Panzerung	10–80 mm
Bewaffnung	1 x 7,5-cm-KwK-40-L/48 mit 87 Schuss und 2 x MG 34 7,92 mm (eines koaxial und eines vorn in der Wanne) mit 3.150 Schuss

PANZERBEFEHLSWAGEN

Von März bis September 1944 wurden 80 Panzer IV Ausf H mit der 7,5-cm-KwK-L/48 zu Panzerbefehlswagen (IV) umgebaut. Diese Fahrzeuge verfügten über zusätzliches Funkgerät: FuG 5 und FuG 7 (für die Luft-/Boden-Kommunikation) oder FuG 8 (für die Kommunikation mit Bodentruppen). Die Fahrzeuge mit dem FuG 8 liefen unter der Bezeichnung SdKfz 267, die mit dem FuG 7 unter SdKfz 268. In allen Versionen diente der Ladeschütze als zweiter Funker. Geplant war, alle künftigen Panzer IV mit zusätzlichen Antennen auszustatten, um sie in der Werkstatt schnell zu Befehlswagen umbauen zu können.

Panzer IV Ausf J

Aufgrund der hohen Panzerverluste an der Ostfront und der Westfront wurde im Juni 1944 die vereinfachte Ausf J eingeführt. Bis zur Einstellung der Produktion im März 1945 konnten noch 1.758 Stück gebaut werden. Der größte Unterschied war der Wegfall des elektrischen Turmschwenkwerks, um Platz für zusätzlichen Kraftstoff zu schaffen. Die Panzerung auf dem Turmdach wurde auf 26 Millimeter verstärkt, um mehr Schutz gegen die Bomben und Luftangriffe der Alliierten zu schaffen.

PANZER IV AUSF J	
Gewicht	25,00 t
Länge	7,03 m
Breite	2,88 m
Höhe	2,68 m
Antrieb	Maybach-HL-120-TRM-12-Zylinder-Ottomotor mit 300 PS
Geschwindigkeit	38 km/h (Straße)
Reichweite	200 km (Straße)
Besatzung	5 Mann
Panzerung	10–80 mm
Bewaffnung	1 x 7,5-cm-KwK-40-L/48 mit 87 Schuss und 2 x MG 34 7,92 mm (eines koaxial und eines vorn in der Wanne) mit 3.150 Schuss

Panzer IV Ausf J
Ein Panzer IV Ausf J der 9. Panzer-Division im Dezember 1944 in den Ardennen. Auf dem Fliegerbeschussgerät ist ein MG 34 montiert.

Bewertung des Panzer IV

Trotz des Alters der Grundkonstruktion blieb der Panzer IV bis zum Ende des Krieges kampftauglich, da sich Panzerschutz und Feuerkraft immer wieder verbessern ließen. Zu verschiedenen Zeiten des Rüstungswettkampfs mit den Alliierten war der Panzer IV gegenüber Char B und T-34 völlig im Hintertreffen, ließ sich aber immer wieder auf deren Stand aufrüsten.

Über einen Großteil des Kriegs stellte er die Masse der Panzerwaffen an der Front. Bei der Schlacht von Kursk im Juli 1943 waren 841 Panzer IV beteiligt. Der Panzer IV war zu jener Zeit wohl der wichtigste deutsche Panzer. Er hatte wesentlich mehr Feuerkraft als der Panzer III und war beweglicher und zuverlässiger als der Tiger oder der Panther.

Während der Landung in der Normandie stellte der Panther IV immer noch die Hälfte der gesamten Panzerwaffe an der Westfront. Die meisten der elf Panzerdivisionen, die in der Normandie eingesetzt wurden, hatten zunächst ein Panzer-Regiment mit einer Abteilung Panzer IV und einer Abteilung Panther, insgesamt etwa 160 Panzer. Zu diesem Zeitpunkt konnte es der Panzer IV noch mit fast jedem Panzer der Alliierten aufnehmen. Der Vorteil bei der Verteidigung des undurchdringlichen Bocage-Geländes ermöglichte es der Wehrmacht, den angreifenden Alliierten enorme Verluste zuzufügen.

Als die Wehrmacht allerdings zum Gegenangriff überging, stießen die Panzer IV und die anderen deutschen Panzer auf

dasselbe Geländeproblem. Der Angriff kam angesichts des Panzerabwehrfeuers der Infanterie, der Jagdpanzer und der Panzerbüchsen der Alliierten sowie der omnipräsenten Jagdbomber schnell zum Stocken. So gab trotz der hohen Qualität der deutschen Panzer und der ausgezeichnet ausgebildeten Besatzungen letztendlich die materielle Überlegenheit der Alliierten den Ausschlag.

Nach dem Zusammenbruch der deutschen Front im August 1944 kam es zu enormen Verlusten. Von den 2.300 in der Normandie eingesetzten deutschen Panzern und Sturmgeschützen (darunter etwa 750 Panzer IV) gingen mehr als 200 verloren, sodass jede Panzerdivision im Schnitt nur noch fünf oder sechs Panzer hatte. Gleichzeitig gingen viele Panzer in Russland bei den sowjetischen Offensiven, besonders bei der Operation Bagration, verloren. Vermutlich betrugen die Verluste an allen Fronten im Jahr 1944 um die 3.000 Panzer IV.

Von allen Versionen des Panzer IV wurden mehr als 8.500 Stück gebaut, und er blieb während des gesamten Krieges im Einsatz.

Panther-Prototypen

Der Panther war eine unmittelbare Reaktion auf die sowjetischen T-34 und KW-1, auf die man zu Beginn der Operation Barbarossa stieß und die allen Panzern III und IV weit überlegen waren. General Heinz Guderian bestand darauf, eine spezielle Panzerkommission einzurichten, die den T-34 an der Ostfront begutachten sollte.

Die Mitglieder der Kommission waren beeindruckt von Beweglichkeit, Feuerkraft und Panzerschutz. Besonders erwähnten sie:

- Die abgeschrägte Panzerung, die die Einschläge besser ablenkte und auch die effektive Panzerstärke verbesserte.
- Breite Ketten, mit denen sie bei Schnee und auf weichem Boden besser vorankamen.
- Die 7,62-mm-Kanone, die starke Sprenggranaten verschoss und die Panzerung gut durchdrang.

So erhielten Daimler-Benz (DB) und die Maschinenfabrik Augsburg-Nürnberg AG (MAN) den Auftrag, bis zum April 1942 unter der Bezeichnung VK 30.02 einen Panzer von 30 bis 35 Tonnen zu entwickeln (er sollte wohl zu Hitlers Geburtstag vorführbereit sein).

Daimler-Benz kopierte zahlreiche Merkmale des T-34. So sah der Prototyp dem T-34 auch sehr ähnlich, allerdings verfügte er über Blattfedern statt der Schraubenfedern des T-34. Der Turm und der Drehkranz fielen bei Daimler-Benz kleiner aus als bei MAN, sodass es schwierig war, die vorgesehene 7,5-cm-Kanone L/70 und eine Besatzung von drei Mann im Turm unterzubringen. Wie der T-34 hatte der Daimler-Benz ein hinteres Kettenantriebsrad.

Der MAN war eher nach konventioneller deutscher Art aufgebaut. Getriebe und Kettenantriebsrad befanden sich vorn, der Turm saß mittig auf der Wanne. Der Panzer

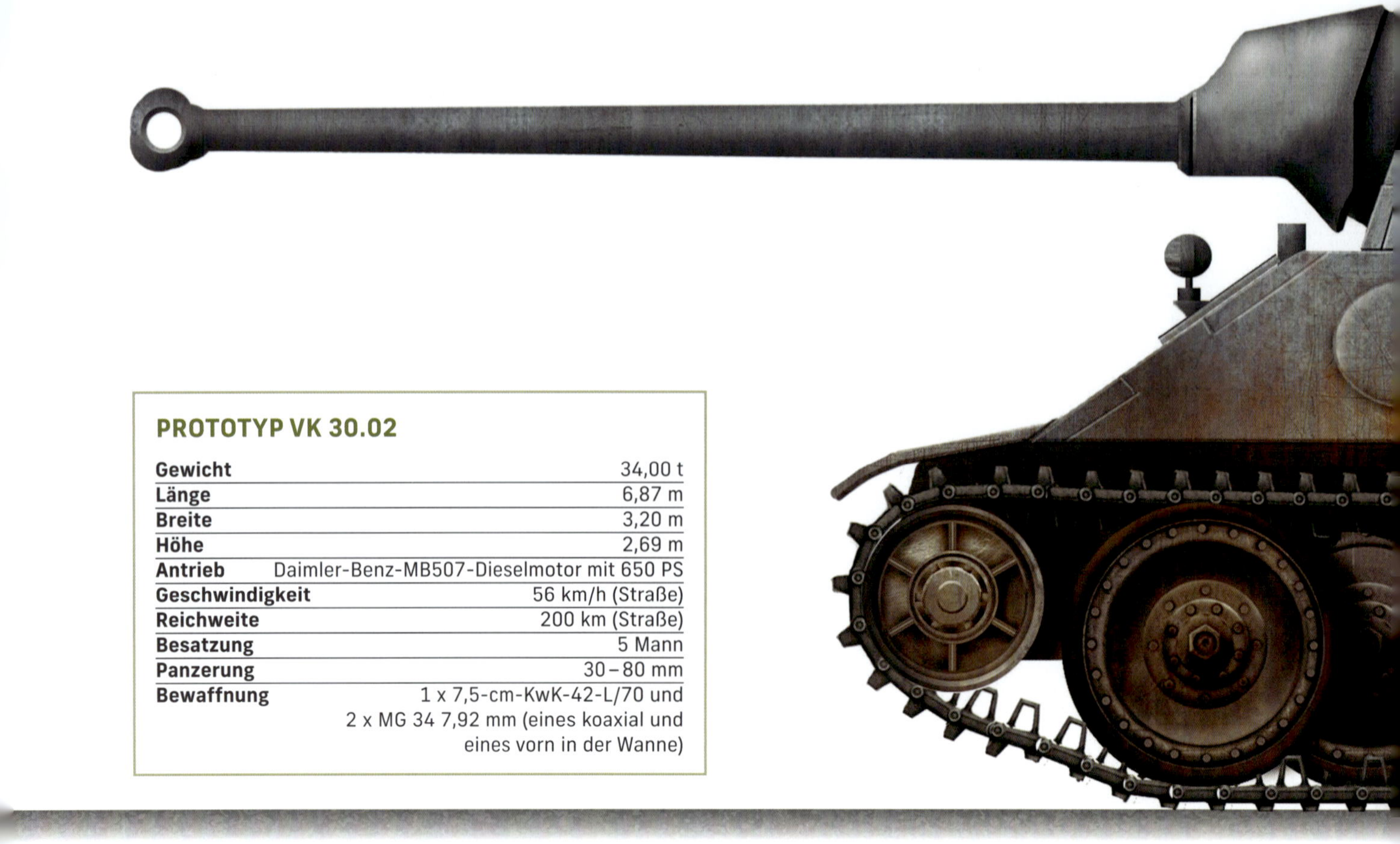

PROTOTYP VK 30.02

Gewicht	34,00 t
Länge	6,87 m
Breite	3,20 m
Höhe	2,69 m
Antrieb	Daimler-Benz-MB507-Dieselmotor mit 650 PS
Geschwindigkeit	56 km/h (Straße)
Reichweite	200 km (Straße)
Besatzung	5 Mann
Panzerung	30–80 mm
Bewaffnung	1 x 7,5-cm-KwK-42-L/70 und 2 x MG 34 7,92 mm (eines koaxial und eines vorn in der Wanne)

verfügte über einen Ottomotor und Drehstabfederung. Da auch die Antriebswelle unter der Turmbühne verlief, wurde er höher und breiter als der Prototyp von Daimler-Benz. Das Schachtellaufwerk war dem des Tiger sehr ähnlich. Der MAN hatte auch eine bessere Watfähigkeit und war aufgrund seiner besseren Aufhängung, der breiteren Ketten und des größeren Tanks viel beweglicher im Gelände und auf der Straße.

Die beiden Konstruktionen wurden zwischen Januar und März 1942 offiziell begutachtet. Reichsminister Todt und sein späterer Nachfolger Albert Speer empfahlen Hitler den Prototypen von Daimler-Benz, aber die Wahl fiel schließlich auf den Vorschlag von MAN, denn er benutzte einen bereits vorhandenen Turm von Rheinmetall-Borsig, während Daimler-Benz einen ganz neuen Turm anbot, der den Serienanlauf stark verzögert hätte. Albert Speer schrieb in seinen „Erinnerungen“:

„Da der ‚Tiger‘, ursprünglich für 50 Tonnen Gewicht konstruiert, durch Hitlers Forderungen auf 75 Tonnen gekommen war, beschlossen wir, einen neuen 30-Tonnen-Panzer zu entwickeln, der bereits durch seinen Namen ‚Panther‘ eine größere Behändigkeit anzeigen sollte. Er sollte leichter sein, aber einen Motor wie der ‚Tiger‘ und damit eine überlegene Geschwindigkeit erhalten. Aber im Laufe eines Jahres wurde ihm durch Hitler erneut so viel an verstärkter Panzerung und vergrößerten Geschützen aufgepackt, dass er schließlich mit 48 Tonnen das Anfangsgewicht des ‚Tiger‘ erreichte.“

Der Panther wurde offiziell im September 1942 abgenommen, aber wegen knapper Werkzeugmaschinen waren die ersten Prototypen erst am 11. Januar 1943 fertig.

Prototyp VK 30.02

Der Prototyp VK 30.02 von Daimler-Benz. Der Einfluss des T-34 ist offensichtlich.

Panther Ausf D

Die ersten 850 Panther, die zwischen Januar und September 1943 entstanden, wurden als Ausf D bezeichnet. Der Bedarf war so groß, dass der Panther nicht nur bei MAN sondern auch bei Daimler-Benz, der Maschinenfabrik Niedersachsen-Hannover (MNH) und Henschel & Sohn in Kassel gebaut wurde. Bei der Vorbereitung auf die Schlacht von Kursk im März 1943 ordnete Hitler an, dass bis zum 12. Mai mindestens 250 Panther einsatzbereit sein sollten. Der enorme politische Druck, den Panther so schnell wie möglich in die Truppe zu bringen, führte aber dazu, dass die ersten Exemplare unausgereift waren und eine Menge technischer Probleme hatten.

Viele davon hingen mit dem schnell gestiegenen Gewicht zusammen: Motor, Getriebe und Fahrwerk waren auf einen Panzer von 30 bis 35 Tonnen ausgelegt, aber da Hitler darauf bestand, die Frontpanzerung der Wanne von 60 auf 80 Millimeter zu verstärken, kam die Ausf D schon bald auf ein Gewicht von 43 Tonnen. So fielen das Getriebe und der Endantrieb häufig aus. Bei einer Übung im Februar 1943 musste Speer als Beobachter schockiert feststellen, dass sechs von 13 Panthern liegen blieben.

Die Ausbildungseinheiten meldeten Probleme mit dem Turm und der Benzinpumpe. Dazu kam die bedrohliche Tendenz der Motoren, zu überhitzen und Feuer zu fangen. Die Lage spitzte sich derart zu, dass die gesamte erste Serie von 250 Panthern im April 1943 zwecks Umbau zurück an MAN ging.

Guderian besichtigte die umgebauten Panther zwei Monate später und stellte fest: „ ... Kettenaufhängung und Antrieb waren nicht in Ordnung, und auch das Aussehen war unbefriedigend." Er warnte Hitler sofort, dass der Panther noch nicht einsatzbereit wäre, aber seine Empfehlung wurde von Speers Vertreter, Karl-Otto Saur, geflissentlich ignoriert.

Das Gefechtsdebüt der Ausf D bei Kursk hatte dramatische Folgen: Pannen und Motorenbrände aufgrund einer tödlichen Kombination aus undichten Kraftstoffleitungen und überhitzten Motoren. Das Überhitzen war auf eine Gummidichtung im Motorraum zurückzuführen, die den Motor bei Flussdurchquerungen trocken halten sollte.

Wenn er aber funktionierte, war der Panther Ausf D den sowjetischen T-34 und KW-1 weit überlegen. Die Standard-Panzergranate 39/42 (Pzgr. 39/42) der 7,5-cm-Kanone L/70, ein panzerbrechendes Geschoss mit Kappe und Haube konnte auf 1.000 Meter mindestens eine Panzerung von 111 Millimetern durchschlagen. So konnte es auf Kampfentfernung jeden sowjetischen Panzer zerstören.

Ein Panther Ausf D der 12. SS-Panzer-Division „Hitlerjugend" 1944 in der Normandie. Er ist bereits auf die neue Kommandantenkuppel umgerüstet.

PANTHER AUSF D

Gewicht	44,00 t
Länge	8,65 m (mit Rohr)
Breite	3,27 m
Höhe	2,95 m
Antrieb	Maybach-HL-230-P30-Ottomotor mit 700 PS
Geschwindigkeit	46 km/h (Straße)
Reichweite	200 km (Straße)
Besatzung	5 Mann
Panzerung	16 – 100 mm
Bewaffnung	1 x 7,5-cm-KwK-42-L/70 mit 79 Schuss und 2 x MG 34 7,92 mm (eines koaxial und eines vorn in der Wanne) mit 5.100 Schuss

Panther Ausf D
Eine Ausf D mit der typischen, trommelförmigen Kommandantenkuppel und den Nebelbechern am Turm.

Panther Ausf D-1
Ein Panzer V Panther Ausf D-1 mit PzKpfw IV H Turm, Schwere Panzerjäger-Abteilung 653, Russland, Anfang 1944. Eine häufig vollzogene Umrüstung zum Befehlswagen mit überschüssigen Türmen vom Panzer IV Ausf H.

Panther Ausf D

Motor
Die Serienmodelle hatten überwiegend den Maybach-HL-230-P30-V12-Ottomotor, der es auf 700 PS und eine Höchstgeschwindigkeit von 55 km/h brachte.

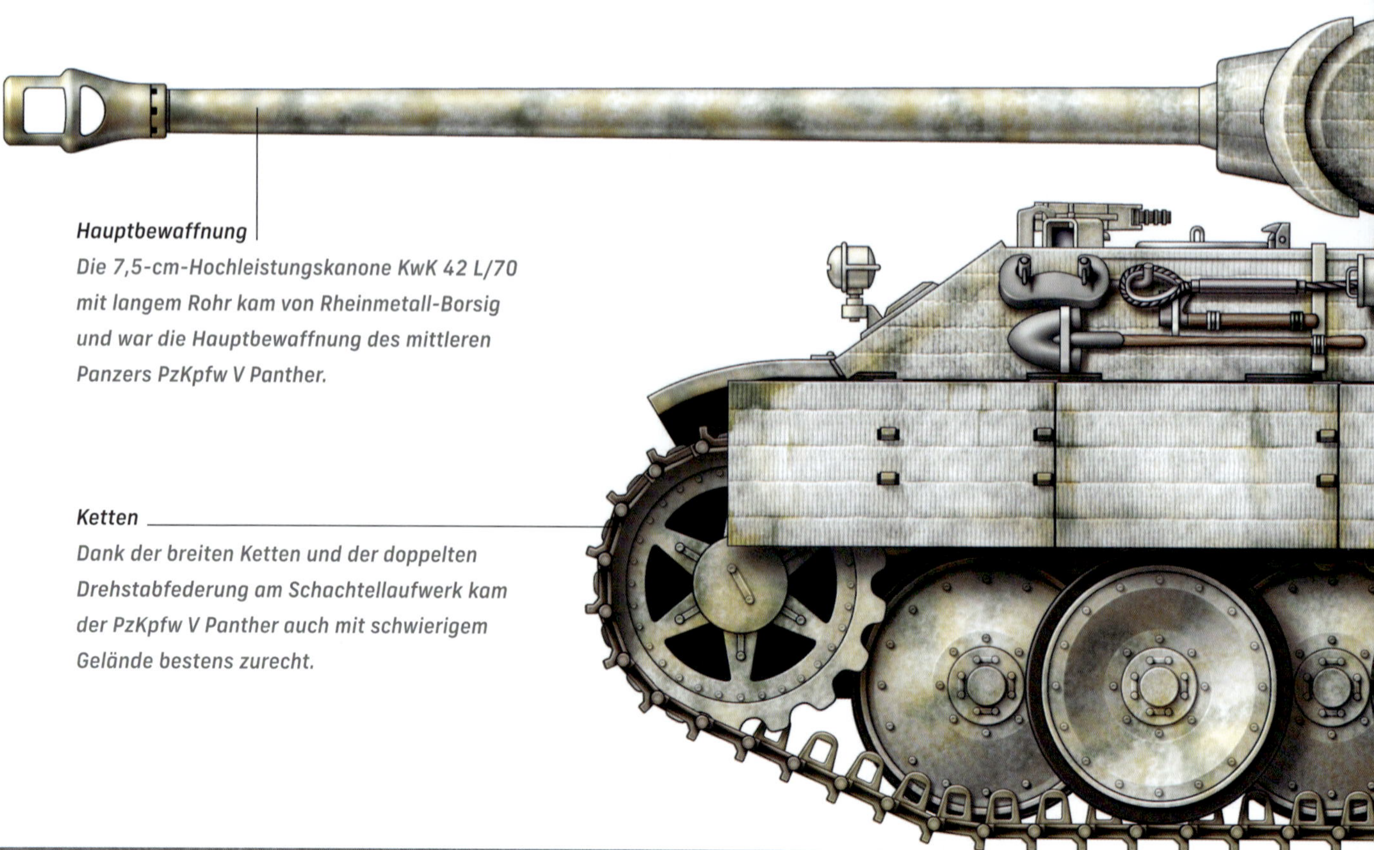

Hauptbewaffnung
Die 7,5-cm-Hochleistungskanone KwK 42 L/70 mit langem Rohr kam von Rheinmetall-Borsig und war die Hauptbewaffnung des mittleren Panzers PzKpfw V Panther.

Ketten
Dank der breiten Ketten und der doppelten Drehstabfederung am Schachtellaufwerk kam der PzKpfw V Panther auch mit schwierigem Gelände bestens zurecht.

Panzerschutz

Die Panzerung des Panther Ausf D war bis zu 80 Millimeter stark und um 55° abgeschrägt, um die fünfköpfige Besatzung besser zu schützen. Die seitliche Panzerung war 40 bis 50 Millimeter stark.

Turm

Bei der Bewertung des Panther-Projekts war der Dreimannturm bereits fertig entwickelt. Später wurde er mehrfach geändert. Zu diesen Änderungen zählten eine Kommandantenkuppel aus Stahlguss und ein Fliegerbeschussgerät mit MG 34 in späteren Ausführungen.

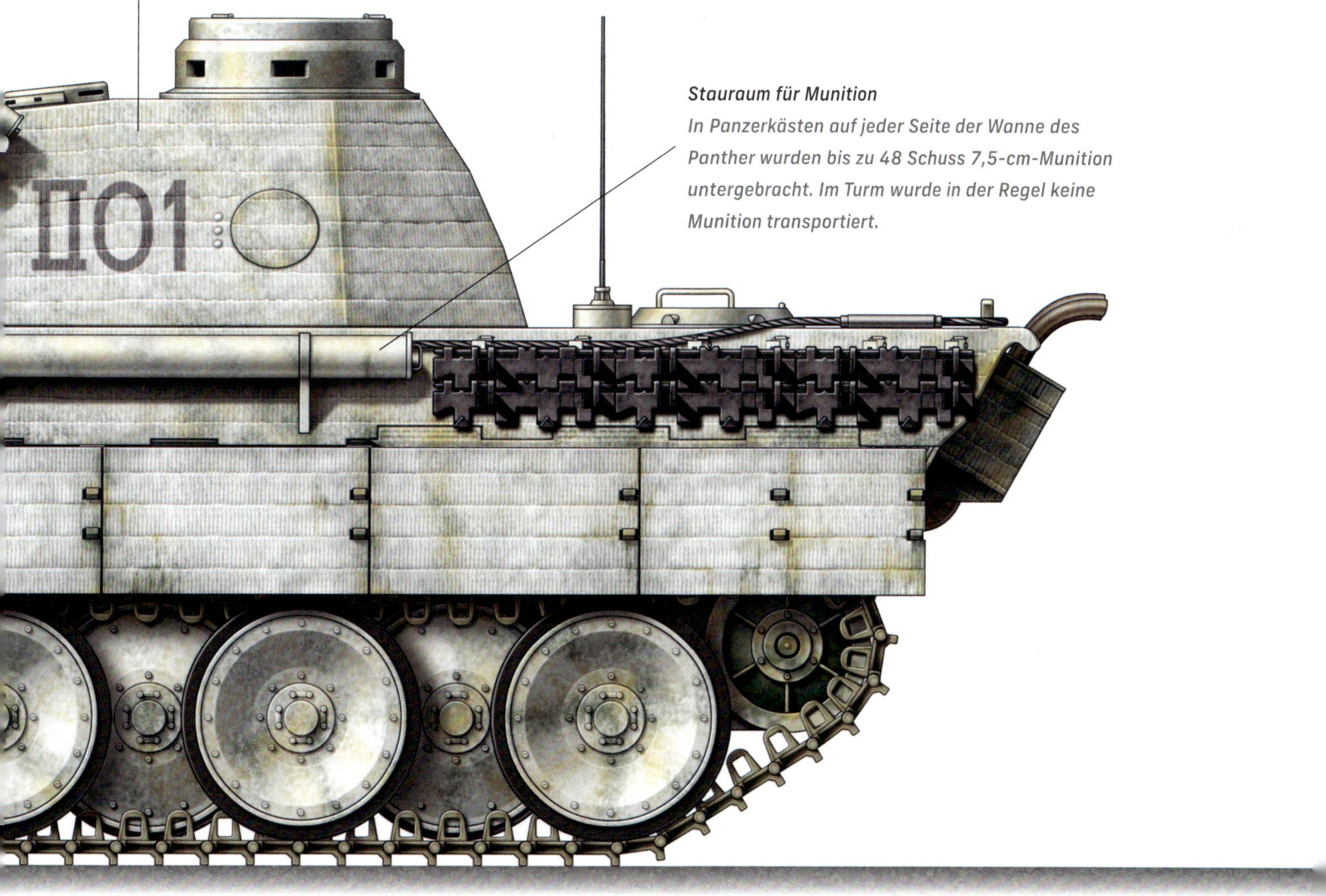

Stauraum für Munition

In Panzerkästen auf jeder Seite der Wanne des Panther wurden bis zu 48 Schuss 7,5-cm-Munition untergebracht. Im Turm wurde in der Regel keine Munition transportiert.

Panther Ausf A

Nachfolger der Ausf D wurde seltsamerweise Ausf A mit zahlreichen Änderungen, unter anderen folgenden:

- Eine ganz neue Kommandantenkuppel mit Sehrohren statt der vorherigen Sehschlitze und eine Halterung für ein Fliegerabwehr-MG, das Fliegerbeschussgerät.
- Die langsame hydraulische Seitenrichtanlage wurde durch ein schnelleres Hydrauliksystem ersetzt, das abhängig von der Motordrehzahl eine Drehung um 360° in 15 bis 46 Sekunden schaffte.
- Statt des komplexen binokularen Turmzielfernrohrs TZF12 kam das Monokular TZF12a zum Einsatz.
- Ersatz der „Briefkastenklappe" für die MG-Schießluke in der Wanne durch eine gepanzerte Kugelblende.
- Verbesserte Motorkühlung, stärkere Laufrollen und Endantriebe.

Zwischen August 1943 und Mai 1944 wurden insgesamt 2.000 Fahrzeuge der Ausf A gebaut.

PANTHER AUSF A

Gewicht	45,50 t
Länge	8,65 m (mit Rohr)
Breite	3,27 m
Höhe	2,95 m
Antrieb	Maybach-HL-230-P30-Ottomotor mit 700 PS
Geschwindigkeit	46 km/h (Straße)
Reichweite	160 km (Straße)
Besatzung	5 Mann
Panzerung	16–100 mm
Bewaffnung	1 x 7,5-cm-KwK-42-L/70 mit 79 Schuss und 2 x MG 34 7,92 mm (eines koaxial und eines vorn in der Wanne) mit 5.100 Schuss

Panzerbefehlswagen Ausf A
Panzerbefehlswagen Ausf A im April 1944. Zwischen Mai 1943 und Februar 1945 wurden 329 Panther zu Befehlswagen umgebaut. In der Wanne wurden Munitionshalter entfernt, um Platz für ein Funkgerät für große Reichweiten (FuG 7 oder FuG 8) zu schaffen.

Panther Ausf G

Weitere Probleme mit der Ausf A führten zur Produktion der neuen Version Ausf G, von der zwischen März 1944 und April 1945 noch 3.126 Stück entstanden. Sie erhielt eine stärkere Panzerung der oberen Seitenteile der Wanne und eine neue Frontplatte, die durch den Wegfall des Sehschlitzes für den Fahrer noch stärker wurde. Der Fahrer musste sich zwar bei geschlossener Luke mit einem drehbaren Sehrohr begnügen, dafür hatte er nun einen verstellbaren Sitz und Bedienelemente, die das Fahren mit dem Kopf aus der Luke ermöglichten. Dazu gab es leicht gepanzerte Munitionsstaukästen, sodass die seitlich mitgeführte Munition nicht so schnell in Brand geschossen werden konnte. Die Unterseite der abgerundeten Kugelblende hatte sich als Schwachpunkt erwiesen, denn sie konnte Treffer nach unten durch das dünn gepanzerte Dach des Besatzungsraums ablenken. Daher erhielten die letzten Fahrzeuge der Serie eine neue Kugelblende mit einer dick gepanzerten Lippe an der Unterseite.

PANTHER FÜR DEN NACHTKAMPF

Die Forschung zu Infrarotgeräten für den Nachtkampf lief in Deutschland bereits seit den 1930er-Jahren, wurde

Panther Ausf G
Ein Panther Ausf G, 9. Panzer-Division, „Ruhrkessel", Frühjahr 1945.

aber von offizieller Seite erst unterstützt, als die Luftüberlegenheit der Alliierten eine Wendung zu Nachtmärschen und -kämpfen erforderte.

IR-Prototypen wurden 1943/44 bei der Truppe erprobt. Dies führte zum Einsatz des 30-cm-Infrarot-Fahr- und-Zielgeräts FG 1250, das bei einigen wenigen Panthern eingebaut wurde. Das Gerät wurde auf der Kommandantenkuppel installiert und hatte eine Reichweite von etwa 600 Metern. Diese Panther sollten zusammen mit dem Halbkettenfahrzeug SdKfz 251/20 „Uhu" zum Einsatz kommen, das über einen 60-cm-IR-Scheinwerfer (Beobachtungsgerät 1251) verfügte, der Ziele bis zu 1.500 Meter

PANTHER AUSF G

Gewicht	44,80 t
Länge	8,65 m (mit Rohr)
Breite	3,27 m
Höhe	2,95 m
Antrieb	Maybach-HL-230-P-30-Ottomotor mit 700 PS
Geschwindigkeit	46 km/h (Straße)
Reichweite	160 km (Straße)
Besatzung	5 Mann
Panzerung	16 – 110 mm
Bewaffnung	1 x 7,5-cm-KwK-42-L/70 mit 81 Schuss und 2 x MG 34 7,92 mm (eines koaxial und eines vorn in der Wanne) mit 4.800 Schuss

Könner auf dem Panther

Der bekannteste Panther-Kommandant war wohl SS-Oberscharführer Ernst Barkmann, der bereits mehrere Auszeichnungen erhalten hatte. Er ließ am 27. Juli 1944 seinen Panther in einem dicht bewachsenen Eichenwäldchen nahe bei Le Lorey halten und plante einen Überfall, der den Ruf des Panther als effizientes Kriegsgerät bestätigte. Als sich eine Kolonne aus 15 amerikanischen M4 Sherman und weiteren Unterstützungsfahrzeugen näherte, wartete Barkmann auf den günstigsten Moment und eröffnete das Feuer.

In schneller Folge zerstörte er die ersten beiden Sherman und einen Benzintransporter. Während die anderen Sherman versuchten, die Wracks zu umfahren, zerstörte er sieben weitere Panzer und mehrere Unterstützungsfahrzeuge.

Der Panther von SS-Oberscharführer Ernst Barkmann, 2. SS-Panzergrenadier-Division „Das Reich".

Als sein Panther bei einem taktischen Luftangriff getroffen wurde, konnte er sich in Le Neufbourg in Sicherheit bringen. Für dieses Gefecht erhielt er das Ritterkreuz des Eisernen Kreuzes.

weit ausleuchten konnte. Geplant war die Unterstützung der Panzer durch Infanteriegruppen auf Halbkettenfahrzeugen „Falke", normale SdKfz 251 mit IR-Fahrgerät. Die Infanterie sollte Sturmgewehre StG 44 mit „Vampir"-IR-Zielgeräten erhalten.

In den letzten Kriegstagen sind wohl tatsächlich einige Panzer mit IR-Ausstattung am Gefecht beteiligt gewesen. Dabei handelte es sich vermutlich um:

- Eine Panther-Kompanie der Panzerdivision „Müncheberg", die an der Oder und in Berlin gekämpft haben soll.
- Eine kleine Panther-Kolonne der Panzerdivision „Clausewitz", die den Weser-Elbe-Kanal in Fallersleben gegen den Widerstand amerikanischer Panzerabwehr überquerte und dann in einem nächtlichen Gefecht bei Uelzen eine kleine Gruppe Comet-Panzer zerstörte.

SDKFZ 251/20 UHU

Gewicht	8,50 t
Länge	5,80 m
Breite	2,00 m
Höhe	3,00 m
Antrieb	Maybach-HL-42-TRKM-6-Zylinder-Ottomotor mit 100 PS
Geschwindigkeit	53 km/h
Reichweite	320 km (Straße)
Besatzung	4 Mann
Panzerung	8–15 mm
Bewaffnung	1 x MG 34 7,92 mm mit 1.100 Schuss

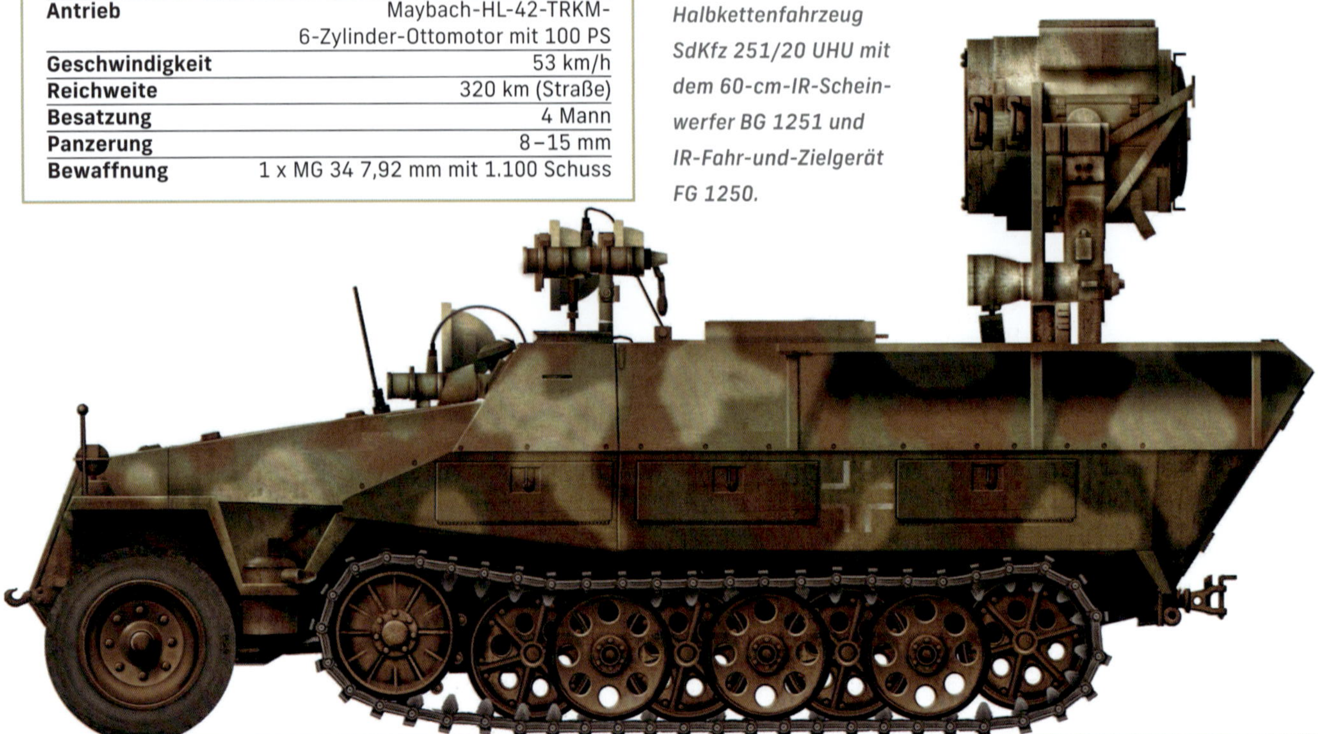

SdKfz 251/20 UHU
Halbkettenfahrzeug SdKfz 251/20 UHU mit dem 60-cm-IR-Scheinwerfer BG 1251 und IR-Fahr-und-Zielgerät FG 1250.

PANTHER AUSF G MIT IR-GERÄT	
Gewicht	45,50 t
Länge	8,65 m (mit Rohr)
Breite	3,27 m
Höhe	3,50 m (geschätzt)
Antrieb	Maybach-HL-230-P-30-Ottomotor mit 700 PS
Geschwindigkeit	46 km/h (Straße)
Reichweite	200 km (Straße)
Besatzung	5 Mann
Panzerung	16 – 110 mm
Bewaffnung	1 x 7,5-cm-KwK-42-L/70 mit 78 Schuss und 2 x MG 34 7,92 mm (eines koaxial und eines vorn in der Wanne) mit 4.800 Schuss

Panther Ausf G

Eine späte Ausf G mit dem IR-Fahr-und-Zielgerät FG 1250 im März 1945 in Westdeutschland.

Beobachtungspanzerwagen Panther

BEOBACHTUNGSPANZERWAGEN PANTHER	
Gewicht	44,80 t
Länge	8,65 m (mit Rohr)
Breite	3,27 m
Höhe	2,95 m
Antrieb	Maybach-HL-230-P-30-Ottomotor mit 700 PS
Geschwindigkeit	46 km/h (Straße)
Reichweite	160 km (Straße)
Besatzung	5 Mann
Panzerung	16 – 100 mm
Bewaffnung	1 x 7,5-cm-KwK-42-L/70 mit 81 Schuss und 2 x MG 34 7,92 mm (eines koaxial und eines vorn in der Wanne) mit 4.800 Schuss

Von Ende 1944 bis Anfang 1945 wurden 41 Panther zu gepanzerten Beobachtungswagen für die Panzerartillerie umgerüstet. Die 7,5-cm-Kanone KwK 42 wurde durch eine Attrappe ersetzt. Rechts davon saß ein MG 34 in einer Kugelblende. Im Turm wurde ein 1,25-m-Raumbild-Entfernungsmesser installiert und dazu ein Artillerie-Messtisch zur Ermittlung der Entfernungen.

Beobachtungspanzerwagen

Ein Beobachtungspanzerwagen Panther mit Funkgerät FuG 7 oder FuG 8 und der typischen Sternantenne.

Bergepanther

Mit der Einführung des Tiger und des Panther mangelte es der Wehrmacht an geeigneten gepanzerten Bergefahrzeugen. Die „weichen" Halbkettenfahrzeuge SdKfz 9 waren für die alten Panzer geeignet, aber um einen Panther abzuschleppen, brauchte man zwei davon, für einen Tiger I sogar mindestens drei.

Kurz nach der Einführung des Tiger I wurde der Panther als Basis für ein gepanzertes Bergefahrzeug ausgewählt. Die ersten zwölf Fahrzeuge vom Juni 1943 waren nicht viel mehr als Ausf D ohne Turm, mit hölzernem Aufbau und viel Platz für Werkzeug. Die restlichen 220 Bergepanther, die bis September 1944 gebaut wurden, waren wesentlich besser ausgestattet: Sie verfügten über eine 40-t-Winde, einen 1,5-t-Kranausleger und einen Hecksporn, der das Fahrzeug bei Bergeeinsätzen stabilisierte. An der Frontplatte wurden kleine, flache Platten montiert, die sich beim Anschieben liegen gebliebener Panzer als hilfreich erwiesen.

Ein Bergepanther bei der Arbeit – sein einziger Mangel war, dass es nicht genug davon gab.

BERGEPANTHER

Gewicht	43,00 t
Länge	8,08 m
Breite	3,24 m
Höhe	2,74 m
Antrieb	Maybach-HL-230-P-30-Ottomotor mit 700 PS
Geschwindigkeit	46 km/h (Straße)
Reichweite	200 km (Straße)
Besatzung	5 Mann
Panzerung	16 – 100 mm
Bewaffnung	2 x MG 34 7,92 mm oder MG 42 mit 4.800 Schuss

Bergepanther

Der Bergepanther konnte Tiger I und II wie auch den Panzerjäger Tiger (P) „Ferdinand" abschleppen. Die Winde konnte 40 Tonnen bis zu 150 Meter bei einer Geschwindigkeit von 10 m/Minute ziehen.

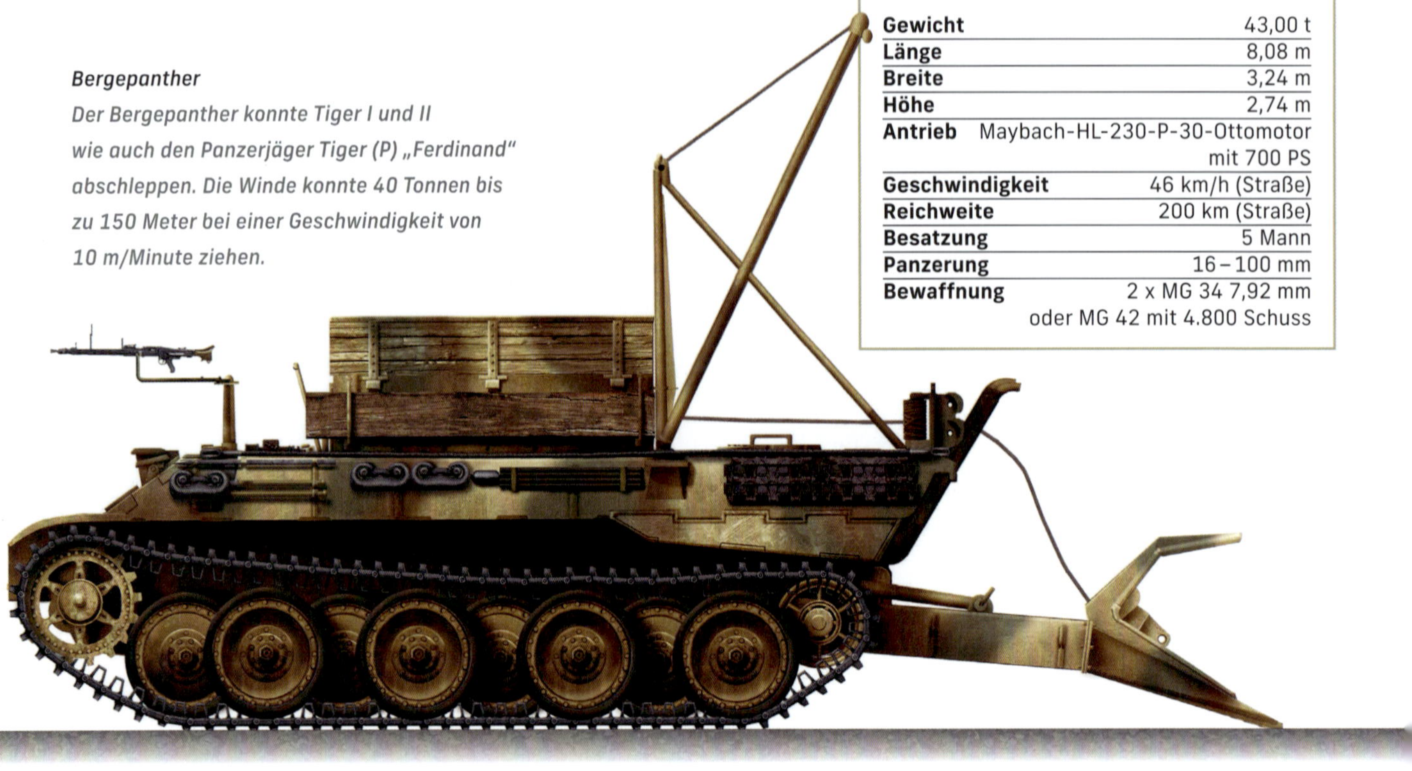

Panther-Stellungen – der Ostwallturm

268 Panther-Türme wurden für die Verteidigungslinie „Ostwall" eingesetzt. Zunächst handelte es sich dabei um serienmäßige Türme der Ausf D und A, später wurde dann ein spezieller Ostwallturm gebaut. Zu diesem Zweck wurde die Kommandantenkuppel durch eine Luke ersetzt, in der sich ein drehbares Sehrohr befand. Die Dachplatte wurde auf 65 Millimeter verstärkt, was Schutz gegen Geschosse bis zum Kaliber 15 Zentimeter bot. 176 dieser Türme wurden am Westwall (Siegfried-Linie) aufgebaut, 36 im Osten Deutschlands (die meisten in Stettin, Küstrin und Frankfurt an der Oder), weitere 48 gingen nach Italien.

BEFESTIGTE VERTEIDIGUNGSLINIEN

Speziell die Türme an der Hitler-Linie erwiesen sich als extrem effektiv. Der erste Angriff auf die Linie fand am 19. Mai 1944 statt. Zwei Infanteriebataillone, unterstützt durch die Panzer der 17th/21st Lancers und das kanadische Ontario-Regiment, versuchten, die Linie zu durchdringen. Zunächst lief es gut. Im Morgennebel konnten sie ohne Verluste vorrücken und ein Panzerabwehrgeschütz zerstören. Als der Nebel sich aber lichtete, standen die Panzer ohne Deckung und dazu in Schussweite der sorgfältig getarnten Panzerabwehrgeschütze und der aufgestellten Panther-Türme. Innerhalb weniger Minuten brannten drei Sherman des Ontario-Regiments, nachdem jeder mindestens zweimal getroffen worden war. Der Angriff kam zum Halt und wurde schließlich unter dem Verlust von 13 Panzern aufgegeben. Jeder überlebende Panzer der führenden Kompanien hatte mindestens einen direkten Treffer erlitten.

Aber auch die Türme waren nicht unverwundbar. Troop Sergeant Birdsall vom 51 RTR: „Wir rückten vor und kamen schließlich in Sichtweite unseres Ziels, der Straße von Aquino nach Pontecorvo. Vor mir war ein Churchill-Panzer. Später fand ich heraus, dass es der Panzer von LtCol Holden war, der einen Panther-Turm bekämpfte. Das war der einzige Panther-Turm direkt vor uns, soweit ich sehen konnte. Als ich mich dem Panzer von Holden näherte, sah ich, dass das Rohr der Panther-Kanone plötzlich fast senkrecht in die Luft stieg. Es folgte ein Funkspruch an das Bataillon: ‚Stillgestanden. Seht an, was der Chef geschafft hat.' LtCol Holden hatte sich dem Turm auf etwa 300 Meter genähert, bevor er ihn angriff."

OSTWALLTURM

Gewicht	8,80 t
Länge	k. A.
Breite	k. A.
Höhe	k. A.
Besatzung	3 Mann
Panzerung	45 – 100 mm
Bewaffnung	1 x 7,5-cm-KwK-42-L/70 mit 78 Schuss und 1 x koaxiales MG 34 7,92 mm mit 4.800 Schuss

Ein Panther-Turm in Italien – der Schutt um ihn herum bot zusätzlichen Schutz.

Bewertung des Panther

Der Panther war stets sehr gefragt. Zunächst lag das Ziel bei 250 Panzern pro Monat, im Januar 1943 sollten es bereits 600 Stück sein, die jeden Monat die Werke verließen. Trotz aller Bemühungen wurde dieses ambitionierte Ziel aber nie erreicht. Das lag an den Luftschlägen der Alliierten, aber auch an nicht zu behebenden Engpässen. 1943 lag die Produktion im Schnitt bei 148 Panzern pro Monat, bis 1944 war sie auf 315 gestiegen. In der Spitze waren es 380 Panzer im Juli 1944. Die letzten Panther wurden Ende März 1945 fertiggestellt. Insgesamt wurden mindestens 6.000 Panther gebaut. Die Höchstzahl der Panther an der Front betrug 2.304 Stück im September 1944, aber in jenem Monat ging auch die Rekordzahl von 692 Panzern verloren.

Trotz der Schwierigkeiten, vor der Invasion Luftangriffe durchzuführen, gelang es den Alliierten dennoch, den entscheidenden Punkt für den Bau aller Panther und Tiger, nämlich das Motorenwerk von Maybach, entscheidend zu treffen. Nach dem Angriff in der Nacht vom 27. auf den 28. April 1944 musste die Produktion für fünf Monate unterbrochen werden. Zum Glück hatte man gerade begonnen, die Motoren auch bei Auto-Union in Siegmar zu bauen. Die Produktion dort lief im Mai 1944 an.

Die Angriffe auf die Werke, in denen der Panther gebaut wurde, begannen erst im August 1944, hatten aber starke Auswirkungen. Es gelang kaum, die in der Normandie verloren gegangenen Panzer wieder zu ersetzen. Die Bomben unterbrachen aber nicht nur den Bau neuer Panzer, auch die Produktion dringend benötigter Ersatzteile litt darunter. Der Anteil der Ersatzteile an der Gesamtproduktion sank von 25 bis 30 Prozent im Jahr 1943 auf acht Prozent im Herbst 1944. Damit wogen die Probleme mit der Zuverlässigkeit des Panther noch stärker. Selbst bei der verbesserten Ausf G versagten die Endantriebe meist nach 150 Kilometern. Durch den Engpass bei den Ersatzteilen sank auch die Zahl der einsatzbereiten Panzer, denn die Einheiten waren

Eine Kolonne Panther Ausf D mit Soldaten in weißer Wintertarnkleidung rückt im Winter an der Ostfront vor.

gezwungen, durchaus reparierbare Panzer für den Ausbau von Ersatzteilen zu opfern.

Nachdem die Alliierten auch die Treibstofffabriken in Deutschland angriffen, machte sich in der zweiten Hälfte von 1944 eine Benzinknappheit bemerkbar, die die deutschen Panzereinsätze nachhaltig ausbremste. Sowohl Panther als auch Tiger waren als sehr durstig bekannt. Ein Panzer IV brauchte etwa 340 bis 360 Liter auf 100 Kilometer, aber Panther und Tiger verbrauchten praktisch das Doppelte: der Panther 720 Liter und der Tiger 711 Liter.

Trotz dieser Schwierigkeiten hinterließ die Kampffähigkeit des Panther einen mächtigen Eindruck auf die Soldaten der Alliierten. In einer überlieferten Geschichte fragt ein frisch ernannter Leutnant seinen Kompaniechef nach den deutschen Panzern:

„Was haben die Deutschen am meisten?"
„Panther. Der Panther kann aus einer Meile einen Cromwell wie ein Pfund Butter durchschneiden."

„Und wie erwischt der Cromwell den Panther?"
„Er schleicht sich an. Wenn du nah genug heran kommst, zielst du auf den unteren Teil der Rohrblende und der Schuss prallt ab in den Fahrerraum."
„Verdammt! Hat das schon mal einer geschafft?"
„Der junge Tommy aus der Gruppe C hat es gestern geschafft. Deshalb bist du jetzt hier – er hat einen Nervenzusammenbruch erlitten."

Diese Geschichte, ob erfunden oder nicht, basiert auf der Tatsache, dass ein Sherman oder Cromwell mit 7,5-cm-Kanone auf diese Art einen Panther zerstören konnte. Es gehörte aber viel Glück und Geschick dazu. Die letzten Ausf G hatten daher eine Rohrblende mit einer gepanzerten Lippe an der Unterkante.

In der Praxis konnten aber die meisten Panzer der Alliierten einen Panther nicht zerstören. Beim Kampf um Hügel 112 in der Normandie traf ein Sherman der Royal Scots Greys mit 7,5-cm-Kanone einen Panther vier Mal aus einer Entfernung von etwas über 700 Metern. Alle Geschosse prallten ab, ohne Schaden anzurichten.

Der Kommandeur der Panzer-Lehrdivision, General Fritz Bayerlein, berichtete über die Schwierigkeiten des Panther in der Normandie: „Während der Panzer IV durchaus gewinnbringend eingesetzt werden kann, hat sich der Panther als für dieses Gelände ungeeignet erwiesen. Der Sherman ist mit seiner Höhe und Beweglichkeit gut geeignet ... (der Panther) kommt mit seiner Breite zwischen den Hecken nicht voran. Das lange Kanonenrohr und die Breite des Panzers behindern ihn im Ortskampf und im Wald. Er ist sehr buglastig, weshalb der Endantrieb vorn rasch verschleißt, da er aus minderwertigem Stahl besteht. Hohe Silhouette. Empfindlicher Endantrieb braucht gut ausgebildete Fahrer. Schwache seitliche Panzerung, von oben den Jagdbombern ausgesetzt. Poröse Benzinleitungen lassen Benzindämpfe in den Innenraum, was eine ernsthafte Brandgefahr mit sich bringt. Fehlende Sehschlitze machen die Verteidigung bei Nahangriffen unmöglich."

Bayerlein wusste aber auch um die Stärken des Panther unter den richtigen Bedingungen. Seiner Meinung nach war er: „Ein ideales Fahrzeug für Panzergefechte und die Infanterieunterstützung. Für sein Gewicht der beste existierende Panzer."

SCHWERE PANZER

„Die schweren Panzer bilden den Kern der Speerspitze und ihr Hauptziel sind feindliche Panzer und Panzerabwehrgeschütze, die sie dank der größeren Reichweite und des größeren Kalibers ihrer Kanonen vernichten können. Die erste Welle hat den Auftrag, so tief wie möglich in die feindlichen Linien einzudringen, während die zweite Welle den Einbruch erweitert. Dabei verliert sie die erste Welle nie aus den Augen, um ihr nötigenfalls Feuerschutz zu geben."

– Generalfeldmarschall Albert Kesselring –

DIESES KAPITEL UMFASST DIE FOLGENDEN FAHRZEUGE:

- Tiger-Prototypen
- Panzer VI Tiger Ausf E
- Tiger II

Tiger der Kampfgruppe Lammerding, 2. SS-Panzergrenadier-Division „Das Reich", im Winter 1943/44 in Russland.

Tiger-Prototypen

Zwischen 1937 und 1941 arbeiteten Henschel und Porsche an der Entwicklung mittlerer und schwerer Panzer wie dem Durchbruchswagen. Obwohl man schon 1940 festgestellt hatte, dass die Kanonen der Panzer III und IV der Panzerung der schweren britischen und französischen Panzer kaum etwas anhaben konnten, hatte man es kaum eilig, neue Typen in die Serienfertigung zu bringen.

DIE SUCHE NACH DEM SUPER-PANZER

Am 26. Mai 1941 erteilte das Heereswaffenamt Porsche und Henschel einen Entwicklungsauftrag über einen Prototypen für einen neuen 45-t-Panzer mit der 8,8-cm-Kanone L/56. Die Bedrohung durch die sowjetischen T-34 und KW-1 in den ersten Wochen der Operation Barbarossa gab dem Projekt noch mehr Dringlichkeit.

Porsche hatte beim Kampf um den Serienauftrag zunächst einen Vorsprung, weil seine Pläne schon weiter entwickelt waren. Er setzte allerdings auf einen benzinelektrischen Antrieb. Dieser bestand aus zwei 320 PS starken, luftgekühlten Ottomotoren vom Typ 101/1, die über Generatoren zwei Elektromotoren speisten, die dann die hinteren Antriebsräder bewegten. Dieses System bestach in der Theorie durch seinen niedrigen Verbrauch, erwies sich aber als komplex und unzuverlässig. Dazu brauchte es viel von dem knappen Kupfer. Henschel setzte klugerweise auf einen normalen Maybach-Ottomotor, der sich als wesentlich zuverlässiger herausstellte.

Beide Prototypen hatten fast identische Krupp-Türme mit der 8,8-cm-Kanone KwK 36 L/56 und einem koaxialen MG. In dieser Form begutachtete Hitler die Konkurrenten im April 1942. Danach folgten Erprobungen, bei denen die Unzuverlässigkeit und schlechte Geländegängigkeit des Porsche-Prototypen deutlich zutage traten. So erhielt Henschel im August 1942 den Produktionsauftrag. Offiziell hieß der Panzer Tiger Ausf E, wurde aber meist einfach als Tiger bezeichnet.

Der Verlust dieses Auftrags war auch ein finanzieller Schlag für Porsche, wo man leichtsinnigerweise schon mit der Produktion begonnen hatte und nun auf 90 anscheinend nutzlosen Wannen saß, die von den Bändern gelaufen waren. 1942 und 1943 baute man auf der Grundlage dieser Wannen den Panzerjäger Tiger (P) „Ferdinand", einen schweren Jagdpanzer mit der starken PaK 43/2 L/71, der in der Schlacht von Kursk und in Italien eingesetzt wurde.

DW 2

Gewicht	32,00 t
Länge	5,81 m
Breite	3,16 m
Höhe	2,94 m
Antrieb	Maybach-HL-120-Ottomotor mit 300 PS
Geschwindigkeit	35 km/h (Straße)
Reichweite	190 km (Straße)
Besatzung	5 Mann
Panzerung	20–50 mm
Bewaffnung	1 x 7,5-cm-KwK-37-L/24 mit 122 Schuss und 1 x koaxiales MG 34 7,92 mm mit 3.000 Schuss

DW 2

Der Prototyp DW 2 (Durchbruchswagen II) mit Krupp-Turm (1940).

VK 45.01

Gewicht	57,00 t
Länge	9,54 m
Breite	3,40 m
Höhe	2,90 m
Antrieb	2 x Porsche-10-Zylinder-Ottomotor Typ 101/1 mit je 320 PS
Geschwindigkeit	35 km/h (Straße)
Reichweite	80 km (Straße)
Besatzung	5 Mann
Panzerung	20 – 100 mm
Bewaffnung	1 x 8,8-cm-KwK-36-L/56 und 2 x MG 34 7,92 mm (eines koaxial und eines vorn in der Wanne)

VK 45.01
Porsche-Prototyp VK 45.01 Tiger, 1942.

VK 36.01 H-2

Gewicht	36,00 t
Länge	7,74 m
Breite	3,83 m
Höhe	3,08 m
Antrieb	Maybach-HL-174-Ottomotor mit 450 PS
Geschwindigkeit	k. A.
Reichweite	190 km (Straße)
Besatzung	5 Mann
Panzerung	20 – 100 mm
Bewaffnung	1 x 7,5-cm-KwK-42-L/70 und 3 x MG 34 7,92 mm (eines koaxial, eines vorn in der Wanne und eines hinten im Turm)

VK 36.01 H-2
Der Prototyp VK 36.01 H-2 von Henschel mit Rheinmetall-Turm und der 7,5-cm-Kanone KwK L/70.

Panzer VI Tiger Ausf E

Als im August 1942 die Serienfertigung des Tiger I in den Henschel-Werken in Kassel begann, hatte man dort bereits acht Jahre Erfahrung im Panzerbau. Allerdings war der riesige Tiger ein ganz anderes Fahrzeug als die kleinen Panzer I, mit denen man 1934 dort begonnen hatte.

Während des Krieges beschäftigte Henschel 8.000 Arbeiter im Panzerbau, die rund um die Uhr in zwei 12-Stunden-Schichten arbeiteten. Jede Phase von sechs Stunden in der Fertigung wurde als Takt bezeichnet. Für den Bau des Tiger I waren neun Takte erforderlich.

Die Gesamtzeit für den Bau eines Tiger mit allen Bearbeitungsprozessen wurde auf 14 Tage geschätzt. Im Schnitt standen ständig 18 bis 22 Panzer in der Fertigungsstraße für den Wannenbau, während weitere zehn

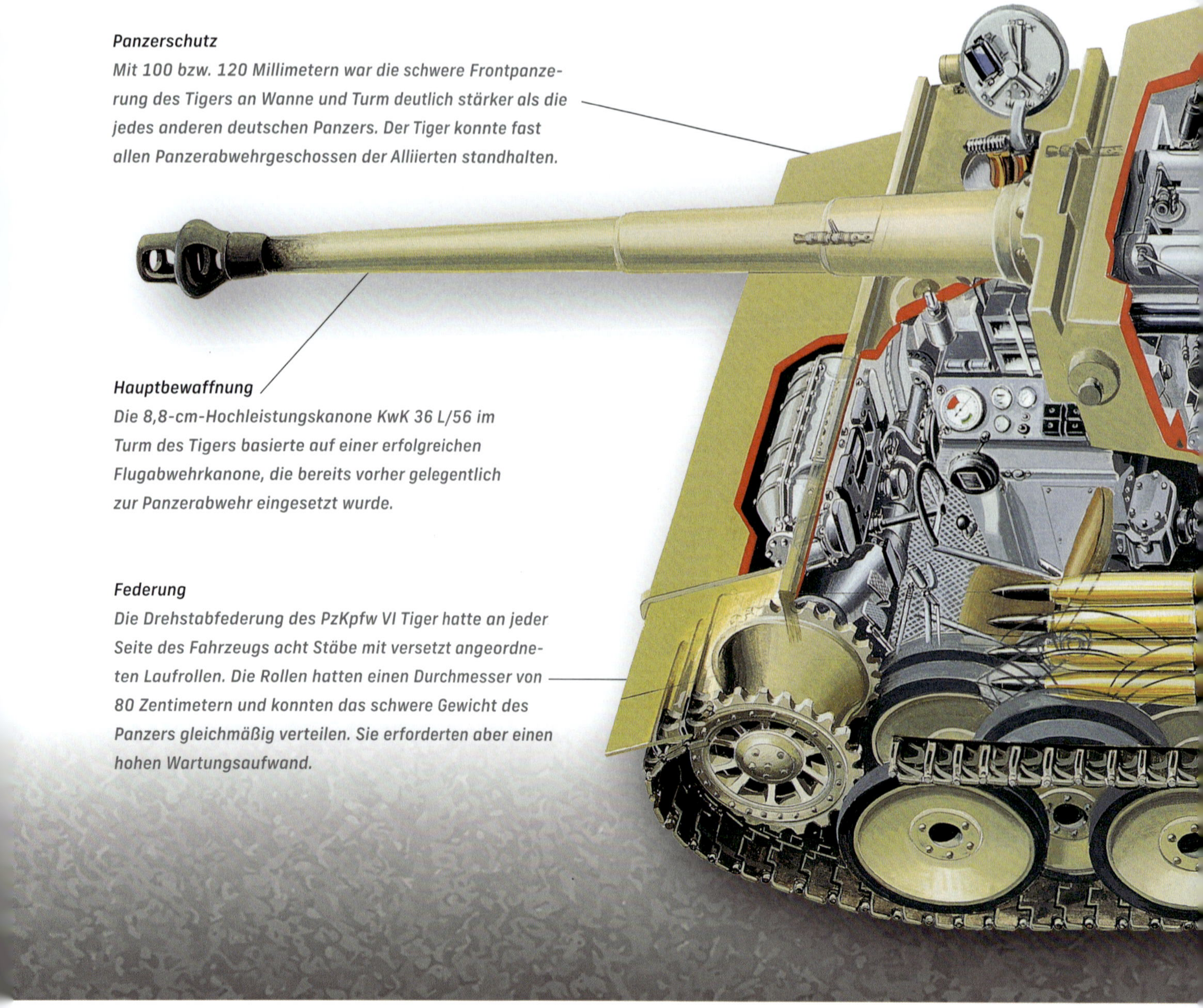

Panzerschutz
Mit 100 bzw. 120 Millimetern war die schwere Frontpanzerung des Tigers an Wanne und Turm deutlich stärker als die jedes anderen deutschen Panzers. Der Tiger konnte fast allen Panzerabwehrgeschossen der Alliierten standhalten.

Hauptbewaffnung
Die 8,8-cm-Hochleistungskanone KwK 36 L/56 im Turm des Tigers basierte auf einer erfolgreichen Flugabwehrkanone, die bereits vorher gelegentlich zur Panzerabwehr eingesetzt wurde.

Federung
Die Drehstabfederung des PzKpfw VI Tiger hatte an jeder Seite des Fahrzeugs acht Stäbe mit versetzt angeordneten Laufrollen. Die Rollen hatten einen Durchmesser von 80 Zentimetern und konnten das schwere Gewicht des Panzers gleichmäßig verteilen. Sie erforderten aber einen hohen Wartungsaufwand.

Turm
Der Dreimannturm des Tiger wog 9,9 Tonnen. Der Richtschütze saß vorn links, der Ladeschütze rechts mit Blick nach hinten und der Kommandant saß hinter dem Richtschützen.

Motor
Nach 250 Tigern wurde der 12-Zylinder-Motor Maybach HL 210 P45 gegen den Maybach V12 HL 230 P45 getauscht, der 700 PS erzeugte.

Ketten
Der PzKpfw VI Tiger hatte unterschiedliche Ketten für Straßen und Gelände. Die breiteren Geländeketten sorgten für einen niedrigeren Bodendruck und bessere Beweglichkeit.

Der Tiger I im Gefecht

Die ersten Tiger I gingen im August 1942 an die 1. Kompanie der schweren Panzer-Abteilung 502. Die Einheit unterstand der Heeresgruppe Nord an der Ostfront im Sektor Leningrad. Dort war das Gelände mindestens ebenso problematisch wie der Feind. In seinem Buch „Erinnerungen eines Soldaten" schrieb Guderian einen bissigen Kommentar dazu: „Er (Hitler) brannte darauf, seine neue Waffe zu erproben und befahl die Teilnahme an einer eher unwichtigen Aktion, einem örtlich begrenzten Angriff in völlig ungeeignetem Gelände. Denn in den sumpfigen Wäldern bei Leningrad konnten sich die schweren Panzer nur in Kolonne auf den Waldwegen fortbewegen und fuhren somit direkt vor die Rohre der natürlich an dieser Stelle auf sie wartenden, feindlichen Abwehrgeschütze. Schwere, vermeidbare Verluste und die Preisgabe des Geheimnisses und damit zukünftiger Überraschungen waren die Folge."

in der Endfertigung waren. Die Zeit für den Bau eines Tiger wird auf 300.000 Mannstunden veranschlagt. Da Henschel nicht über die Kapazitäten verfügte, die massiven Panzerplatten für den Tiger zu schweißen oder zu biegen, wurden Wannen und Turmgehäuse aus anderen Werken zugeliefert. Die Wannen kamen von Krupp und dem Dortmund-Hörder Hüttenverein, die Türme von Wegmann & Co. mit Sitz ebenfalls in Kassel.

Kassel war Ziel von mindestens 40 Luftangriffen der Alliierten, wodurch der Bau des Tiger immer wieder unterbrochen wurde. Einer der schwersten Angriffe fand in der Nacht vom 22. auf den 23. Oktober 1943 statt, wobei die RAF 1.800 Tonnen Bomben abwarf und schwere Schäden in den Henschel-Werken verursachte. Dazu wurden viele Arbeiter verletzt oder getötet.

ÄNDERUNGEN IN DER SERIE

Wie alle anderen Panzer wurde auch der Tiger I während der Produktion ständig verändert. Im Winter 1942/43 stießen die Besatzungen immer wieder auf das Problem, dass Schlamm, Eis und Schnee die versetzten Laufrollen der Tiger blockierten. Das Problem ließ sich erst mit der Einführung des Tiger II lösen, der überlappende Laufrollen erhielt. Viele andere Verbesserungen wurden aber schon kurz nach dem Anlaufen der Serienfertigung vorgenommen. Dazu zählten:

- August 1942: Anbringung von Halterungen für einen Tarnrahmen an der Wanne und Nebelbecher an den Turmseiten.
- November 1942: Installierung des Feifel-Luftfilter-Systems, Kettenschutz mit abklappbaren Vorder- und Hinterseiten, verstärkte Rohrblende.
- Dezember 1942: Notausstiegsluke im Turm.
- Januar 1943: Insgesamt fünf Abschussvorrichtungen für S-Minen, eine nach vorn und eine an jeder Ecke der Wanne. Die Reichweite betrug nur wenige Meter, aber die Minen waren tödlich für die angreifende Infanterie, denn jede Mine setzte 360 Stahlkugeln frei, die auf 20 Meter tödlich waren und auf 100 Meter noch für Verletzungen sorgten. Einbau eines speziell entwickelten Turm-Stauraums.
- März 1943: Modifizierte Feifel-Luftfilter. Sehrohr für den Ladeschützen im Turmdach.
- Mai 1943: Der Maybach HL 210 P 45 mit 650 PS wird ersetzt durch den Maybach HK 230 P 45 mit 700 PS, dazu ein verbessertes Getriebe.
- Juli 1943: Umfangreiche Umgestaltung des Turms. Es gab eine neue Kommandantenkuppel mit Sehrohr und einen anderen Lukendeckel (Die Kuppel erhielt später noch ein Fliegerbeschussgerät für MG 34 oder MG 42). Die 8,8-cm-Kanone wurde mit einer verbesserten Ausgleichsfeder versehen.

TIGER I

Gewicht	57,00 t
Länge	8,24 m
Breite	3,70 m
Höhe	2,88 m
Antrieb	Maybach-HL-230-P-45-Ottomotor mit 700 PS
Geschwindigkeit	38 km/h (Straße)
Reichweite	100 km (Straße)
Besatzung	5 Mann
Panzerung	40 – 100 mm
Bewaffnung	1 x 8,8-cm-KwK-36-L/56 mit 92 Schuss und 2 x MG 34 7,92 mm (eines koaxial und eines vorn in der Wanne) mit 4.800 Schuss

Die zwei Seiten der Wehrmacht – eine Kolonne Tiger I überholt an der Ostfront einen Pferdewagen.

Tiger I, PzAbt 501

Ein Tiger I, PzAbt 501, im Winter 1942/43 im Sektor Leningrad.

- September 1943: Alle Oberflächen in Reichweite der gegnerischen Infanterie erhielten ab Werk eine Zimmerit-Beschichtung gegen Haftminen.
- Januar 1944: Im Turmdach wurde die Nahverteidigungswaffe installiert, die Rauchgranaten, Leuchtkugeln und Sprenggranaten abfeuern konnte. Die Herstellung dieser als Hinterlader konzipierten Waffe war aber zeitaufwendig, sodass die Waffe erst im März 1944 auf dem Tiger I zum Einsatz kam.
- Februar 1944: Langlebigere, stählerne Laufrollen mit innenliegendem Gummiring. Diese Laufrollen wurden auch beim Tiger II verwendet.
- März 1944: Die Dachplatten wurden von 25 auf 40 Millimeter verstärkt, um mehr Schutz gegen schweres Artilleriefeuer und Luftangriffe zu bieten. In das stärkere Dach wurde der Lukendeckel für den Ladeschützen aus dem Turm des Tiger II eingebaut.
- April 1944: Das monokulare Turmzielfernrohr 9c löste das binokulare Turmzielfernrohr 9b ab.

Bis August 1944 wurden 1.354 Tiger I gebaut. Die Fertigung wurde dann eingestellt, um Kapazitäten für den Bau des Tiger II zu schaffen.

TIGER AN DER OSTFRONT

Bei diesem ersten Angriff Ende August 1942 wurden alle Tiger beschädigt und einer wurde erbeutet. Weitere Angriffe in den folgenden Wochen blieben ebenfalls ohne Erfolg. Die zweifellos vorhandene technische Überlegenheit des Tiger gegenüber allen Panzern der Roten Armee konnte bei solchen Angriffen nicht ausgespielt werden. Dort waren die gut getarnten Panzerabwehrgeschütze im Vorteil, die die wenigen vorhandenen Straßen überwachten. Die Panzerung des Tiger ließ sich zwar von diesen Geschützen nicht beeindrucken, aber es gab zahlreiche Ausfälle, bei denen die Tiger bewegungsunfähig geschossen wurden, durch Treffer auf die Ketten oder das Laufwerk.

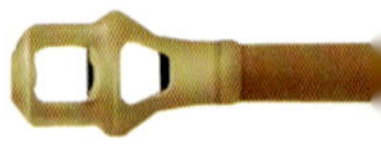

Als die Sowjets dort Anfang 1943 zum Angriff übergingen, konnten die Tiger wiederum das sumpfige Gelände nutzen, das die sowjetischen Panzer zwang, auf den Straßen zu bleiben. Während weniger als drei Monaten (12. Januar bis 31. März 1943) verlor die Kompanie sechs Tiger, zerstörte aber 160 sowjetische Panzer.

Wie die meisten schweren Panzer-Abteilungen litt der Verband unter unzureichendem Bergegerät und einem ständigen Mangel an Ersatzteilen, sodass viele Tiger nicht eingesetzt werden konnten. Der Verband hatte während der gesamten Zeit nie mehr als vier einsatzbereite Tiger auf einmal. Drei der sechs verlorenen Tiger wurden durch die eigene Besatzung zerstört. Zwei waren im Sumpf stecken geblieben, der dritte hatte einen technischen Ausfall. Das Kriegstagebuch der Abteilung berichtet umfangreich von den Schwierigkeiten, stecken gebliebene Tiger zu bergen. In einem Fall brauchten sie drei Tage für solch einen Einsatz.

TIGER DER WAFFEN-SS

Himmlers Einfluss sorgte dafür, dass die Waffen-SS bevorzugt mit den neuen Tigern ausgestattet wurde. Am 15. November 1943 wurden drei schwere Panzerkompanien aufgestellt, je eine für die SS-Panzerdivisionen „Leibstandarte“, „Das Reich“ und „Totenkopf“. Jede Kompanie sollte über neun Tiger und zehn Panzer III verfügen. Insgesamt wurden 28 Tiger und 30 Panzer III im Dezember 1942

Tiger bei Villers-Bocage

Der PzKpfw VI Tiger soll während des Zweiten Weltkriegs eine Abschussquote von sechs zu eins gegen die Panzer der Alliierten erreicht haben. Mit der überwältigenden Feuerkraft und dem schweren Panzerschutz konnte er feindliche Panzer auf große Entfernungen angreifen und war den Geschossen fast aller alliierten Panzerabwehrgeschütze gewachsen. Trotz mehrerer Rückschläge war er eine starke Waffe im Gefecht - das bewies SS-Hauptsturmführer Michael Wittmann am 13. Juli 1944 bei dem französischen Dorf Villers-Bocage. Innerhalb weniger Minuten zerstörte der einzige Tiger der schweren SS-Panzer-Abteilung 101 insgesamt 13 Panzer, zwei Panzerabwehrgeschütze und bis zu 15 Mannschaftstransportwagen der britischen 22 Armoured Brigade. Wittmann, ausgezeichnet mit dem Ritterkreuz des Eisernen Kreuzes mit Eichenlaub und Schwertern, fiel zwei Monate später im Kampf mit den Amerikanern. Er war einer von mindestens zwölf deutschen Panzerkommandanten, die mit dem Tiger mehr als 100 gegnerische Panzer abgeschossen haben sollen.

Tiger Ausf E

Ein später Tiger Ausf E mit langlebigeren Laufrollen mit innenliegendem Gummiring. Dies war der letzte Tiger von Hauptsturmführer Michael Wittmann, in dem er am 8. August 1944 ums Leben kam.

Tiger Ausf E

Ein später Tiger Ausf E mit MG 34 auf einem Fliegerbeschussgerät Anfang 1945 in Ungarn.

und Januar 1943 übergeben. Alle drei Kompanien gingen an die Ostfront und nahmen teil an von Mansteins Gegenangriff zur Wiedereinnahme von Charkow im Februar/März 1943. Dabei verloren sie fünf Tiger.

Mit einem Befehl vom 22. April 1943 wurde der Bestand dieser Kompanien auf je 14 Tiger aufgestockt. Mit demselben Befehl wurden die Kompanien zu einer schweren SS-Panzer-Abteilung zusammengelegt. In der Praxis bleiben diese Kompanien aber bei ihren Regimentern an der Front. Im Mai 1943 erhielten sie weitere 17 Tiger und verfügten nun über:

- „Leibstandarte“: 13 Tiger
- „Das Reich“: 14 Tiger
- „Totenkopf“: 15 Tiger

Die Operationen im Februar/März 1943 waren sehr erfolgreich, denn in der eisigen Kälte waren die Sümpfe und Flüsse gefroren, was dem Tiger viel mehr Beweglichkeit gab. Zu anderen Jahreszeiten waren diese Hindernisse die größten Probleme für die Tiger-Einheiten. Die leichten Panzer kamen besser damit zurecht, aber der Tiger mit seinem Kampfgewicht von 57 Tonnen fuhr sich in solchem Gelände schnell fest.

Der SS-Oberst-Gruppenführer Paul Hausser sorgte dafür, dass das SS-Panzerkorps aus diesen Erfahrungen der ersten Tiger-Einsätze an der Ostfront lernte. Diese Erkenntnisse besagten, dass Tiger-Züge stehende Ziele mit zusammengefasstem Feuer (des gesamten Zugs) bis zu 3.000 Meter entfernt bekämpfen konnten. Bei beweglichen Zielen wurde je nach taktischer Lage das Feuer auf Entfernungen von 1.200 bis 2.000 Meter eröffnet. Diese Taktik wurde während des gesamten Unternehmens Zitadelle von den Tiger-Kompanien der Waffen-SS befolgt, während andere Einheiten nicht so effektiv agierten.

General der Panzertruppe Hermann Breith, Kommandeur des III. Panzerkorps, war unzufrieden mit dem Einsatz seiner Tiger-Verbände und erließ deshalb am 21. Juli 1943 folgende Anweisung:

„Aufgrund der Erfahrungen der letzten Gefechte erteile ich folgende Anweisungen für das Zusammenwirken des Tiger mit anderen Waffen:

1. Wegen seiner Hochleistungskanone und seiner starken Panzerung ist der Tiger hauptsächlich gegen feindliche Panzer und Panzerabwehr einzusetzen und nur in zweiter Linie – und dann auch nur als Ausnahme – gegen Infanterieziele. Die Erfahrung hat gezeigt, dass der Tiger mit seinen Waffen feindliche Panzer auf Entfernungen von 2.000 Metern und darüber hinaus bekämpfen kann, was besonders schädlich für die Moral des Feindes ist. Wegen seiner starken Panzerung kann der Tiger sich feindlichen Panzern auf kurze Distanz nähern, ohne schwere Schäden durch Treffer zu erleiden. Trotzdem sollte der Tiger auf Entfernungen über 1.000 Meter kein Feuer auf feindliche Panzer eröffnen.

Zwei späte Tiger I mit Panzergrenadieren an der Ostfront, Winter 1943–1944.

So oft wie es die Lage ermöglicht – und das war in den letzten Gefechten sehr häufig der Fall –, ist vor dem Einsatz der Tiger das Gelände zu erkunden, hauptsächlich um festzustellen, ob es möglich ist, Flüsse und Bäche, Brücken und Sümpfe zu überwinden. Kompaniechefs, Zugführer und Panzerkommandanten dürfen nicht davor zurückschrecken, abzusitzen und das Gelände zu Fuß zu erkunden, um zu verhindern, dass sich die Tiger im Gelände festfahren. Damit hätte man auch unnötige Verluste an Tigern durch Minen verhindern können – das gilt im Übrigen auch für die anderen Panzer. Eine bekannte Schwäche des Tiger ist die Anordnung der Kommandantenkuppel auf der linken Seite des Turms. Der Kommandant kann rechts vom Tiger auf kurze Entfernungen nicht viel sehen. So ist er durch die Panzervernichtungstrupps der feindlichen Infanterie gefährdet. Deshalb muss die begleitende Infanterie die Tiger vor dieser Bedrohung schützen.

2. Während des Angriffs vom 5. Juli in einem Sektor an der Front des Korps hatten wir Verluste an Tigern, weil wir die Lage unserer eigenen Minenfelder nicht kannten. Daher sollten die vorderen Kampfgruppen genügend Pionierunterstützung einplanen, nicht nur um Hindernisse zu beseitigen, sondern auch, um Minenfelder zu räumen.

3. Ich verbiete den Einsatz von Panzern, besonders von Tigern, in weniger als Kompaniestärke. Bei der Verteidigung sind Panzer zu Angriffsgruppen zusammenzufassen, die für geplante Gegenangriffe einzusetzen sind. Nach dem Gegenangriff sind diese Panzergruppen sofort zurückzuziehen und dem örtlichen Kommandeur oder dem Divisionskommandeur zu unterstellen. Die Auflockerung von Panzern an der Hauptfront oder die Bewachung anderer Waffen darf weder am Tag noch in der Nacht vorkommen."

TIGER BEI DER VERTEIDIGUNG DES DEUTSCHEN REICHS

Ab 1943 wurden die schweren Panzer-Abteilungen umstrukturiert. Die Panzer III wurden abgezogen, aber bei voller Stärke hatte jede Abteilung 45 Tiger (in drei Einheiten mit je 14 Panzern) und drei Befehlsfahrzeuge. Die Produktion des Tiger I wurde im August 1944 eingestellt, die überdauernden Panzer aber bis zum Kriegsende eingesetzt. Die neuen Panzer der Alliierten (Sherman Firefly, Pershing, JS-2 und JSU-122) ließen den technischen Vorsprung des Tiger schwinden, aber für die T-34 und Sherman, die immer noch in großer Zahl genutzt waren, war er ein ernsthafter Gegner. Am 8. August 1944 traf ein einzelner Tiger **der schweren SS-Panzer-Abteilung 102** unter SS-Unterscharführer Willi Fey auf eine britische Panzerkolonne und zerstörte 14 von 15 Sherman. Die Abteilung verlor alle Tiger in der Normandie, soll aber innerhalb von sechs Wochen 227 Panzer der Alliierten zerstört haben.

Bewertung des Tiger

Die ersten Erfolge des Tiger an der Ostfront waren so beeindruckend, dass im Januar 1943 vorgeschlagen wurde, die Produktion des Panzer IV einzustellen, um die Ressourcen auf den Tiger und den Panther zu konzentrieren. Guderian, soeben zum Generalinspekteur der Panzertruppen befördert, war entsetzt und konnte den Plan stoppen, indem er vorbrachte, dass er „nur eine große Schwäche (hatte): Wenn zu diesem Zeitpunkt die Produktion des Panzers eingestellt worden wäre, hätte das hart bedrängte Heer bis zur Serienreife des Panthers lediglich 25 Tiger-Panzer pro Monat als Nachschub erhalten. Das würde schon in nächster Zeit zur Niederlage des deutschen Heeres führen ... die Russen würden den Krieg selbst ohne die Hilfe der westlichen Alliierten gewinnen ... keine Macht der Welt würde sie aufhalten können."

Die Besatzungen schätzten die ausgezeichnete Panzerung. Leutnant Zabel der 3/sPzAbt 503 berichtete nach einem Einsatz nahe Rostow am Don im Februar 1943: „Wir zählten 227 Treffer durch Panzerbüchsen, 14 durch 5,7- und 4,5-cm-Panzerabwehrkanonen und elf durch 7,62-mm-Gewehre. Die rechte Kette und die Aufhängung waren schwer beschädigt. Mehrere Laufrollen und ihre Schwingarme waren durchlöchert. Das Leitrad war aus seiner Halterung gesprungen. Trotz all dieser Schäden schaffte der Tiger aus eigener Kraft noch weitere 60 Kilometer.

Durch die Treffer waren mehrere Schweißnähte aufgeplatzt und der Benzintank undicht geworden. Die Ketten hatten mehrere Treffer abbekommen, aber das hinderte den Tiger nicht sehr am Vorankommen. Es gab noch weitere technische Ausfälle, aber ich habe den kompletten Schadensbericht noch nicht.

Man kann also sagen, dass die Panzerung des Tiger dem intensivsten Feindfeuer gewachsen ist. Die Besatzung kann in den Kampf gehen und sicher sein, dass sie durch genügend Panzerung geschützt ist, um den stärksten Panzerabwehrgeschossen standzuhalten."

Diese fast völlige Unverwundbarkeit ging aber mit der Verbesserung der Panzerabwehrfähigkeit der Alliierten allmählich verloren. 1944 wurden die Besatzungen in den offiziellen Vorschriften darauf hingewiesen, dass sie vom Tiger nichts Unmögliches erwarten dürften, denn: „Der Tiger kann nicht mehr herumfahren und die Gesetze der Panzertaktik ignorieren."

Ein Gefechtsbericht der 13. Kp (Tiger-Kp) des Panzer-Regiments „Großdeutschland" vom 27. März 1943 vermerkt: „Die KwK 36 erwies sich als zuverlässige und effektive Waffe. Es gab keine Ausfälle oder Schäden am elektrischen Feuermechanismus oder ähnliches. Mit Sprenggranaten waren nicht mehr als drei Schuss nötig, um auf 5.000 Meter marschierende Artilleriekolonnen direkt zu treffen ... auf Entfernungen von 1.500 Metern und mehr erzielten wir mit der Panzer-Kopfgranate viele Treffer

BERGEPANZER TIGER AUSF E

Gewicht	57,00 t
Länge	8,45 m
Breite	3,70 m
Höhe	3,00 m
Antrieb	Maybach-HL-230-P-45-Ottomotor mit 700 PS
Geschwindigkeit	38 km/h (Straße)
Reichweite	100 km (Straße)
Besatzung	5 Mann
Panzerung	25 – 100 mm
Bewaffnung	k. A.

Bergepanzer Tiger Ausf E

Der chronische Mangel an Bergepanthern verleitete einige Tiger-Abteilungen zum Improvisieren. 1944 sind wohl drei Tiger I zu gepanzerten Bergungsfahrzeugen umgebaut worden.

auf den T-34 bei geringem Munitionsverbrauch ... Zwischen 600 und 1.000 Metern erzielten wir zahlreiche Erstschusstreffer. Auf diese Entfernungen durchschlug die Panzergranate die Frontpanzerung des T-34 und zerstörte den Motor. Auf dieselbe Entfernung sorgten Treffer von hinten oder von der Seite in 80 Prozent aller Fälle für die Explosion des Kraftstoffs. Bei guter Sicht erzielten wir ähnliche Resultate ... selbst auf Entfernungen von 1.500 Metern oder mehr."

Der Truppenübungsplatz Paderborn meldete in einem Bericht vom 29. Mai 1943:

„... die KwK 36 zeigt eine außerordentlich hohe Durchschlagsleistung. Die besten Schießentfernungen liegen bei etwa 2.000 Metern. In Russland zerstörte ein Tiger einmal ... fünf T-34 und ein 7,62-mm-Panzerabwehrgeschütz auf Entfernungen zwischen 2.200 und 3.000 Metern mit nur 18 Panzer-Kopfgranaten und Sprenggranaten. In Nordafrika wurde der Sherman auf folgende Entfernungen zerstört: Auf 3.400 Meter frontal durch Eindringen in das Getriebe, auf 600 Meter frontal durch Durchschuss, wobei das Geschoss durch die hintere Panzerplatte wieder austrat."

Selbst 1945 reichte die Feuerkraft des Tiger auf normale Gefechtsentfernung gegen alle feindlichen Panzer. Er büßte nur durch die neuen schweren Panzer der Alliierten, wie den sowjetischen JS-2 und den amerikanischen M26 Pershing, etwas an Überlegenheit ein.

Die größte Schwäche des Tiger war wohl der hohe Wartungsaufwand. Die Anweisungen für die Armee- und Korpsführer gaben den Ratschlag: „Nach längeren Einsätzen geben Sie der Tiger-Abteilung zwei bis drei Wochen, um ihre Kampfkraft wiederherzustellen. Begründung: Ansonsten wird der Anteil der technischen Ausfälle bei den folgenden Operationen zunehmen."

SCHWERGEWICHT

Gewicht und Masse des Tiger stellen die Bergeeinheiten der Divisionen auf eine harte Probe – der liegen gebliebene Tiger musste mit Samthandschuhen angefasst werden. Wer einen weiteren Tiger als Bergepanzer benutzte, hatte danach oft zwei ausgefallene Panzer. Die 18-t-Halbkettenfahrzeuge SdKfz 9 der Bergetrupps hatten ein Zugvermögen von 28 Tonnen. Je nach Gelände brauchte man zwei oder drei von ihnen, um einen Tiger in die Werkstatt zu schleppen. Mit der Einführung des Bergepanthers Mitte 1943 war das Problem teilweise gelöst, allerdings reichte die Zahl der Bergepanther zu keinem Zeitpunkt aus.

Trotz aller Einschränkungen war die Bedrohung durch den Tiger so groß, dass die Tiger-Abteilungen die einzigen Verbände unterhalb Divisionsgröße waren, die die Alliierten auf ihren Lagekarten für die Planung für den D-Day markierten.

Tiger II

Der Tiger war gerade eingeführt worden, da forderte der deutsche Generalstab bereits einen größeren und besseren Nachfolger. Er sollte in Bezug auf Feuerkraft und Panzerung alles ausstechen, was die sowjetischen Konstruktionsbüros entwickeln konnten.

Die deutschen Experten errechneten, dass die Überlegenheit des Tigers bei den Fortschritten im Panzerbau vielleicht ein Jahr halten würde. Schon im Januar 1942 hatte Porsche vorgeschlagen, die späteren Modelle des Tiger P mit einer abgeschrägten Panzerung auszurüsten. Die Ablehnung des Tiger P zugunsten des Henschel Tiger I spornte Porsche an, weitere Vorschläge zu entwickeln, mit denen er hoffte, den schweren Panzer der nächsten Generation zu bauen. Dazu zählten eine bis zu 185 Millimeter starke, abgeschrägte Panzerung und verschiedene Arten der Bewaffnung bis hin zur 105-mm-Kanone L/68 von Krupp.

Einige dieser Ideen wurden im Januar 1943 ausgebremst, als Hitler entschied, dass der neue Tiger die neue lange 8,8-cm-Kanone auf der Basis der 8,8-cm-Flak-41 von Rheinmetall erhalten würde. Die abgeschrägte Panzerung wurde übernommen. Porsche und Henschel wurden wiederum um Vorschläge gebeten, während Krupp den Auftrag zur Entwicklung der 8,8-cm-Kanone KwK 43 L/71 erhielt. Diese basierte zwar zunächst auf der Rheinmetall-Flak-41, aber Krupp passte die Kanone mit viel Aufwand für den Einbau im Panzer an. Im Vergleich zur Flak 41 hatte die KwK 43 L/71 kürzere, dickere Rückstoßzylinder, die besser in einem engen Turm unterzubringen waren, und ein neues Druckluftsystem, das den Rauch nach dem Schuss sofort aus dem Innenraum blies. Auch die Munition erhielt kürzere, aber dickere Patronenhülsen, die sich besser tragen und laden ließen.

TÜRME

Krupp entwickelte alle drei Türme für den Tiger I und II. Der sogenannte Porsche-Turm war einfach der von Krupp gebaute Turm für den Tiger P2, den Porsche in das Rennen schickte. Dieser Panzer basierte auf Porsches Vorschlägen für den Tiger I und setzte erneut auf den benzinelektrischen Antrieb. Es gab Konfigurationen mit mittig und mit hinten aufgesetztem Turm, aber die Erfahrungen mit dem Ferdinand/Elefant machten die Probleme des benzinelektrischen Antriebs überdeutlich. So ist es nicht verwunderlich, dass Henschel sich auch den Auftrag für den Bau des Tiger II sichern konnte. Drei Tiger P2 sollen

Ohne Benzin oder ausgefallen – ein verlassener Tiger II auf einer Straße in Deutschland, Frühjahr 1945.

Porsche Tiger P2
Der abgelehnte Prototyp Porsche Tiger P2.

im Nibelungenwerk im Bau gewesen sein, als im November 1943 die Produktion eingestellt wurde. 50 bereits als Turm P-2 fertiggestellte Türme wurden dann im ersten Los der Tiger II verbaut.

Es wurde schnell deutlich, dass die abgerundete Front des Turms P-2 zu Treffern einlud und die Beule in der Seite für die Kommandantenkuppel nicht nur gefährlich war, sondern auch unnötig kompliziert und aufwendig in der Produktion. Daraufhin entwickelte Krupp rasch als neue Variante den Serien-Turm, auch als Henschel-Turm bekannt. Dieser hatte eine dickere, abgeschrägte Frontplatte, in der sich keine Geschosse mehr verfangen konnten,

PORSCHE TIGER P2

Gewicht	65,00 t
Länge	10,71 m (mit Rohr)
Breite	3,32 m
Höhe	2,99 m
Antrieb	2 x Porsche-Ottomotor Typ 101/3 mit je 300 PS
Geschwindigkeit	35 km/h (Straße)
Reichweite	190 km (Straße)
Besatzung	5 Mann
Panzerung	25–100 mm
Bewaffnung	1 x 8,8-cm-KwK-43-L/71 und 2 x MG 34 7,92 mm (eines koaxial und eines vorn in der Wanne)

Ein Tiger II überholt im Dezember 1944 in den Ardennen eine Marschgruppe amerikanischer Kriegsgefangener.

TIGER II (PORSCHE-TURM)

Gewicht	68,50 t
Länge	10,29 m (mit Rohr)
Breite	3,75 m
Höhe	3,09 m
Antrieb	Maybach-HL-230-P-30-Ottomotor mit 700 PS
Geschwindigkeit	38 km/h (Straße)
Reichweite	170 km (Straße)
Besatzung	5 Mann
Panzerung	40 – 150 mm
Bewaffnung	1 x 8,8-cm-KwK-43-L/71 mit 80 Schuss und 2 x MG 34 7,92 mm (eines koaxial und eines vorn in der Wanne) mit 5.850 Schuss

Tiger II mit Porsche-Turm

Ein früher Tiger II mit dem Porsche-Turm im August 1944 in der Normandie.

eine komplett integrierte Kommandantenkuppel und noch mehr Stauraum für Munition.

PRODUKTION DES TIGER II

Auf den ersten Auftrag über 176 Panzer folgten weitere, sodass Henschel schließlich über 1.500 Tiger II in seinen Auftragsbüchern verzeichnete. Gebaut wurden allerdings nur 489 Exemplare. Die monatliche Produktion sollte allmählich hochgefahren werden, bis sie im Mai 1944 monatlich 50 Fahrzeuge erreichte.

Der erste Prototyp war im November 1943 fertig, und im Januar 1944 folgten zwei weitere Prototypen und auch schon die ersten Serienfahrzeuge des Tiger II. Trotz der Unterbrechungen durch die schweren Luftangriffe der Alliierten schaffte Henschel es, dass sich stets mindestens 60 Panzer auf den Fertigungsstraßen befanden. Die immer ärgere Benzinknappheit erzwang aber die Umrüstung der Panzermotoren auf Flaschengas für die Testläufe in der Fabrik, da das gesamte Benzin für die Kriegseinsätze reserviert war.

Die Fertigung lief bis Ende März 1945. Zu diesem Zeitpunkt liefen die letzten 13 Tiger II im Henschel-Werk von den Bändern. Diese gingen an zwei Kompanien der schweren Panzer-Abteilungen 510 und 511.

Zehn schwere Panzer-Abteilungen wurden vor dem Kriegsende mit Tiger II beliefert, aber nur sechs davon hatten die komplette Ausstattung mit 45 Panzern gemäß Stärkenachweis. Diese Verbände operierten auf verschiedenen Kriegsschauplätzen und erhielten ihre Panzer (und Ersatzpanzer) meist in Lieferungen von einem oder zwei Stück. So hatten nur wenige schwere Panzer-Abteilungen wirklich 45 Tiger II zur gleichen Zeit im Einsatz.

TIGER II (HENSCHEL-TURM)

Gewicht	69,70 t
Länge	10,29 m (mit Rohr)
Breite	3,75 m
Höhe	3,09 m
Antrieb	Maybach-HL-230-P-30-Ottomotor mit 700 PS
Geschwindigkeit	38 km/h (Straße)
Reichweite	170 km (Straße)
Besatzung	5 Mann
Panzerung	40 – 185 mm
Bewaffnung	1 x 8,8-cm-KwK-43-L/71 mit 86 Schuss und 2 x MG 34 7,92 mm (eines koaxial und eines vorn in der Wanne) mit 5.850 Schuss

Tiger II mit Henschel-Turm

Ein Tiger II, sPzAbt 506, 1945 in den Seelower Höhen.

Bewertung des Tiger II

Der Tiger II wog 69 Tonnen, wo der Tiger I noch mit 57 Tonnen ausgekommen war. Diese Gewichtszunahme verstärkte die ohnehin auftretenden Probleme, die es schon beim Tiger I mit der Bergung liegen gebliebener Fahrzeuge gegeben hatte. Nur der Bergepanther war in der Lage, einen liegen gebliebenen Tiger II abzuschleppen. Die chronische Knappheit an diesen Bergepanzern führte dazu, dass die Besatzungen oft genug einen reparierbaren Tiger II zerstören mussten, damit er nicht dem Feind in die Hände fiel.

Wenn er aber lief, war der Tiger II mit seiner außergewöhnlichen Feuerkraft und Panzerung ein gefürchteter Gegner selbst für die besten schweren Panzer der Alliierten. Während der Plattenseeoffensive im März 1945 und danach bewiesen die 501. und 509. schwere Panzer-Abteilung in diversen Gefechten seine außergewöhnlichen Fähigkeiten:

- 3. März: die führenden Elemente des III. Panzer-Korps trafen auf eingegrabene Haubitzen SU-152, geschützt durch ein Minenfeld. Die 509. schwere Panzer-Abteilung griff unter dem Verlust von 16 Tiger II an (drei wurden zerstört und 13 beschädigt). Nachdem Gassen durch das Minenfeld geschaffen waren, zerstörten zwei Tiger II alle SU-152.
- 20. März: ein einziger Tiger der 501. schweren Panzer-Abteilung zerstörte bei Varpalota 15 sowjetische Panzer.
- 21. März: ein einzelner Tiger derselben Abteilung, unterstützt durch zwei Panther, zerstörte 17 weitere feindliche Panzer.

Tiger II der schweren Panzer-Abteilung „Feldherrnhalle" im Februar 1945 bei der Abnahme vor der Verlegung nach Ungarn.

STURMGESCHÜTZE UND ARTILLERIE-SELBSTFAHRLAFETTEN

Die Sturmgeschütze waren ein deutsches Konzept, das sich als äußerst erfolgreich erwies. Während des Krieges wurden über 9.500 Sturmgeschütze III in verschiedenen Ausführungen gebaut. Ursprünglich dazu gedacht, Angriffe zu unterstützen, stellten sie sich als besonders geeignet für die Verteidigung heraus. In den späteren Phasen des Krieges machten sie einen Großteil der deutschen Panzer aus.

DIESES KAPITEL UMFASST DIE FOLGENDEN FAHRZEUGE:

- Sturmgeschütz III Ausf A
- Sturmgeschütz III Ausf B, C und D
- Sturmgeschütz III Ausf E, F und F/8
- Sturmgeschütz III Ausf G
- 10,5-cm-Sturmhaubitze-42 Ausf G
- Sturmgeschütz IV
- Infanteriegeschütze auf Selbstfahrlafette
- 15-cm-sIG-33 auf Fahrgestell Panzerkampfwagen II (Sf)
- 15-cm-Schweres-Infanteriegeschütz-33 (Sf) auf Panzerkampfwagen 38(t) Ausf H „Grille“
- 15-cm-Schweres-Infanteriegeschütz-33/1 auf Selbstfahrlafette 38(t) (Sf) Ausf K
- Sturminfanteriegeschütze
- Sturmpanzer IV „Brummbär“
- Artillerie-Selbstfahrlafetten
- Wespe
- Hummel

Ein frühes StuG III auf dem Vormarsch während der Eröffnung der Operation Barbarossa. Das Bild zeigt, dass jeder verfügbare Platz genutzt wurde, um Ersatzteile und Werkzeug zu verstauen.

Sturmgeschütz III Ausf A

Das Sturmgeschütz III (StuG III) zählt zu den erfolgreichsten deutschen Panzerfahrzeugen des Krieges. Von Januar 1940 bis März 1945 wurden etwa 9.500 Stück gebaut. Bereits im Frühjahr 1944 hatten die Einheiten mit dem StuG III 20.000 Panzer der Alliierten vernichtet. Das Sturmgeschütz III basierte auf den Erfahrungen des deutschen Heeres während des Ersten Weltkriegs. Man hatte festgestellt, dass Infanterieangriffe stets mit hohen Verlusten einhergingen, sobald sie auf auch nur dürftig ausgebaute Feldbefestigungen stießen. Die Artillerie war seinerzeit noch zu unbeweglich, um mit der Infanterie mitzuhalten und feindliche Befestigungen mit direktem Feuer zu vernichten. Die Einführung leichter Infanteriegeschütze wie der 7,5-cm-Gebirgs-Kanone Škoda M.15 in den letzten Kriegsjahren konnte das Problem auch nicht lösen, weil die Mannschaft dem feindlichen Mörser- und MG-Feuer schutzlos ausgesetzt war.

STURMARTILLERIE

Das Aufkommen der Panzer nach dem Krieg schien eine Lösung zu bieten. 1935 erstellte der damalige Oberst Erich von Manstein eine Studie, die er General Ludwig Beck vorlegte. Er schlug vor, die Infanteriedivisionen durch das direkte Feuer einer zu schaffenden Sturmartillerie zu unterstützen. Die Idee wurde begeistert aufgenommen. Am 15. Juni 1936 erhielt Daimler-Benz den Auftrag, ein gepanzertes Fahrzeug zur Unterstützung der Infanterie zu entwickeln, das über eine 7,5-cm-Kanone mit begrenztem Schwenkbereich und einen geschlossenen Kampfraum verfügen sollte. Das Fahrzeug sollte nicht höher sein als ein marschierender Infanterist.

Allerdings kam es schnell zu internen Streitereien um die Frage, welcher Waffengattung diese neuen „Sturmgeschütze“ zuzuordnen waren. Weder die Panzerwaffe noch die Infanterie wollten knappe Ressourcen in die Aufstellung dieser Spezialtruppen stecken. Sie wurden schließlich der Artillerie unterstellt und in Abteilungen gegliedert (später in Brigaden umbenannt, um den Feind zu täuschen) und entwickelten ihre eigenen taktischen Grundsätze. Zunächst konzentrierten sie sich auf die Infanterieunterstützung mit direktem Feuer, später immer mehr auf die Panzerabwehr.

Daimler-Benz nutzte Chassis und Laufwerk des mittleren Panzer III für seinen Vorschlag, aber schließlich erhielt Alkett den Auftrag für die Serienfertigung und stell-

STURMGESCHÜTZ III AUSF A

Gewicht	22,20 t
Länge	5,40 m
Breite	2,95 m
Höhe	1,96 m
Antrieb	Maybach-HL-120-TRM-12-Zylinder-Ottomotor mit 300 PS
Geschwindigkeit	40 km/h (Straße)
Reichweite	200 km (Straße)
Besatzung	4 Mann
Panzerung	11 – 50 mm
Bewaffnung	1 x 7,5-cm-StuK-37-L/24 mit 44 Schuss

StuG III Ausf A

Ein StuG III Ausf A im Mai 1940 in Frankreich.

te 1937 fünf Prototypen fertig. Dieses experimentelle StuG der 0-Serie basierte auf dem Panzer III Ausf B, hatte einen Weichstahlaufbau und die kurze 7,5-cm-Kanone StuK 37 L/24 von Krupp, die auf weiche Ziele und Feldbefestigungen ausgelegt war.

STUG III AUSF A

Die ersten 30 voll gepanzerten Sturmgeschütze basierten auf dem Panzer III Ausf F und wurden von Januar bis Mai 1940 als StuG Ausf A gebaut. Hier waren Turm und Aufbau des Panzer III durch einen flacheren Aufbau ersetzt worden, in dem die StuK 37 nach rechts versetzt montiert wurde. Das Visier des Richtschützen befand sich am Ende einer Mulde, die zum Ablenken von Geschossen abgestuft war. Anders als beim Panzer III wurden die seitlichen Notausstiegsluken weggelassen, und die Einstiegsluken vorn waren seitlich angeschlagen. Diese Fahrzeuge waren während des Frankreichfeldzugs bei den Sturmartilleriebatterien 640, 659, 660 und 665 im Einsatz. Deren positive Erfahrungen sicherten die Zukunft des Fahrzeugs.

Sturmgeschütz III Ausf B, C und D

In größerer Stückzahl wurde erst die Ausf B gebaut, von der zwischen Juni 1940 und Mai 1941 immerhin 320 Stück gefertigt wurden. In größerer Stückzahl wurde erst die Ausf B gebaut, von der zwischen Juni 1940 und Mai 1941 immerhin 320 Stück gefertigt wurden. Diese Version hatte zahlreiche Verbesserungen beim Antrieb, darunter auch ein synchronisiertes Getriebe. Sie stellte den Großteil der mehr als 200 Sturmgeschütze, die in der Eröffnungsphase der Operation Barbarossa zum Einsatz kamen.

Im Mai 1941 wurde die Produktion dann auf die Ausf C und D umgestellt. Sie hatten einen veränderten Aufbau und dienten hauptsächlich als Ersatz für die Verluste von 105 Sturmgeschützen im Jahr 1941. Bis September 1941 wurden 200 Exemplare beider Ausführungen fertiggestellt.

STURMGESCHÜTZ III AUSF D

Gewicht	22,20 t
Länge	5,40 m
Breite	2,95 m
Höhe	1,96 m
Antrieb	Maybach-HL-120-TRM-12-Zylinder-Ottomotor mit 300 PS
Geschwindigkeit	40 km/h (Straße)
Reichweite	200 km (Straße)
Besatzung	4 Mann
Panzerung	11–50 mm
Bewaffnung	1 x 7,5-cm-StuK-37-L/24 mit 44 Schuss

StuG III Ausf D

Ein StuG II Ausf D des Sonderverbands 288 des Deutschen Afrika-Korps, 1942.

Sturmgeschütz III Ausf E, F und F/8

Die ab September 1941 gebaute Ausf E war das letzte Sturmgeschütz mit der StuK 37. An den Seiten des Aufbaus befanden sich größere, gepanzerte Munitionsträger, mit denen nun 50 Schuss mitgeführt werden konnten. Zum ersten Mal befand sich im Kampfraum auch ein MG 34. Es hatte aber keine Lafette, sodass der Kommandant oder der Ladeschütze gezwungen war, das Niederhaltungsfeuer aus einer offenen Luke zu verschießen. Das war alles andere als präzise und setzte den Schützen dem feindlichen Feuer aus, aber das MG bot immerhin ein bisschen Selbstverteidigung gegen die Panzerabwehrtrupps des Gegners. Von den geplanten 500 Geschützen wurden nur 272 gebaut. Die Fertigung wurde im März 1942 eingestellt, weil man gegen die sowjetischen KW-1 und T-34 dringend eine stärkere Bewaffnung benötigte.

Die Ausf F und F/8 erhielten dann eine stärkere Kanone. Zunächst wurde die 7,5-cm-Hochleistungskanone StuK 40 L/43 (Frühjahr 1942) eingebaut, später die verbesserte 7,5-cm-StuK-40-L/48 (Herbst 1942). Das Klima im Kampfraum wurde durch ein Absauggebläse im Dach deutlich verbessert. Zwischen März und Dezember 1942 wurden insgesamt 694 Fahrzeuge beider Ausführungen gebaut.

Ein StuG III Ausf E rückt mit der Infanterie und Panzerunterstützung im Winter 1942 in der Gegend von Stalingrad vor.

STURMGESCHÜTZ III AUSF F

Gewicht	23,90 t
Länge	6,77 m (mit Rohr)
Breite	2,95 m
Höhe	2,15 m
Antrieb	Maybach-HL-120-TRM-12-Zylinder-Ottomotor mit 300 PS
Geschwindigkeit	40 km/h (Straße)
Reichweite	250 km (Straße)
Besatzung	4 Mann
Panzerung	zunächst 11–50 mm, später verbessert auf 11–80 mm
Bewaffnung	1 x 7,5-cm-StuK-40-L/43 oder -L/48 mit 44 Schuss und 1 x MG 34 7,92 mm

StuG III Ausf F/8
Ein StuG III Ausf F/8 im Sommer 1944 in der Normandie.

Sturmgeschütz III Ausf G

Frühes StuG III Ausf G
Eine frühe Ausf G im Februar 1943 in Tunesien.

Die Ausf G war die letzte und häufigste Version des Sturmgeschützes. Sie basierte auf der Wanne des Panzer III Ausf M. Diese Ausführung hatte einen breiteren Aufbau und ab Mai 1943 Seitenschürzen als zusätzlichen Schutz gegen die sowjetischen Panzerbüchsen. Die Frontpanzerung bestand nun aus einzelnen 80-mm-Panzerplatten und nicht wie vorher aus 50-mm-Platten mit 30-mm-Zusatzpanzerung. Eine drehbare Kommandantenkuppel mit Sehrohren ermöglichte eine schnellere Zielerfassung, was die Kampfkraft der Ausf G beträchtlich steigerte.

Auch die Waffen zur Selbstverteidigung wurden ständig verbessert. Zunächst hatte der Ladeschütze einen

STURMGESCHÜTZ III AUSF G

Gewicht	23,90 t
Länge	6,77 m (mit Rohr)
Breite	2,97 m
Höhe	2,16 m
Antrieb	Maybach-HL-120-TRM-12-Zylinder-Ottomotor mit 300 PS
Geschwindigkeit	40 km/h (Straße)
Reichweite	175 km (Straße)
Besatzung	4 Mann
Panzerung	11–80 mm
Bewaffnung	1 x 7,5-cm-StuK-40-L/48 mit 44 Schuss und (nur späte Ausf) 2 x MG 34 7,92 mm (eines koaxial mit 600 Schuss und eines auf der Luke des Ladeschützen)

StuG III Ausf G der neu aufgestellten 16. SS-Panzergrenadier-Division „Reichsführer SS" im November 1943 beim Marsch durch Rom.

rechteckigen MG-Schutzschild. Dieser erhöhte die Zielgenauigkeit und verbesserte seine Überlebenschancen. Dann kam Mitte 1944 ein auf dem Dach montiertes, fernbedientes MG 34 oder MG 42. Um dieselbe Zeit erhielten die meisten StuG III die abgerundete Saukopfblende mit einem koaxialen MG 34. Die letzte Verbesserung war die Nahverteidigungswaffe – ein Hinterlader im Dach des Besatzungsraums, der Sprenggranaten und Rauchgranaten verschießen konnte.

Die Ausf G erwies sich sowohl bei der Infanterieunterstützung als auch bei der Panzerabwehr als ungemein effektiv, sodass zwischen Dezember 1942 und März 1945 7.893 Stück gebaut wurden.

Spätes StuG III Ausf G
Ein spätes StuG III Ausf G mit auf dem Dach montierten, fernbedienten MG 34 1945 in Deutschland.

10,5-cm-Sturmhaubitze-42 Ausf G

1941 gab es eine Forderung nach einem schwerer bewaffneten Sturmgeschütz. Versuche mit der 10,5-cm-leichten-Feldhaubitze-18 (leFH18) waren erfolgreich, und eine leicht angepasste Version wurde als Standardbewaffnung der StuH 42 eingeführt.

Auf der Wanne der Ausf G wurden von Oktober 1942 bis Februar 1945 1.211 Stück gebaut. Alle Verbesserungen des StuG III Ausf G wurden auch bei der StuH 42 eingeführt, sofern die Mittel vorhanden waren.

STURMHAUBITZE 42 AUSF G

Gewicht	24,00 t
Länge	6,14 m
Breite	2,97 m
Höhe	2,16 m
Antrieb	Maybach-HL-120-TRM-12-Zylinder-Ottomotor mit 300 PS
Geschwindigkeit	40 km/h (Straße)
Reichweite	175 km (Straße)
Besatzung	4 Mann
Panzerung	11–80 mm
Bewaffnung	1 x 10,5-cm-StuH-42-L/28 mit 36 Schuss und (nur späte Ausf) 2 x MG 34 7,92 mm (eines koaxial mit 600 Schuss und eines auf der Luke des Ladeschützen)

StuH 42 Ausf G
Eine StuH 42 Ausf G, Fallschirm-Panzer-Division 1 „Hermann Göring", Mitte 1944 in Italien.

Bewertung des StuG III

Die ersten StuG III stellten ihre Qualität in der Nahunterstützung im Frankreichfeldzug unter Beweis. Die späteren Versionen waren auch in Russland erfolgreich, bevor sie immer häufiger auf den T-34 und den KW-1 trafen. Obwohl das panzerbrechende Geschoss mit Kappe und Haube der 7,5-cm-StuK-37-L/24 auf 500 Meter bis zu 39 Millimeter Panzerung durchschlagen konnte, war es wegen der geringen Mündungsgeschwindigkeit der Kanone schlecht für die Bekämpfung von Panzern geeignet.

Mit der Einführung der ersten Hohlladungsgeschosse Ende 1941 hatten die Sturmgeschütze eine behelfsmäßige Panzerabwehrfähigkeit. Damit konnte die Wehrmacht in kleineren Gefechten taktische Überraschungen erreichen. So konnten am 18./19. Januar 1942 zwei StuG III der Sturmgeschütz-Batterie 667 aus verdeckten Stellungen vier KW-1 und fünf T-34 auf bis zu 800 Meter kampfunfähig schießen. Die Lösung, mit der das StuG III bis auf die allerschwersten alle alliierten Panzer bekämpfen konnte, war eine schnellere Kanone, zunächst die 7,5-cm-Kanone L/43 und später die L/48. Mit der Einführung der Sturmhaubitze 42 mit der 105-mm-Haubitze konnten Sturmgeschützabteilungen zur direkten Unterstützung der Infanterie aufgestellt werden. Jede Abteilung hatte drei Batterien mit einer Sollausstattung von insgesamt 22 StuG III und neun StuH 42. Aufgrund des begrenzten Schwenkbereichs der Kanone konnten die Sturmgeschütze richtige Panzer nie komplett ersetzen. Aber mit ihrer niedrigen Silhouette, dem guten Panzerschutz und der relativ starken Bewaffnung eigneten sie sich ideal für den Verteidigungskrieg, zu dem Deutschland nach dem Scheitern der letzten strategischen Offensiven im Jahr 1943 gezwungen war.

Sturmgeschütz IV

Im November 1943 musste die Produktion des StuG III nach einem Luftangriff auf die Altmärkischen Kettenwerke (Alkett) unterbrochen werden. Obwohl die Bänder nach einem Monat wieder liefen, verringerte sich der Ausstoß dadurch drastisch. Nach den 255 StuG III im Oktober 1943 liefen im Dezember nur noch 24 Fahrzeuge vom Band.

Inzwischen hatte man aber erfolgreich einen angepassten Aufbau des StuG III auf eine Wanne des Panzer IV gesetzt. Die Produktion dieses StuG IV wurde bei einer

STURMGESCHÜTZ IV

Gewicht	23,00 t
Länge	6,70 m (mit Rohr)
Breite	2,97 m
Höhe	2,20 m
Antrieb	Maybach-HL-120-TRM-12-Zylinder-Ottomotor mit 300 PS
Geschwindigkeit	38 km/h (Straße)
Reichweite	175 km (Straße)
Besatzung	4 Mann
Panzerung	11–80 mm
Bewaffnung	1 x 7,5-cm-StuK-40-L/48 mit 63 Schuss und 1 x koaxiales MG 34 7,92 mm mit 600 Schuss auf der Luke des Ladeschützen

StuG IV
Ein StuG IV in der Ukraine, Anfang 1944.

Konferenz der Reichsführung am 16. und 17. Dezember 1943 genehmigt.

Aus Zeitgründen wurden die ersten 31 Fahrzeuge auf der Wanne serienmäßiger Panzer IV aufgebaut. Ab Januar 1944 stellte Krupp die Fertigung des Panzer IV ein, um dadurch Ressourcen für das StuG IV freizumachen. Der Aufbau ähnelte dem des StuG III Ausf G, erhielt aber einen neuen gepanzerten Erker mit zwei Sehrohren für den Fahrer und eine Einstiegsluke im Dach. Überraschenderweise war das StuG IV eine ganze Tonne leichter als das StuG III und bot zudem sogar mehr Platz in der Wanne, sodass 19 weitere Geschosse untergebracht werden konnten.

Das StuG IV war sehr erfolgreich. Bis zur Einstellung der Produktion im März 1945 liefen 1.139 Stück vom Band. Es erhielt fast alle Verbesserungen des StuG III, so auch das fernbediente MG auf dem Dach und die Nahverteidigungswaffe. Einige StuG IV erhielten auch eine ungewöhnliche Zusatzpanzerung: Betonplatten von 150 Millimetern Stärke vorn am Aufbau und am Fahrererker.

StuG IV der Wehrmacht 1944 in Neapel auf dem Weg zur Front.

StuG IV mit Schürzen
Fahrzeug einer unbekannten Einheit mit Schürzen, Sommer 1944 in Russland.

Spätes StuG IV
Ein spätes StuG in Hinterhalt-Tarnung, Deutschland, April 1945.

Infanteriegeschütze auf Selbstfahrlafette

Das 15-cm-Schweres-Infanteriegeschütz-33 (sIG 33) zählte vom Ende der 1920er-Jahre bis zum Ende des Krieges zur Standardausstattung der Infanterie der Wehrmacht, litt aber immer unter Problemen aufgrund seines hohen Gewichts. Der Erfolg der für die Infanterieunterstützung umgebauten 7,7-cm-Feldkanone im Ersten Weltkrieg verleitete die Wehrmacht dazu, den Einsatz größerer Kaliber für denselben Zweck zu prüfen. Die Einschränkungen durch den Versailler Vertrag führte auch dazu, dass man bereit war, auf der Suche nach mehr Feuerkraft auch unkonventionelle Lösungen ins Auge zu fassen.

SIG 33

Das sIG 33 hatte das größte Kaliber, das je in einem Infanteriegeschütz verwendet wurde. Die Entwicklung begann 1927, aber die Genehmigung der Pläne erfolgte erst 1933, und dann sollte es noch bis 1936 dauern, ehe die ersten Kompanien ihre Geschütze erhielten.

Obwohl offiziell als Geschütz bezeichnet, handelte es sich beim sIG 33 tatsächlich um eine Haubitze mit einem kurzen Rohr (L/11), das die Reichweite auf 4.700 Meter beschränkte. Das genügte für die angedachte Rolle in der Nahunterstützung, lag aber weit unter den 6.000 Metern, die die zeitgenössischen 12-cm-Mörser wie der Granatwerfer 42 (GrW 42) schafften.

Das größte Problem des Geschützes war sein Gewicht. Ende der 1930er-Jahre versuchte man, mehr Leichtmetall beim Bau einzusetzen, womit man das Gewicht um etwa 150 Kilogramm reduzieren konnte. 1938/39 wurde wohl eine kleine Zahl solcher Waffen gebaut. Mit dem Ausbruch des Krieges musste die Konstruktion erneut geändert werden, denn die begrenzten Vorräte an Leichtmetall wurden für die Luftwaffe benötigt. Die Feuerkraft war stets beeindruckend, obwohl die Mündungsgeschwindigkeit nie mehr als 240 m/s betrug, worunter die Genauigkeit bei Punktzielen wie Bunker und eingegrabenen Panzerabwehrwaffen litt.

Zu dieser geringen Geschwindigkeit kam das Problem, dass die Munition getrennt geladen werden musste, was bei der Panzerabwehr ein echter Nachteil war. Allerdings konnte ein Treffer mit der 38-kg-Sprenggranate die meisten Panzer zerstören oder zumindest stark beschädigen. Auch wenn kein Durchbruch gelang, zerstörte der Sprengeffekt Ketten und Sehrohre und blockierte die Türme. Später gab es ein Hohlladungsgeschoss, das 90 Millimeter Panzerung durchbrechen konnte.

15-cm-sIG-33 (Sf) auf Panzerkampfwagen I Ausf B
Ein 15-cm-sIG-33 (Sf) auf Panzerkampfwagen I Ausf B, 5. Panzer-Division, 1943 in Russland.

5-CM-SIG-33 (SF) AUF PANZERKAMPFWAGEN I AUSF B

Gewicht	8,50 t
Länge	4,42 m
Breite	2,06 m
Höhe	3,35 m
Antrieb	Maybach-NL-38-TR-Ottomotor mit 100 PS
Geschwindigkeit	35 km/h (Straße)
Reichweite	160 km (Straße)
Besatzung	4 Mann
Panzerung	6–13 mm
Bewaffnung	1 x 15-cm-Schweres-Infanteriegeschütz-33-L/11,4

15-cm-sIG-33 (Sf) auf Panzerkampfwagen I Ausf B

Die Erfahrungen in Polen hatten die begrenzte Beweglichkeit der sIG 33 unter Beweis gestellt. Wenn sie motorisierten oder Panzereinheiten zugeordnet waren, hatten sie Mühe, mit deren Geschwindigkeit mitzuhalten. Es war klar, dass man eine selbstfahrende Version brauchte. Das erste Fahrzeug dieser Art war das 15-cm-sIG-33 (Sf) auf Pz. I Ausf B. Im Winter 1939/40 wurden 38 Panzer I derart umgerüstet, von denen einige bis 1943 im Einsatz blieben. Man entfernte Turm und Aufbau des Panzers und installierte oberhalb der Ketten eine Plattform, die ein komplettes Geschütz (einschließlich Lafette) aufnahm, geschützt durch einen oben und hinten offenen Panzerschild. Der ganze Umbau war primitiv und funktionierte eher schlecht als recht, er wurde auch als „Grausamkeit gegenüber der Technik" beschrieben. Das Fahrzeug war insgesamt 2,80 Meter hoch und durch den hohen Schwerpunkt sehr unstabil, was Einsätze im Gelände erschwerte. Auch das Fahrgestell war arg überladen, sodass es häufig zu Brüchen kam. Es war offensichtlich, dass diese Version nur eine Notlösung war, um Zeit für die Entwicklung eines Nachfolgers zu gewinnen.

15-cm-sIG-33 auf Fahrgestell Panzerkampfwagen II (Sf)
Ein 15-cm-sIG-33 auf Fahrgestell Panzerkampfwagen II (Sf), 1941 in Nordafrika.

15-cm-sIG-33 auf Fahrgestell Panzerkampfwagen II (Sf)

1940 fand sich eine praktischere Lösung: Man verwendete eine vergrößerte Wanne des Panzer II. Davon entstanden im November/Dezember 1941 zwölf Fahrzeuge zur Einsatzerprobung in Nordafrika. Der Panzer war aber schlecht für die Wüste geeignet und blieb oft mit überhitztem Motor liegen.

Ein Bericht vermerkte: „Die Zerstörungskraft des Geschützes ist außerordentlich, aber das Fahrwerk des Panzer II ist untermotorisiert und leidet oft unter technischen Ausfällen. Die Truppen schlagen ein besser geeignetes Panzerfahrgestell vor. Damit bin ich nicht einverstanden, denn die Reichweite des Geschützes lässt sich nicht steigern. Diese Ausgaben wären zwecklos. Es wäre besser, die 15-cm-Schwere-Feldhaubitze-13-Sf einzusetzen. Sie hat bei gleichem Kaliber wesentlich mehr Reichweite und ein besseres Panzerfahrgestell. Im Einsatz wäre es zu riskant, ein so wertvolles selbstfahrendes Geschütz als stationäre Verteidigungswaffe einzusetzen. Sobald es das Feuer eröffnet, wird es durch das zusammengefasste Artilleriefeuer zerstört. Für diese Rolle sollte man einen 12-cm-Mörser nehmen ... der fast die gleiche Zerstörungskraft bietet.“ Es kam nicht zur Serienfertigung, und die letzten, verbliebenen Fahrzeuge gingen Anfang 1943 verloren.

15-CM-SIG-33 AUF FAHRGESTELL PANZERKAMPFWAGEN II (SF)

Gewicht	12,00 t
Länge	5,41 m
Breite	2,28 m
Höhe	1,60 m
Antrieb	Maybach-HL-62-TRM-6-Zylinder-Ottomotor mit 140 PS
Geschwindigkeit	40 km/h (Straße)
Reichweite	150 km (Straße)
Besatzung	4 Mann
Panzerung	5–20 mm
Bewaffnung	1 x 15-cm-Schweres-Infanteriegeschütz-33 mit 10 Schuss und 1 x MG 34 7,92 mm

15-cm-sIG-33 auf Fahrgestell Panzerkampfwagen II (Sf)
Ein 15-cm-sIG-33 auf Fahrgestell Panzerkampfwagen II (Sf) mit aufgespannter Sonnenplane, 1941 in Nordafrika.

15-cm-Schweres-Infanteriegeschütz-33 (Sf) auf Panzerkampfwagen 38(t) Ausf H „Grille"

Die bescheidenen Fähigkeiten der ersten schweren selbstfahrenden Geschütze führten zur Beschäftigung mit einer Version auf Basis des vielseitigen Panzer 38(t). Die Entwicklung begann 1942 und erwies sich als relativ einfach. So kam es zu einem offiziellen Auftrag für 200 Fahrzeuge mit der Bezeichnung 15-cm-sIG-33 (Sf) auf Pz. 38(t) Ausf H (SdKfz 138/1). Bei der Truppe war das Fahrzeug als „Grille" bekannt. Vorgesehen für die „Grille" war eigentlich die Wanne des neuen Panzer 38(t) Ausf M mit Mittelmotor, der bei der Böhmisch-Mährischen Maschinenfabrik in Prag in der Entwicklung war. Dort kam es aber zu Verzögerungen, sodass man gezwungen war, auf die vorhandene Wanne der Ausf H mit dem konventionellen Heckmotor zurückzugreifen.

„Grille" Ausf H

Eine „Grille" Ausf H der 26. Panzer-Division in Italien.

15-CM-SCHWERES-INFANTERIEGESCHÜTZ-33 (SF) AUF PANZERKAMPFWAGEN 38(T) AUSF H (SDKFZ 138/1)

Gewicht	11,50 t
Länge	4,61 m
Breite	2,16 m
Höhe	2,60 m
Antrieb	Praga-EPA-6-Zylinder-Ottomotor mit 125 PS
Geschwindigkeit	47 km/h (Straße)
Reichweite	185 km (Straße)
Besatzung	5 Mann
Panzerung	8–25 mm
Bewaffnung	1 x 15-cm-Schweres-Infanteriegeschütz-33 mit 15 Schuss und 1 x MG 34

„Grille" Ausf H

SdKfz 138/1 „Grille" Ausf H, 9. Kompanie, Panzergrenadier-Regiment 2, 2. Panzer-Division, 1944 in der Normandie.

Von Februar bis April 1943 wurden 91 Fahrzeuge, darunter ein Prototyp, gebaut. Sie basierten sowohl auf neuen als auch auf instandgesetzten Wannen. Turm und Aufbau des Panzers wurden entfernt, um Platz für einen nach oben offenen Kampfraum zu schaffen, in dem das sIG 33 mit begrenztem Schwenkbereich montiert wurde. Dort befand sich auch ein MG 34 oder MG 42, um eine gewisse Selbstverteidigung gegen Luftangriffe und feindliche Panzerabwehrtrupps zu ermöglichen. Die seitliche Panzerung des Kampfraums wurde über die Motorabdeckung erweitert, um genügend Stauraum für Munition zu schaffen.

DER NEUE UMBAU

Dieser Umbau war ein großer Fortschritt gegenüber den früheren selbstfahrenden Versionen des sIG 33. Er bot bessere Fahrleistungen und war auch viel zuverlässiger. Natürlich war wegen des schwach gepanzerten, nach oben offenen Kampfraums (maximale Panzerstärke 25 Millimeter) weiterhin taktische Vorsicht geboten, aber die Panzerung war immerhin gut konstruiert. Es gab sogar eine Federklappe, die die Lücke in der vorderen Panzerplatte schloss, wenn das Geschütz erhöht wurde. Der Stauraum für die Geschützmunition war auf höchstens 15 Schuss beschränkt, aber das betrachtete man als relativ unbedeutenden Nachteil.

Die Besatzungen waren überwiegend begeistert von der „Grille", aber vereinzelt gab es auch Kritik, besonders an der Position des Geschützes. Diese schwere Waffe, so weit vorn auf dem Fahrzeug montiert, belastete die vordere Aufhängung erheblich und machte das Fahrzeug stark buglastig. Darunter litt natürlich die Geländegängigkeit der „Grille". Die Wartungstrupps hatten auch viel Arbeit damit, beschädigte vordere Laufrollen und Teile der vorderen Aufhängung zu ersetzen.

Die Besatzung einer „Grille" Ausf H wartet 1944 in der Gegend von Anzio, Italien, auf den nächsten Befehl. Das Rohr ist bereits erhöht und bereit, Unterstützungsfeuer zu geben.

15-cm-Schweres-Infanteriegeschütz-33/1 auf Selbstfahrlafette 38(t) (Sf) Ausf K

Nachdem die Ausf M des Panzer 38(t) zur Verfügung stand, wurde die Produktion im April 1943 umgestellt und das Fahrzeug unter der Bezeichnung 15-cm-sIG-33 (Sf) auf GW 38 „Grille" Ausf K (SdKfz 138/1) gebaut. Dank des Mittelmotors konnte der Kampfraum nach hinten rücken. Das brachte eine vorteilhaftere Gewichtsverteilung und wesentlich bessere Fahreigenschaften im Gelände. Leider ließ sich der Staurum für die mitgeführte Munition nicht vergrößern. Daher gab es auch einen Munitionsträger mit Gestellen für Granaten und Patronen anstelle des Geschützes. Von November 1943 bis Juni 1944 wurden 160 Stück der „Grille" Ausf K gebaut, dazu 93 Munitionsträger „Grille".

Eine beschädigte „Grille" Ausf K bleibt nach dem Vormarsch der Alliierten im Sommer 1944 in einer französischen Stadt zurück.

Munitionspanzer

Der Munitionspanzer sollte die Probleme lösen, die sich durch den begrenzten Stauraum der „Grille" ergaben. Zu diesem Zweck wurde die Schießluke mit einer Panzerplatte verschlossen. Zusätzliche Munitionshalter boten Stauraum für 40 15-cm-Geschosse. Jede „Grille"-Batterie zu sechs Fahrzeugen erhielt zwei Munitionspanzer.

MUNITIONSPANZER 38(T) (SF) AUSF K (SDKFZ 138/1)

Gewicht	12,00 t
Länge	5,68 m
Breite	2,15 m
Höhe	2,47 m
Antrieb	Praga-AC-2-6-Zylinder-Ottomotor mit 158 PS
Geschwindigkeit	35 km/h (Straße)
Reichweite	210 km (Straße)
Besatzung	2 Mann
Panzerung	8–20 mm
Bewaffnung	1 x MG 34 7,92 mm

15-CM-SCHWERES-INFANTERIEGESCHÜTZ-33/1 AUF SELBSTFAHRLAFETTE 38(T) (SF) AUSF K (SDKFZ 138/1)

Gewicht	12,00 t
Länge	5,68 m
Breite	2,15 m
Höhe	2,47 m
Antrieb	Praga-AC-2-6-Zylinder-Ottomotor mit 158 PS
Geschwindigkeit	35 km/h (Straße)
Reichweite	210 km (Straße)
Besatzung	4 Mann
Panzerung	8–20 mm
Bewaffnung	1 x 15-cm-Schweres-Infanteriegeschütz-33 mit 18 Schuss und 1 x MG 34 7,92 mm

„Grille" Ausf K

Die Ausf K zeigte eine Reihe von Verbesserungen. Sie ließ sich besser fahren und bot einen einfacheren Zugang zum Kampfraum.

Sturminfanteriegeschütze

Die ersten Versuche mit dem sIG 33 auf Selbstfahrlafette bewiesen den Wert des Konzepts, zeigten aber auch, wie verwundbar diese dünn gepanzerten Fahrzeuge waren. Das lag hauptsächlich an der begrenzten Reichweite und Genauigkeit des Geschützes. So war es nicht möglich, Punktziele wie Bunker und eingegrabene Panzerabwehrgeschütze auf sichere Entfernung zu bekämpfen.

Die Lösung schien ein stärker gepanzertes Fahrzeug zu sein, das sich auf einige Hundert Meter nähern und die Stellungen mit direktem Feuer zerstören konnte. Im Juli 1941 erhielt Alkett den Auftrag, 12 Panzer III zu Sturminfanteriegeschützen umzubauen.

WANNE VOM PANZER III

Diese ersten Fahrzeuge basierten auf überholten Wannen vom Panzer III. Damit war die Zuverlässigkeit von Anfang an kompromittiert, besonders weil das schwere Geschütz und der große, geschlossene Kampfraum mit seiner 80-mm-Panzerung das Fahrzeug buglastig und schwer zu lenken machten.

DAS ERSTE LOS

Die ersten zwölf Fahrzeuge wurden im Januar 1942 fertiggestellt und gingen an zwei Abteilungen, die StuGAbt 177 und 244, die beide in Stalingrad vernichtet wurden. Ein

zweites Los mit zwölf ganz neu gebauten Fahrzeugen wurde im Oktober 1942 fertig und ging an das Sturminfanteriegeschütz-Batterie/Lehr-Bataillon XVII, ein Ausbildungsverband der Artillerieschule Burg bei Magdeburg.

Dieser wurde wiederum im Rahmen des Unternehmens Wintergewitter, einem Versuch, die 6. Armee bei Stalingrad zu befreien, der 22. Panzer-Division unterstellt. Fünf Fahrzeuge gingen dabei verloren, und die restlichen sieben Fahrzeuge wurden für den Rest des Krieges als Sturminfanteriegeschütz-Batterie dem Panzer-Regiment 21 der 23. Panzer-Division zugeteilt (auch bekannt als 9. Kompanie/Panzer-Regiment 21).

Sturminfanteriegeschütz 33B

Ein Sturminfanteriegeschütz 33B in Wintertarnung, 1942/43. Die letzten fünf Fahrzeuge waren noch im September 1944 einsatzbereit.

NAHUNTERSTÜTZUNGSWAFFE

Ein Bericht der Division von 1943 meldet: „Wir raten zu einer engen Zusammenarbeit mit Panzern, denn mit seiner Reichweite kann das Geschütz Panzerabwehr- und Artilleriestellungen auf bis zu 3.500 Meter zerstören. Panzersammelplätze wurden effektiv vernichtet. Wir stellten auch eine bedeutende Wirkung gegen Ortschaften, Infanterie und Panzerbüchsenstellungen fest. Im Einsatz gegen Panzer gab es keine Durchschläge der Panzerungen.

Die wichtige technische Wartung ist nur im Rahmen eines Panzer-Regiments möglich. Wenn unsere Panzer angriffen, blieben die Geschütze in Deckung. Etappenweises Vorrücken gab es nur unter dem Schutz der Panzergrenadiere. Wir benötigen neue Schusstafeln. HDv 119/541 ist unbrauchbar. Neue Werte sind zu ermitteln.

Die Schrauben an der Panzerplatte der Rohrwiege sind zu schwach. Die Kommandantenkuppel ist zu klein für eine gute Beobachtung. Die Luke behindert die Sicht nach rechts. Das Fahrzeug ist buglastig. Die erste und zweite Laufrolle sind überfordert. Motor und Kupplung sind zu schwach, die Bremsen verschleißen rasch.

Zugstärke: Am 11. Mai waren drei Sturminfanteriegeschütze einsatzbereit, vier befanden sich in der Instandsetzung. Zwischen dem 21. Mai und dem 11. Juli meldeten sich alle sieben einsatzbereit."

STURMINFANTERIEGESCHÜTZ 33B

Gewicht	22,00 t
Länge	5,50 m
Breite	2,95 m
Höhe	2,30 m
Antrieb	Maybach-120-TRM-12-Zylinder-Ottomotor mit 300 PS
Geschwindigkeit	40 km/h (Straße)
Reichweite	140 km (Straße)
Besatzung	5 Mann
Panzerung	10–80 mm
Bewaffnung	1 x 15-cm-Schweres-Infanteriegeschütz-33 mit 30 Schuss und 1 x MG 34 7,92 mm vorn in der Wanne mit 600 Schuss

Sturmpanzer IV „Brummbär“

Die bescheidene Beweglichkeit der Sturminfanteriegeschütze führte zur Suche nach besseren Alternativen. Das sIG 33 war an sich eine effektive Waffe, aber zu ausladend, um sie einfach in einen Panzer einzubauen. So entwickelte man ein kompakteres 15-cm-Geschütz für die Wanne des Panzer IV. Daraus wurde die 15-cm-StuH-43-L/12, die dieselbe Munition wie das sIG 33 verfeuerte.

Die ersten Pläne waren Mitte 1942 fertig, und im Oktober wurden 60 Fahrzeuge in Auftrag gegeben mit der Vorgabe, dass mindestens 40 davon im Mai 1943 für die Schlacht bei Kursk zur Verfügung stehen sollten. Dieser Typ wurde offiziell als Sturmpanzer IV bezeichnet. Der bekanntere Name „Brummbär“ geht wohl auf eine Benennung durch die Alliierten zurück.

Da die Forderung so dringend war, griff man auf überholte Wannen vom Panzer IV in verschiedenen Ausführungen zurück, anstatt auf neue Wannen zu warten. Das sollte sich im Einsatz als nachteilig für die Wartung herausstellen. Ein frustrierter Kommandeur beklagte sich, dass seine Sturmpanzer auf fünf verschiedenen Ausführungen des Panzer IV basierten.

Die Sturmpanzer-Abteilung 216 erhielt 55 Sturmpanzer und ging damit in den Einsatz nach Kursk. Dort erwiesen sie sich als äußerst effektiv. Es gingen zwar 17 Fahrzeuge verloren, aber ihre enorme Feuerkraft war sehr gefürchtet. Bis zur Einstellung der Fertigung im März 1945 wurden 306 Sturmpanzer IV gebaut.

Die Kritik an den ersten Sturmpanzern bezog sich auf die ungenügende Selbstverteidigung. Es gab zwar ein MG 34, aber keine Lafette, sodass der Kommandant gezwungen war, aus einer offenen Luke zu schießen. Diese Art der Selbstverteidigung reichte gegen die Panzerabwehrtrupps der Infanterie nicht aus.

Dazu hatte die Besatzung Maschinenpistolen, die aus Pistolenluken in den Seiten des Aufbaus abgefeuert wurden. Die 166 Serienfahrzeuge erhielten deshalb ein MG 34

STURMPANZER IV „BRUMMBÄR“

Gewicht	28,20 t
Länge	5,93 m
Breite	2,90 m
Höhe	2,52 m
Antrieb	Maybach-120-TRM-12-Zylinder-Ottomotor mit 300 PS
Geschwindigkeit	38 km/h (Straße)
Reichweite	180 km (Straße)
Besatzung	5 Mann
Panzerung	10–100 mm
Bewaffnung	1 x 15-cm-Schweres-Infanteriegeschütz-33 mit 38 Schuss und (nur später gebaute Fahrzeuge) 1 x MG34 7,92 mm vorn in der Wanne

Später „Brummbär“

Ein später „Brummbär“ mit einer Version der Hinterhalt-Tarnung, Deutschland 1945. Vorn hat er vier Paar gummigefederte Laufrollen, die das Problem mit der Buglastigkeit etwas abmilderten. Dieses Exemplar trägt auch die seitlichen Schürzen. Diese gepanzerten Bleche saßen auf Schienen und wurden, wie hier zu sehen, häufig entfernt, wenn es in das Gelände oder durch enge Straßen ging.

mit Kugelblende vorn in der Wanne. Die Kommandantenkuppel sah ähnlich aus wie die der letzten StuG III. Damit hatte der Kommandant eine wesentlich bessere Sicht und konnte Ziele sicherer erfassen.

„Brummbär"
Ein früher „Brummbär" der Sturmpanzer-Abteilung 217, Frankreich 1944.

ÜBERGEWICHT

Andere Probleme ließen sich nicht so einfach lösen. Das Gewicht des Sturmpanzers belastete das Fahrgestell bis an seine Grenzen und sorgte für einen raschen Verschleiß der Laufrollen. Auch der Endantrieb gab häufig auf, was die ohnehin vorhandene Überlastung der Instandsetzungstrupps noch schlimmer machte. Immerhin wurden die konventionellen Laufrollen zum Teil gegen die haltbareren gummigefederten Laufrollen getauscht. Man versuchte auch, immer genügend Ersatzteile für die anfällige Kraftübertragung auf Vorrat zu halten. In ihren Berichten verwiesen die Einheiten immer wieder auf die unbefriedigende Ersatzteillage als Grund für die mangelnde Einsatzbereitschaft.

Trotz dieser Probleme, die sich noch verschlimmerten, als die Luftangriffe der Alliierten für Knappheit an allem vom Benzin bis zur Munition sorgten, war der Sturmpanzer hoch geschätzt. Joseph Scharrer von der Sturmpanzer-Abteilung 216 erinnerte sich: „Wir galten immer als Feuerwehr und wurden stets gerufen, wenn die Infanterie in Schwierigkeiten war und der Feind schnell mit möglichst viel Artillerie bekämpft werden musste. Mehr als ein Infanterie-Regiment war uns dankbar, nachdem wir einen schweren Angriff des Feindes abgewehrt hatten. Eines war aber merkwürdig. So froh die Kommandeure der unterstützten Truppen waren, dass wir einen feindlichen Angriff zerschlagen hatten, so froh waren die Landser, wenn wir wieder fort waren, denn wir zogen immer das gesamte feindliche Artilleriefeuer auf uns. Sie konnten aus ihren Schützenlöchern nicht heraus, aber wir konnten in einem gewissen Maß der feindlichen Artillerie nach vorn, hinten oder zur Seite ausweichen."

Ein „Brummbär" (links) und ein Panther Ausf A der Sturmpanzer-Abteilung 216 vor einem italienischen Bauernhaus, 1944.

Artillerie-Selbstfahrlafetten

Gemäß der deutschen Praxis der Auftragstaktik wurden alle Befehle an die Artillerie mündlich erteilt und erst später schriftlich festgehalten. Wenn möglich, wurden diese mündlichen Befehle während einer Einsatzbesprechung vor Ort gegeben, damit das Zielgebiet deutlich sichtbar war. Man verließ sich nicht auf eine Karte. Der Befehl des Artillerieführers der Division war kein Anhang zum Divisionsbefehl, sondern ein separater Artilleriebefehl.

ARTILLERIETAKTIK

Die deutsche Artillerietaktik war ebenso einfach wie wirkungsvoll. Sie basierte auf einer Handvoll gut eingeführter Techniken mit möglichst wenig Ausnahmen. Das Ziel war eine schnelle Umsetzung der Anforderung an Artillerieunterstützung. Dafür gab es einfache Routinen. Man verschwendete keine Zeit und Ressourcen auf die Vorbereitung hoch komplizierter Techniken, die nur in wenigen Situationen anwendbar waren. Diese Standardisierung stand in krassem Gegensatz zur allgemein gepflegten Auftragstaktik, die auf die Erarbeitung individueller Lösungen statt starrer, vorher abgesprochener Formeln abzielte.

Das Ideal war zusammengefasstes Feuer. Wo immer möglich, feuerte stets mindestens eine volle Artillerie-Abteilung auf ein vorgegebenes Ziel. Nur unter außergewöhnlichen Umständen – wenn zum Beispiel die Stammdivision einen großen Frontsektor abdecken musste – wurde die Abteilung in einzelne Batterien aufgeteilt. Dieses zusammengefasste Feuer war besonders wichtig bei der Bekämpfung feindlicher Batterien. Dort musste die Niederhaltung des feindlichen Artilleriefeuers rasch erreicht werden, um schwere Schäden und Verluste zu vermeiden. Im Idealfall feuerte zunächst die mittlere Artillerie auf die feindlichen Batterien, denn sie hatte eine größere Reichweite als die Feldartillerie und ihre schwereren Geschosse hatten eine bessere Wirkung.

Es gab zwar auch Funkverbindungen zwischen den Beobachtungsposten und den Geschützstellungen, aber die restliche Verbindung erfolgte über Feldtelefon, außer auf dem Marsch. Das erhöhte die Sicherheit, sorgte aber auch für eine hohe Belastung der Fernmelder, die kilometerweise Feldkabel verlegen mussten, um die einzelnen Elemente jeder Abteilung miteinander zu verbinden. Bei der Feuervorbereitung vor dem Angriff deckte jede Batterie in der Regel eines oder mehrere Ziele von jeweils 100 bis 150 Meter Breite ab. Besonderes Augenmerk wurde auf die Flexibilität bei der Feuerplanung und den Verfahren

Eine Wespe im Gelände. Die Soldaten halten sich fest, so gut es eben geht.

gelegt, speziell im Hinblick auf unregelmäßige Feuerschläge auf die feindliche Infanterie, Artillerie und Gefechtsstände sowie auf den anzugreifenden Frontsektor. Erfahrene Geschützbediener konnten zwar für ein paar Minuten außergewöhnlich hohe Feuerfolgen erzielen, die folgende Tafel zeigt aber die maximal zulässige Feuerfolge unter Einhaltung der Sicherheitsvorschriften:

Waffen	*Kurze Feuerstöße (Schuss pro Minute)*	*Längeres Feuer (Schuss pro Minute)*
10,5-cm-Haubitze	*6*	*2 1/2*
15-cm-Haubitze	*4*	*1 1/3*

Oft platzierte die Wehrmacht ein einzelnes Geschütz weiter entfernt vom Rest der Batterie, um eine völlig andere Stellung vorzutäuschen. Dieses Geschütz schoss Störfeuer, Feuer auf Hochwertziele und zur Täuschung der feindlichen Beobachter über die Stellung der Batterie.

Es wurde sehr darauf geachtet, dass die Infanterieführer mit den Eigenarten, Fähigkeiten und Grenzen der Artillerie vertraut waren, um die bestmögliche Unterstützung sicherzustellen. Die Ausbildung betonte Folgendes:

- Die Effektivität der Artillerie hing in großem Maß von der Niederhaltung der feindlichen Artillerie ab.
- Daher war immer ein Teil des Artilleriefeuers zur Bekämpfung feindlicher Batterien einzusetzen.
- Der Munitionsvorrat war nicht unbegrenzt. Eine schwere Bombardierung wichtiger Ziele führte zu weniger Feuer auf andere Ziele.
- Die Artillerie sollte nur lohnende Ziele bekämpfen.
- Unnötige oder überhastete Feueranforderungen lenkten die Artillerie von ihren eigentlichen Zielen ab und schürten gegenseitiges Misstrauen.

DIE INFANTERIEGESCHÜTZ-KOMPANIE

Ein Faktor, der dafür sorgte, dass die Infanterieführer mit den Möglichkeiten und Grenzen der Artillerie vertraut waren, war die Infanteriegeschütz-Kompanie in jedem Regiment. Sie bot gleich mehrere Vorteile: Sie entlastete die Artillerie von vielen kleinen, schwierigen Direktfeueranforderungen, sodass sie sich auf ihr Hauptziel konzentrieren konnte. Wichtiger noch, sie verkleinerte die Lücke zwischen Artillerie und Infanterie. Die Verbindung fand nicht zwischen zwei unterschiedlichen Verbänden der Artillerie und der Infanterie statt, sondern zwischen der regulären Artillerie der unterstützenden Abteilung und einer Infanterie, die eigene Artilleriegeschütze hatte. Das ermöglichte die Koordinierung der Feuerpläne und eine gemeinsame Beobachtung durch die Infanteriegeschütz-Kompanie und die Artillerie.

Die Regiments- und Abteilungsführer der Infanterie lernten, den Führer der unterstützenden Artillerie ständig über ihre Pläne, ihren Fortschritt und ihren Bedarf an Artillerieunterstützung auf dem Laufenden zu halten. Eine der Hauptaufgaben der Infanterie lag im Nehmen und Halten des vorderen Raums für die Artilleriebeobachtung, um die Effektivität ihrer Artillerieunterstützung zu optimieren. Wichtig war auch, dass die Infanterie über die Stellungen der vorgeschobenen Beobachter der Artillerie sowie über deren Beobachtungsstellen und Gefechtsstände informiert war. Die Verbindung zwischen den Truppengattungen wurde sichergestellt, indem die vorgeschobenen Beobachter den führenden Infanterieverbänden zugewiesen wurden. Diese Beobachter mit ihren Tornisterfunkgeräten galten als effektive Möglichkeit der Beobachtung potenzieller Ziele. Einzelne Batterien und Abteilungen verfügten über Funkgeräte. Es war nicht ungewöhnlich, dass der Batteriechef selbst als vorgeschobener Beobachter fungierte, besonders zum Beginn eines Gefechts, wenn er noch nicht mit dem Gelände vertraut war.

REICHWEITE DER ARTILLERIE

Die Nahbereichsfeuerkraft der Artillerie der Panzer- und Panzergrenadierdivisionen war beträchtlich, sie verfügten auch über viel mehr Infanteriegeschütze als die Truppen der Alliierten. Bei der Unterstützung mit weit reichendem Feuer gab es aber Schwächen. Alle deutschen 10,5-cm-Geschütze, die in größerer Zahl eingesetzt wurden, hatten eine geringere Reichweite als selbst die alten sowjetischen 7,62-cm-Divisionsgeschütze. Bei der mittleren Artillerie sah es nicht besser aus – die verschiedenen Versionen der deutschen 15-cm-Schwere-Feldhaubitze-18 waren den 12,2-cm-Geschützen A 19 und den 15,2-cm-Haubitzen ML 20 der Roten Armee weit unterlegen.

Die Einführung der 15-cm-Granate 19 FES mit Raketenantrieb war nur eine Teillösung. Sie hatte eine höhere Reichweite als die ML-20, aber eine kürzere als die A-19. Sie wurde auch nur in kleiner Zahl ausgegeben und war wegen ihrer geringen Präzision und der kleinen Sprengladung nicht wirklich brauchbar.

Wespe

Die Eröffnungsphase der Operation Barbarossa zeigte deutlich, dass der Panzer II überholt war. Anfang 1942 wurde er von der Front abgezogen.

Damit stand eine Reihe von Wannen für den Umbau zu selbstfahrenden Geschützen zur Verfügung. Unter anderem wurde der Prototyp Wespe mit der 10,5-cm-leichte-Feldhaubitze-18 (leFH 18/2) versehen. Diese Konstruktion wurde neben anderen auf der Basis der Panzer III und IV erprobt und anschließend für den Einsatz zugelassen.

Die ersten Serienmodelle basierten auf dem Panzer II Ausf F, allerdings mit dem Motor mittig in der Wanne und einer verstärkten Aufhängung, die dem Rückstoß der Haubitze gewachsen war. Spätere Ausführungen hatten ein verlängertes Laufwerk mit einer etwas längeren Wanne und einer noch stärkeren Aufhängung. Alle Versionen trugen die Haubitze auf einer Lafette mit begrenztem Schwenkbereich. Der nach oben offene Kampfraum bot nur wenig Platz für den Kommandanten und die dreiköpfige Besatzung.

Die Haubitze hatte einen seitlichen Schwenkbereich von 34° und eine Erhöhung von -5° bis +42°. Alle Arten von 10,5-cm-Munition konnten bis auf eine Entfernung von 12.325 Metern verschossen werden. Aufgrund des

WESPE

Gewicht	11,80 t
Länge	4,81 m
Breite	2,28 m
Höhe	2,32 m
Antrieb	Maybach-NL-62-TR-Ottomotor mit 140 PS
Geschwindigkeit	40 km/h (Straße)
Reichweite	220 km (Straße)
Besatzung	5 Mann
Panzerung	10 – 20 mm
Bewaffnung	1 x 10,5-cm-Haubitze leFH 18/2 L/28 mit 32 Schuss und 1 x MG34 7,92 mm mit 600 Schuss

Wespe

Eine Wespe der 8. Panzer-Division 1943 in der Ukraine. Die Haubitze ist für den Marsch festgestellt. Dies vermied unnötige Belastungen des Höhenrichtsystems auf langen Märschen.

MUNITIONSSCHLEPPER AUF WESPE

Gewicht	11,48 t
Länge	4,81 m
Breite	2,28 m
Höhe	2,32 m
Antrieb	Maybach-NL-62-TR-Ottomotor mit 140 PS
Geschwindigkeit	40 km/h (Straße)
Reichweite	220 km (Straße)
Besatzung	3 Mann
Panzerung	10 – 20 mm
Bewaffnung	1 x MG34 7,92 mm mit 600 Schuss

Munitionsschlepper auf Wespe

Ein Munitionsschlepper auf Wespe, Fallschirm-Panzergrenadier-Division 2 „Hermann Göring", November 1944 in Ostpreußen.

beengten Raums konnten nur 32 Schuss im Kampfraum untergebracht werden. Zur Lösung dieses Problems wurde ein Munitionsträger entwickelt. Dabei handelte es sich um eine serienmäßige Wespe ohne Hauptbewaffnung. Stattdessen hatte der Munitionsträger Munitionsgestelle für 90 Schuss 10,5-cm-Munition.

Das war eine schnelle, elegante Lösung, aus einem überholten Panzer eine äußerst effektive selbstfahrende Haubitze zu bauen. Trotz aller Einschränkungen wurden von Februar 1943 bis August 1944 insgesamt 676 Fahrzeuge (einschließlich Munitionsträger) gebaut, und die Wespe blieb während des gesamten Krieges im Einsatz.

Wespe
Wespe einer unbekannten Abteilung, eventuell Teil der Fallschirm-Panzer-Division 1 „Hermann Göring" im Januar 1944 in Anzio.

Die 10,5-cm-leichte-Feldhaubitze-18/2

Hier handelt es sich um eine Abwandlung der gezogenen 10,5-cm-Feldhaubitze leFH 18M – eine aktualisierte Version der 10,5-cm-Haubitze, mit der die Wehrmacht 1939 in den Krieg gezogen war.

Die erste Version konnte verschiedene, getrennt zu ladende Munitionsarten mit Hülsentreibladung verschießen, darunter Sprenggranaten, panzerbrechende Sprenggranaten, Hohlladungsgeschosse und Nebel- und Leuchtgeschosse. Sie war aber in Bezug auf ihre Reichweite der Artillerie der Alliierten weit unterlegen. Der 25-Pfünder der britischen Artillerie schaffte 12.253 Meter und das sowjetische System, das 7,62-cm-Geschütz M1939, brachte es auf 13.259 Meter. Das deutsche Geschütz verschoss zwar schwerere Geschosse, was aber die magere Reichweite von 10.675 Metern nicht ausgleichen konnte.

1940 war das Problem akut geworden. Man entschied sich, die Leistung zu erhöhen. Mit einer Mündungsbremse und der Anpassung des Rücklaufsystems wurde daraus die 0,5-cm-leFH-18M. Damit sollte die Nutzung einer stärkeren Treibladung und eines neuen Ferngeschosses möglich sein.

Die ursprüngliche Mündungsbremse mit einem Prallblech erwies sich als ungeeignet. Später wurden zwei abstehende Ohren hinten an die Schießluke geschweißt. Das sorgte jedoch für Probleme, sobald die ersten flossenstabilisierten Geschosse und Geschosse mit Treibspiegel erprobt wurden. Die Flossen und Treibspiegel neigten dazu, hängen zu bleiben, was zur Entwicklung einer komplexeren Käfig-Mündungsbremse führte.

Die wichtigsten Munitionsarten waren:

- **FH Gr 38, Gewicht 14,81 kg:** Das war die übliche Sprenggranate mit 1,38 Kilogramm TNT.
- **10,5 cm Gr 39 rot HL/C, Gewicht 12,35 kg:** Dieses Hohlladungsgeschoss konnte mit der Treibladung 5 oder 6 versehen werden und durchbrach 100 Millimeter Panzerung im rechten Winkel oder 70 Millimeter bei 30°.
- **10 cm FH Gr 38 Nb, Gewicht 14,71 kg:** Ein Nebelgeschoss mit der üblichen Mischung aus rauchender Schwefelsäure und Bimsstein, das eine bis zu 58 Meter breite Nebelwolke erzeugte.
- **10,5 cm Gr 40 Deut, Gewicht 14,75 kg:** Dieses Geschoss ähnelte dem Nebelgeschoss, war aber mit einer Mischung aus Zucker und Farbe gefüllt, die für eine blaue Nebelwolke sorgte. Dieses Geschoss diente als Markierungsgranate für Luftangriffe, zur Kennzeichnung der Grenzen bei Angriffen und für ähnliche Zwecke.
- **10,5 cm Leuchtgeschoss, Gewicht 14,1 kg:** Dieses Leuchtgeschoss hatte stets die Treibladung 6, die eine Reichweite von 7.800 Metern ermöglichte. Die optimale Leuchtdauer ergab sich bei einer Sprengpunkthöhe von 500 Metern. Dabei leuchtete der Stern 25 bis 30 Sekunden, während er an einem Fallschirm nach unten glitt.

Hummel

Die Entwicklung der Hummel begann im Juli 1942. Die ersten Studien zielten darauf ab, eine 10,5-cm-Haubitze auf der Wanne des Panzer III oder IV zu montieren. Erst später erkannte man, dass eine 15-cm-Haubitze noch viel mehr Feuerkraft zu bieten hätte. Eingeführt wurde schließlich die 15-cm-Haubitze sFH 18 L/30 auf dem speziell dafür konstruierten Geschützwagen III/IV. Dieser hatte Teile aus dem Panzer III (Antrieb, Lenksystem) und dem Panzer IV (Aufhängung, Motor).

Die Hummel trug ihre Hauptwaffe auf einer Lafette mit begrenztem Schwenkbereich (je 15° nach links und rechts) und einer Erhöhung von -3° bis +42° in einem nach oben offenen, schwach gepanzerten Kampfraum für fünf Mann. Der Fahrer saß allein in einem separaten

HUMMEL

Gewicht	24,40 t
Länge	7,17 m
Breite	2,97 m
Höhe	2,81 m
Antrieb	Maybach-120-TRM-12-Zylinder-Ottomotor mit 300 PS
Geschwindigkeit	42 km/h (Straße)
Reichweite	215 km (Straße)
Besatzung	5 Mann
Panzerung	10–30 mm
Bewaffnung	1 x 15-cm-sFH-18/1-L/30 mit 18 Schuss und 1 x MG 34 7,92 mm mit 600 Schuss

Späte Hummel

Eine späte Hummel der 2. SS-Panzergrenadier-Division „Das Reich" im Sommer 1944.

Eine Batterie gut getarnter Hummeln im Gestrüpp. Die Besatzung wirkt relativ entspannt. Es scheint also kein Gefecht bevorzustehen.

Raum vorn in der Wanne. Spätere Modelle hatten einen überarbeiteten vorderen Aufbau, in dem der Funker und der Fahrer über geschlossene Räume verfügten. Das sorgte für mehr Platz im Kampfraum, wo nun der Kommandant mit drei Schützen saß. Da die Hummel nur 18 Schuss für die Haubitze mitführen konnte, wurde dazu der Munitionsträger Hummel entwickelt. Das war ein gewöhnliches Serienfahrzeug ohne die Haubitze (die entsprechende Öffnung wurde mit einer 10-mm-Panzerplatte abgedeckt), aber mit Gestellen, die 40 Schuss der 15-cm-Munition aufnehmen konnten. Die Hummel erwies sich als sehr erfolgreich und blieb während des gesamten Krieges im Einsatz. Die gesamte Produktion betrug 714 Panzer und 150 weitere Munitionsträger.

MUNITIONSTRÄGER HUMMEL

Gewicht	25,00 t
Länge	7,17 m
Breite	2,97 m
Höhe	2,81 m
Antrieb	Maybach-120-TRM-12-Zylinder-Ottomotor mit 300 PS
Geschwindigkeit	42 km/h (Straße)
Reichweite	215 km (Straße)
Besatzung	4 Mann
Panzerung	10–30 mm
Bewaffnung	1 x MG 34 7,92 mm mit 600 Schuss

Später Munitionsträger Hummel

Ein später Munitionsträger Hummel im Jahr 1944.

15-cm-Schwere-Feldhaubitze-18-L/30

Diese Haubitze unterschied sich kaum von der 15-cm-sFH 18, die von 1926 bis 1933 entwickelt und 1935 eingeführt wurde. Sowohl Krupp als auch Rheinmetall wurden um Vorschläge gebeten. Das Endergebnis war eine Kombination beider Vorschläge: ein Rohr von Rheinmetall auf der Lafette von Krupp.

Die Lafette war eine robuste Spreizlafette mit vollgummibereiften Pressstahl-Scheibenrädern, die sowohl von Pferden als auch von Artillerieschleppern gezogen werden konnte. Kamen Artillerieschlepper zum Einsatz, wurde das Rohr vom Rückholsystem getrennt, an das Ende der Rohrlagerung gebracht und dort eingespannt. Bei Pferdebetrieb wurde das Rohr ganz entfernt und als separate Last auf einem vierrädrigen Rohrwagen mitgeführt. Trotzdem galt die Haubitze als zu schwer für den Pferdezug, besonders in schwierigem Gelände. Die Lafette war völlig ungefedert, was zusammen mit den Vollgummirädern die Zuggeschwindigkeit mittels Artillerieschleppern arg einschränkte. Diese Probleme mit der Beweglichkeit waren der Hauptgrund für die Einführung der Hummel. Sie konnte auch viel schneller in einen Einsatz gehen und sich zurückziehen als die gezogene Haubitze.

Die wichtigsten getrennt zu ladenden Munitionsarten mit Hülsentreibladung waren:

- **15 cm Gr 19, Gewicht 43,5 kg:** Das war die übliche Sprenggranate mit TNT.
- **15 cm Gr 19 Be, Gewicht 43,5 kg:** Eine Granate zum Beschuss von Betonzielen mit einer ballistischen Haube über einer scharfen Spitze. Der Hohlraum war mit einer Schwefelverbindung beschichtet und mit 4,75 Kilogramm TNT in vorgepressten Blöcken gefüllt. Der Zünder konnte auf drei verschiedene Verzögerungen eingestellt werden.
- **15 cm Gr 39 HL/A, Gewicht 24,57 kg:** Dieses Hohlladungsgeschoss mit der Treibladung 6 erreichte eine Mündungsgeschwindigkeit von 460 m/s.
- **15 cm Gr 19 Nb, Gewicht 39 kg:** Eine Nebelgranate mit einer Füllung aus rauchender Schwefelsäure und Bimsstein.
- **15 cm Gr 38 Nb, Gewicht 43,47 kg:** Eine verbesserte Nebelgranate mit einer größeren Sprengladung, die das Rauchgemisch über eine größere Fläche verteilte.

PANZERJÄGER UND JAGDPA

Schon vor dem Krieg hatten die Panzerabwehrtruppen in Deutschland eine große Bedeutung. Dabei wurde weniger auf die Verteidigung, sondern eher auf ihr offensives Potenzial abgezielt. Dieser offensive Grundsatz wurde im April 1940 durch die Umbenennung der Panzerabwehrtruppen in Panzerjäger auch nach außen sichtbar gemacht. In dieselbe Zeit fiel auch die Einführung der ersten Selbstfahrlafette mit Panzerabwehrkanone des Panzerjäger I.

Frühe Panzerjäger bei einer Ausbildungseinheit – ein Marder II zwischen zwei Panzerjäger I.

ER

DIESES KAPITEL UMFASST DIE FOLGENDEN FAHRZEUGE:

- Panzerjäger I
- Marder I und II
- Marder III
- RSO/PaK 40
- Hornisse/Nashorn
- 10,5-cm-Selbstfahrlafette-IV
- Jagdpanzer Mareșal
- Jagdpanzer 38(t) „Hetzer"
- Jagdpanzer IV
- Ferdinand/Elefant
- Jagdpanther
- Jagdtiger

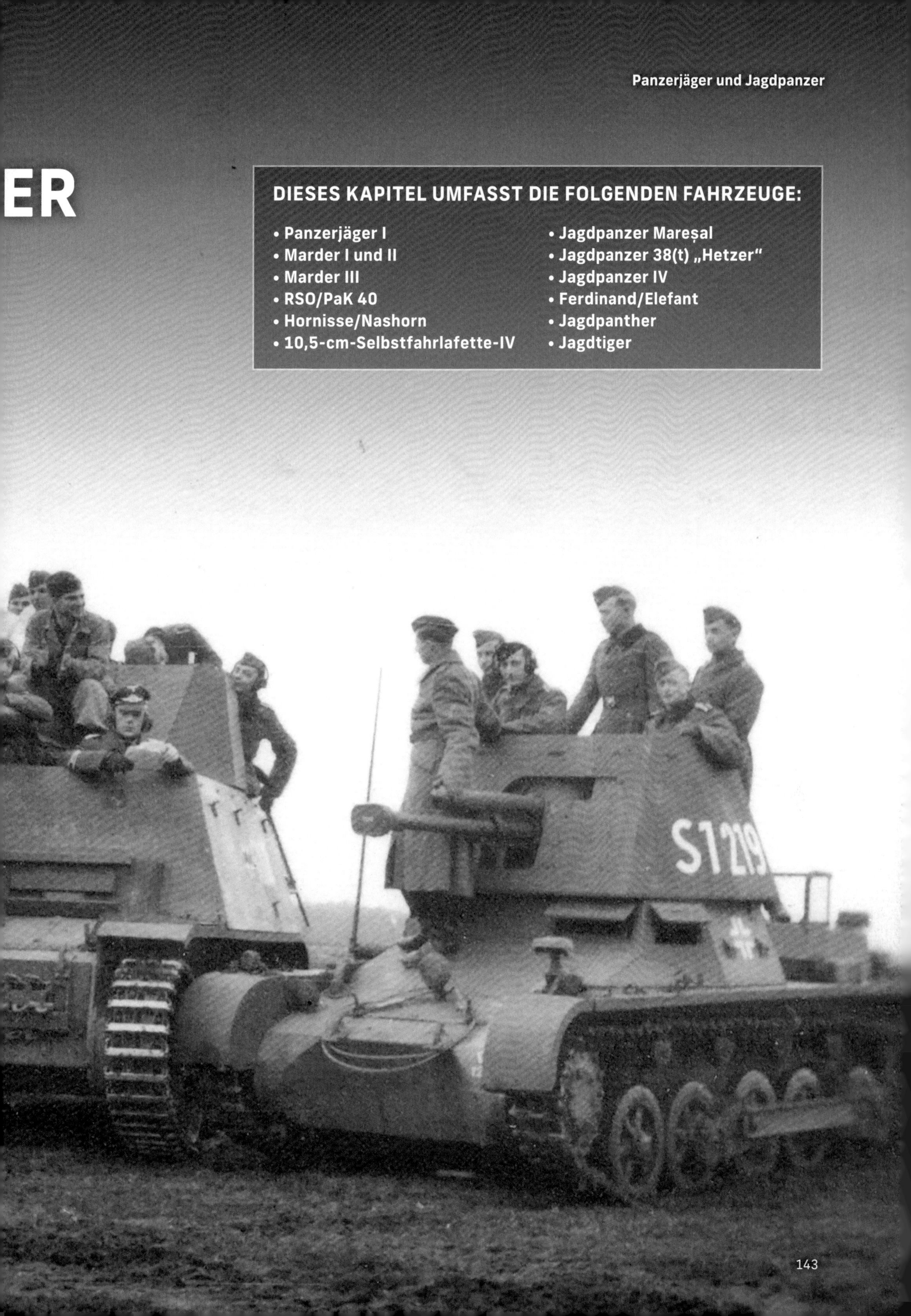

Panzerjäger I

Der Polenfeldzug hatte den Bedarf an einem selbstfahrenden Panzerabwehrgeschütz deutlich gemacht. Zu diesem Zweck wurde zunächst auf die Wanne des überholten Panzer I die tschechische 4,7-cm-PaK-36 gesetzt, kaum geschützt durch einen schwach gepanzerten, nach oben offenen Kampfraum. Der Panzerjäger I war den meisten britischen und französischen Panzern von 1940 gewachsen (obwohl die Kanone gegen Char B und Matilda nur auf kurze Entfernung überhaupt wirksam war), aber dem T-34 und KW-1 der Roten Armee hoffnungslos unterlegen.

Aber das Konzept an sich hatte seinen Wert unter Beweis gestellt. Gebrauchte Panzerwannen konnten den Panzerabwehrgeschützen viel mehr Beweglichkeit geben als den gezogenen Geschützen. Das Fahrzeug ließ sich so schneller und billiger herstellen als konventionelle Panzer oder Sturmgeschütze.

Ein Panzerjäger I. Man sieht, dass die Besatzung Granatsplittern und Mörserfeuer schutzlos ausgesetzt war.

ZWISCHENVERSIONEN

Der dringende Bedarf an schwereren und beweglicheren Panzerabwehrwaffen gegen die Rote Armee führte 1942 zu einer starken Vergrößerung der Panzerjägertruppe. Mehrere überholte oder überalterte Panzer schufen die Basis für neue Panzerjäger, darunter auch französische Beutepanzer wie der Lorraine (Marder I), der Panzer II (Marder II) und der Panzer 38(t) (Marder III). Die meisten hatten einen ähnlichen Aufbau mit folgenden Merkmalen:

- Nach oben offener, schwach gepanzerter Kampfraum.
- Hauptwaffe mit begrenztem Schwenkbereich, entweder eine erbeutete sowjetische 7,62-cm-Kanone (manchmal auf die deutsche 7,5-cm-Munition umgebaut) oder eine 7,5-cm-PaK-40.

Panzerjäger I

Panzerjäger I der Panzerjäger-Abteilung 521 im Mai 1940 in Frankreich.

PANZERJÄGER I

Gewicht	6,40 t
Länge	4,42 m
Breite	2,06 m
Höhe	2,25 m
Antrieb	Maybach-NL-38-TR-6-Zylinder-Ottomotor mit 100 PS
Geschwindigkeit	40 km/h (Straße)
Reichweite	250 km (Straße)
Besatzung	3 Mann
Panzerung	6 – 14,5 mm
Bewaffnung	1 x 4,7-cm-PaK-36(t)-L/43,4 mit 88 Schuss

Marder I und II

Der Marder I erschien nach dem Marder II und III. Im Mai 1940 wurde beschlossen, 60 der 300 erbeuteten französischen Versorgungspanzer Lorraine 37L mit der 7,5-cm-PaK-40 zu Panzerjägern umzubauen. Das Projekt stand unter der Leitung von Major Alfred Becker. Der begabte Techniker setzte den Umbau so erfolgreich um, dass im Juli/August insgesamt 170 Fahrzeuge dieser Art gebaut wurden.

MARDER II (SDKFZ 132)

Im Dezember 1941 gab es einen dringenden Bedarf an Panzerjägern, die es mit den sowjetischen T-34 und KW-1 aufnehmen konnten. Also entschied man sich, einige der zahlreichen erbeuteten russischen Geschütze vom Typ 7,62-cm-l.FK-36 (F22) auf den Panzer II zu setzen.

Um Wannen dafür zu bekommen, wurde das wenig erfolgreiche Projekt Panzer II (Flamm) eingestellt. Der vordere und seitliche Teil der oberen Wanne wurde hochgezogen und mit dünnen Panzerplatten zum Kampfraum hergerichtet. Dort wurde die 7,62-cm-PaK-36(r) auf einer umgebauten Feldgeschützlafette mit 50° Schwenkbereich montiert.

Von April 1942 bis Juni 1943 entstanden 201 dieser Fahrzeuge. Sie dienten hauptsächlich an der Ostfront. Die letzten Fahrzeuge wurden Anfang 1944 ausgemustert.

MARDER II (SDKFZ 131)

Im Mai 1942 wurden immer noch 50 Panzer II pro Monat gebaut. Da er aber längst überholt war, stand seine Zukunft in Frage. Einen Monat später wurde die Produktion auf einen neuen Panzerjäger auf der Wanne des Panzer II Ausf F umgestellt. Dabei blieb ein Großteil der Wanne des Panzer II erhalten. Sie erhielt einen Kampfraum, der vorn mit 30 Millimeter und an den Seiten mit zehn Millimeter gepanzert war. Die PaK 40/2 behielt den oberen Teil ihrer Lafette und wurde auf einer Art Brücke montiert, die den Rückstoß abfing. Der Bau begann im Juni 1943. Nach einem Jahr waren bereits 576 Stück gebaut. Danach wurden alle neuen Wannen des Panzer II für die selbstfahrende 10,5-cm-Haubitze Wespe reserviert. Da es aber weiter Bedarf an Panzerjägern gab, wurden weitere 75 auf überholten Wannen gebaut.

MARDER I

Gewicht	8,30 t
Länge	5,30 m
Breite	1,88 m
Höhe	2,00 m
Antrieb	Delahaye-103TT-Ottomotor mit 70 PS
Geschwindigkeit	35 km/h (Straße)
Reichweite	135 km (Straße)
Besatzung	4 Mann
Panzerung	5–12 mm
Bewaffnung	1 x 7,5-cm-PaK-40/1-L/46 und 1 x MG 34 7,92 mm

Marder I
Ein Marder I an der Ostfront, Winter 1942/43.

Marder II
Ein Marder II (SdKfz 132), Kursk, Sommer 1943.

MARDER II (SDKFZ 132)

Gewicht	11,50 t
Länge	4,65 m
Breite	2,30 m
Höhe	2,60 m
Antrieb	Maybach-HL-62-TRM-6-Zylinder-Ottomotor mit 140 PS
Geschwindigkeit	55 km/h (Straße)
Reichweite	220 km (Straße)
Besatzung	4 Mann
Panzerung	5–30 mm
Bewaffnung	1 x 7,62-cm-PaK-36(r)-L/51,5 mit 30 Schuss und 1 x MG 34 7,92 mm mit 900 Schuss

MARDER II (SDKFZ 131)

Gewicht	10,70 t
Länge	6,36 m (mit Rohr)
Breite	2,28 m
Höhe	2,20 m
Antrieb	Maybach-HL-62-TRM-6-Zylinder-Ottomotor mit 140 PS
Geschwindigkeit	40 km/h (Straße)
Reichweite	210 km (Straße)
Besatzung	3 Mann
Panzerung	5–35 mm
Bewaffnung	1 x 7,5-cm-PaK-40/2-L/46 mit 37 Schuss und 1 x MG 34 7,92 mm mit 600 Schuss

Marder II „Kohlenklau"
Ein bekannter Marder II – der „Kohlenklau" von Unteroffizier und Geschützführer Helmut Kohlke der 3. Kompanie/Panzerjäger-Abteilung 561. Die 19 Ringe am Rohr verweisen auf die Abschüsse. Der „Kohlenklau" war die Karikatur eines Kohlendiebes, die vom Propagandaministerium benutzt wurde, um auf Einsparung von Brennstoffen aufmerksam zu machen.

Marder III

Die ersten Monate der Operation Barbarossa zeigten deutlich, dass der Panzer 38(t) als Kampfpanzer überholt und für einen Spähpanzer zu langsam war. Er war aber auch einer der technisch zuverlässigsten deutschen Panzer und daher durchaus geeignet, den weiter steigenden Bedarf an Panzerjägern zu befriedigen.

Aufgrund der Eilbedürftigkeit entschied man sich für eine möglichst einfache Umsetzung. Es blieb fast die gesamte Wanne erhalten. Darauf wurde die 7,62-cm-PaK-36(r) montiert, geschützt durch einen dreiseitigen Schild. Von April bis Oktober 1942 wurden insgesamt 344 Stück gebaut, weitere 19 entstanden 1943 auf der Basis des Panzer 38(t).

Ein Marder II (SdKfz 131) auf dem Straßenmarsch in den Niederlanden.

MARDER III (SDKFZ 138)

Da das Potenzial des Panzer 38(t) nicht von der Hand zu weisen war, plante man die Umrüstung zum Panzerjäger mit der 7,5-cm-PaK-40. Ein Prototyp war im Juni 1942 fertig. Mit der mittig aufgesetzten Kanone ähnelte er dem früheren Marder II. Von November 1942 bis April 1943 entstanden 417 dieser Panzerjäger.

MARDER III (SDKFZ 139)

Gewicht	10,80 t
Länge	5,85 m (mit Rohr)
Breite	2,14 m
Höhe	2,50 m
Antrieb	Praga-EPA-2-6-Zylinder-Ottomotor mit 150 PS
Geschwindigkeit	42 km/h (Straße)
Reichweite	210 km (Straße)
Besatzung	4 Mann
Panzerung	8–50 mm
Bewaffnung	1 x 7,62-cm-PaK-36(r)-L/51,5 mit 30 Schuss und 1 x MG 37(t) 7,92 mm vorn in der Wanne mit 1.200 Schuss

Marder III

Ein früher Marder III – hier war die Besatzung nur durch die vergrößerte Rohrblende geschützt.

Die Konstruktion der ersten Marder war zwar ideal für die Produktion, aber die mittig sitzende Kanone sorgte für Probleme mit der Gewichtsverteilung, und der lange Überhang vorn war im Gelände von Nachteil. So erprobte man eine Version auf der Basis des Panzer 38(t) Ausf M. Diese schlug so gut ein, dass sie ab April 1943 alle früheren Modelle ablöste. Bis Mai 1944 entstanden 975 Stück, dann wurde die Produktion auf den „Hetzer" umgestellt.

MARDER III (SDKFZ 138)

Gewicht	10,80 t
Länge	5,77 m (mit Rohr)
Breite	2,15 m
Höhe	2,48 m
Antrieb	Praga-EPA-6-Zylinder-Ottomotor mit 125 PS
Geschwindigkeit	45 km/h (Straße)
Reichweite	125 km (Straße)
Besatzung	4 Mann
Panzerung	8–25 mm
Bewaffnung	1 x 7,5-cm-PaK-40/3-L/46 mit 27 Schuss und 1 x MG 34 7,92 mm mit 1.500 Schuss

Später Marder III

Ein später Marder III. Der zurückversetzte Kampfraum sorgte für eine bessere Gewichtsverteilung. Auch der vordere Überhang der Kanone verschwand, was sich im Gelände vorteilhaft auswirkte.

Ein Marder III im Sommer 1943 im Einsatz bei Charkow.

RSO/PaK 40

Im Jahr 1943 lag der Fokus bei der Entwicklung selbstfahrender Panzerabwehrgeschütze längst bei den stark gepanzerten Jagdpanzern, aber es gab auch immer noch Bedarf an leichten, hoch beweglichen Panzerjägern, besonders an der Ostfront.

Steyr sah das Potenzial, seinen Raupenschlepper Ost (RSO) mit wenig Aufwand an die PaK 40 anzupassen. Dabei wurde die vorhandene Kabine gegen einen schwach gepanzerten Kampfraum ausgetauscht. Die PaK 40 saß auf der Ladefläche auf einer drehbaren Lafette mit einem Schwenkbereich von 360°. Im Einsatz wurden die hölzernen Seitenwände und die Rückwand herabgeklappt, um Richt- und Ladeschützen genügend Raum zu bieten.

Im September 1943 wurde ein Los von 50 Schleppern für die Gefechtserprobung bestellt, die Anfang 1944 an die Heeresgruppe Mitte gingen. Die Meinungen zum RSO waren geteilt – die Besatzungen lobten die gute Geländegängigkeit und Zuverlässigkeit, fanden ihn aber auch langsam und laut.

EIN ROLLENDER SARG

Kritik gab es auch an der schwächlichen Panzerung und den Unterboden-Staukästen für die Munition, die im Einsatz nur schwer zu öffnen waren. Es soll auch der Spitzname „Rollender Sarg Ost“ im Umlauf gewesen sein, ein Wortspiel basierend auf der Abkürzung RSO. Die Produktion wurde nicht aufgenommen, und die meisten der Versuchsfahrzeuge sind wohl bei den sowjetischen Angriffen im Jahr 1944 verloren gegangen.

RSO/PAK 40

Gewicht	5,20 t
Länge	4,57 m
Breite	1,99 m
Höhe	2,53 m
Antrieb	Steyr-V8-Ottomotor mit 70 PS
Geschwindigkeit	17 km/h (Straße)
Reichweite	250 km (Straße)
Besatzung	4 Mann
Panzerung	5–10 mm
Bewaffnung	1 x 7,5-cm-PaK-40/4-L/46 mit 28 Schuss

RSO/PaK 40

Ein RSO/PaK 40 mit einer Version der Hinterhalt-Tarnung 1944.

Hornisse/Nashorn

HORNISSE/NASHORN

Gewicht	24,00 t
Länge	8,44 m (mit Rohr)
Breite	2,95 m
Höhe	2,94 m
Antrieb	Maybach-HL-120-TRM-Ottomotor mit 300 PS
Geschwindigkeit	40 km/h (Straße)
Reichweite	250 km (Straße)
Besatzung	4 Mann
Panzerung	10–30 mm
Bewaffnung	1 x 8,8-cm-PaK-43/1-L/71 mit 24 Schuss und 1 x MG 34 7,92 mm mit 600 Schuss

Hornisse
Eine Hornisse der schweren Panzerjäger-Abteilung 519, Heeresgruppe Mitte, in der Gegend von Witebsk, Russland, im Winter 1943/44. Bis zur Einstellung der Produktion im März 1945 wurden 494 dieser Panzerjäger gebaut.

Im Februar 1942 begann Alkett mit der Entwicklung eines schweren Panzerjägers auf der Basis des neuen Geschützwagens III/IV, der Elemente von Panzer III und Panzer IV kombinierte. Hauptwaffe war die 8,8-cm-PaK-43/1-L/71, die jeden sowjetischen Panzer auch über große Entfernungen zerstören konnte.

Ein Prototyp wurde Hitler 1942 vorgestellt. Die Serienproduktion begann im Februar 1943, sodass die ersten Fahrzeuge zur Schlacht von Kursk fertig waren. Dieser Panzerjäger, zunächst als Hornisse bekannt, erwies sich als äußerst effektiv, besonders an der Ostfront. Dort konnte er die große Reichweite der PaK 43 optimal ausnutzen und Panzer vom Typ T-34 auf bis zu 4.000 Meter vernichten. Um das zu erreichen, musste die Feuerstellung sorgfältig ausgewählt werden, wie die folgenden taktischen Aufzeichnungen beweisen:

„1. Wie bei allen selbstfahrenden Panzerabwehrgeschützen ist eine gründliche Erkundung wichtig (am besten zu Fuß). Oft genug bietet der benachbarte Frontsektor bessere Bedingungen für Feuer und Hinterhalte. In diesem Fall muss der Führer der Panzerabwehreinheit sie in den benachbarten Sektor verlegen und nicht in seinen eigenen. Die Merkmale dieser Waffe erfordern eine gewisse Flexibilität beim Einsatz. Wichtig ist vor allem, dass sie so effektiv wie möglich funktioniert.
2. Um es dem Feind zu erschweren, diese schwach gepanzerten Panzerjäger zu bekämpfen und um die Hauptrichtung der Panzerabwehrstellungen nicht preiszugeben, ist die Stellung häufig zu wechseln.
3. Zur Beobachtung und Schusskorrektur bei direktem Feuer: Beobachtung und Schusskorrektur werden durch beim Schuss aufgewirbelten Sand, Staub oder Schnee extrem schwierig. Die Lösung: Es sind 15 Meter seitlich von jedem Geschütz Beobachtungsstellungen einzurichten."

Ab 1944 wurde das Fahrzeug offiziell als Nashorn bezeichnet. Allerdings wurden anscheinend beide Namen über den Rest des Krieges weiterverwendet.

Der Ruf der Hornisse

Die Hornisse wurde von den Besatzungen hoch geschätzt. Sie hielten sie für wesentlich besser als den Porsche Ferdinand/Elefant. Nach dem Krieg erinnerte sich der Gefreite Hoffmann: „Ich habe dieses Ding von Porsche nie gesehen. Jeder an der Front sprach davon, sie nannten es eine Wunderwaffe, besser als der Tiger ... Mein Chef war sehr stolz auf unsere Hornisse mit der langen Kanone, und wir waren recht erfolgreich. Er verspottete dieses Riesenfahrzeug. ‚Zu schwer sich zu bewegen, zu plump zu lenken, was für ein Dreck', sagte er."

10,5-cm-Selbstfahrlafette-IV

Während der 1930er-Jahre gab es in Deutschland umfangreiche Studien dazu, wie man die Maginot-Linie durchbrechen konnte. Die überschwere Artillerie galt nur als Teillösung für das Problem: Sie hatte die nötige Durchschlagskraft, war aber nicht beweglich und geschützt genug, um sich den Stellungen soweit zu nähern, dass sie sie direkt beschießen konnte. Man erkannte schließlich, dass man als „Schartenbrecher" speziell entwickelte Panzer brauchte. Krupp begann 1939 mit den ersten Entwürfen und stellte bis zum Januar 1941 zwei stark modifizierte Wannen vom Panzer IV vor.

Damals schien es noch unwahrscheinlich, dass man diese Fahrzeuge für den geplanten Zweck wirklich brauchte. Man sah aber das Potenzial als Jagdpanzer, und so gingen beide Fahrzeuge an die Panzerjäger-Abteilung 521 zur Kampferprobung an die Ostfront.

DER „DICKE MAX"

Ein Fahrzeug wurde bei einem Feuer zerstört, aber das zweite wurde unter dem Namen „Dicker Max" ausgiebig erprobt. Wie erwartet hatte das 10,5-cm-Geschütz K 18 L/52 eine verheerende Wirkung auf Panzer, aber die Druckwelle der Mündungsbremse wirbelte eine Staubwolke auf, die zu anderen Problemen führte.

Ein Bericht meldete: „Das Geschütz hat sich als geeignet erwiesen, einen Infanterieangriff aus offener Schussposition durch direktes Feuer wie im Szczarar-Übergang zu unterstützen. Es ist nicht möglich, unsere eigenen Schüsse zu beobachten, da sich große Staubwolken vor der Waffe bilden. Die Selbstfahrlafetten müssen sich abwechselnd gegenseitig beim Feuern beobachten oder es muss seitlich ein Beobachtungsposten eingerichtet werden, mit einem Richtkreis-Uffz (Schütze) besetzt, der mit der Besatzung vertraut ist. Aufgrund ihrer Größe, mangelnder Mobilität und großer Staubwolken, die beim Schießen entstehen, wird die Selbstfahrlafette Sprenggranaten nur durch indirektes Feuer verschießen."

Obwohl es nicht zur Serienfertigung kam, blieb der „Dicke Max" bis zu seinem Verlust Ende 1942 bei der Panzerjäger-Abteilung 521.

10,5-CM-SELBSTFAHRLAFETTE-IV

Gewicht	26,00 t
Länge	7,52 m (mit Rohr)
Breite	2,84 m
Höhe	3,25 m
Antrieb	Maybach-HL-120-TRM-Ottomotor mit 300 PS
Geschwindigkeit	40 km/h (Straße)
Reichweite	210 km (Straße)
Besatzung	5 Mann
Panzerung	10 – 50 mm
Bewaffnung	1 x 10,5-cm-K-18-L/52 mit 25 Schuss und 1 x MG 34 7,92 mm

10,5-cm-Selbstfahrlafette-IV
Die 10,5-cm-K-18 auf Panzer-Selbstfahrlafette-IV-a „Dicker Max" bei der Kampferprobung bei der Panzerjäger-Abteilung 521 an der Ostfront.

Jagdpanzer Mareșal

Mitte 1943 war klar, dass die Entwicklungsmöglichkeiten des Marders ausgereizt waren und man wandte sich möglichen Nachfolgern zu. Die unerwartete Quelle der Inspiration könnte aus Rumänien gekommen sein. Dort arbeitete man seit 1942 an dem Jagdpanzer-Projekt Mareșal.

Die ursprüngliche Absicht lag in der Nutzung erbeuteter leichter Panzer T-60 und 12,2-cm-Haubitzen der Roten Armee. Eine Gruppe unter Major Nicolae Anghel und Hauptmann und Ingenieur Gheorghe Sîmbotin baute einen Prototypen, der ab Juli 1943 erprobt wurde. Er war erfolgreicher als erwartet, wurde daher weiterentwickelt und erhielt das mächtige 7,7-cm-Panzerabwehrgeschütz Reșița Modell 1943.

JAGDPANZER MAREȘAL, PROTOTYP M-04	
Gewicht	10,00 t
Länge	5,75 m
Breite	2,44 m
Höhe	1,54 m
Antrieb	H-39-Hotchkiss-Ottomotor mit 120 PS
Geschwindigkeit	45 km/h (Straße)
Reichweite	190 km (Straße)
Besatzung	2 Mann
Panzerung	10 – 20 mm
Bewaffnung	1 x 7,5-cm-Reșița Modell 1943 und 1 x MG ZB-53 7,92 mm

Mareșal, Prototyp M-04
Jagdpanzer Mareșal (Prototyp M-04).

Jagdpanzer 38(t) „Hetzer"

Es wurden Pläne für eine Serienproduktion mit deutschen Komponenten gemacht, wozu es aber nie kam, denn Rumänien lief 1944 zu den Alliierten über. Es ist aber nicht unwahrscheinlich, dass diese Konstruktion die Entwicklung des Jagdpanzer 38(t) „Hetzer" beeinflusst hat, der ab April 1944 an die Truppe ging.

Die allerersten Fahrzeuge hatten die recht schmale Saukopfblende mit abgeflachten Seiten, die bei der Schwenkung der Waffe den inneren Splitterschutz nicht ausreichend schützte. Sie wurde aber schnell durch eine breitere Rohrblende ersetzt, die bis zum Ende des Krieges verbaut wurde. Die ursprünglich waagerecht angeordnete Abgasanlage erwies sich als unerwarteter Schwachpunkt, denn sie bildete eine Falle für Granaten und Sprengladungen, die auf den Motordeckel geworfen wurden. Daher wurde sie durch eine fast senkrecht stehende Anlage ersetzt.

Die PaK 39 war äußerst wirksam, aber der arg begrenzte Schwenkbereich zwang die Besatzung dazu, bei der Zielerfassung viel zu manövrieren. Dabei musste sie auch noch darauf achten, nicht die nur mit 20 Millimetern gepanzerten Seiten zu entblößen, die fast jede Panzerabwehrwaffe der Alliierten durchschlagen konnte.

Im „Hetzer" ging es eng zu. Der Kommandant saß isoliert hinter der Kanone in einem engen Raum. Seine Sicht war beschränkt auf das Scherenfernrohr SF 14 Z nach vorn und ein kleines, festes Sehrohr nach hinten. Da er so weit hinten saß, hatte er einen großen blinden Fleck nach vorn. Dazu wurde sein ohnehin schon eingeengtes Blickfeld durch den Rauch der Kanone noch schlechter.

Obwohl die PaK 39 von rechts zu beladen war, saß der Ladeschütze links von der Waffe, die er über das massive Abweisblech laden musste statt über den niedrigen Träger, der rechts dafür vorgesehen war. Alle Bedienelemente des Ladeschützen, Bedienhebel, Sicherheitsschalter und Auswerfermechanismus, saßen rechts vom Bodenstück. So musste er sich über den Richtschützen und den Verschluss beugen. Um den Verschluss zu öffnen, den ersten Schuss zu laden, die Waffe zu entladen und klemmende Geschosse zu entnehmen, bedurfte es fast akrobatischer Fähigkeiten.

Außerdem musste der Ladeschütze den Bedienelementen der auf dem Dach montierten MG 34 oder MG 42 ausweichen. Theoretisch war das MG eine ideale Waffe zur Nahverteidigung. Praktisch musste es aber zu oft nachgeladen werden, denn das Trommelmagazin mit 50 Schuss war schon nach knapp vier Sekunden Dauerfeuer leer. Das Nachladen war kompliziert, denn zum Öffnen der Luke musste das MG zur Seite gerichtet werden. Der knappe Platz hinter der Waffe machte es schwierig, neue Trommeln einzulegen oder Hemmungen zu beseitigen.

JAGDPANZER 38(T) „HETZER“

Gewicht	16,00 t
Länge	6,27 m (mit Rohr)
Breite	2,63 m
Höhe	2,17 m
Antrieb	Praga-AC-2-6-Zylinder-Ottomotor mit 160 PS
Geschwindigkeit	42 km/h (Straße)
Reichweite	170 km (Straße)
Besatzung	4 Mann
Panzerung	8 – 60 mm
Bewaffnung	1 x 7,5-cm-PaK-39-L/48 mit 41 Schuss und 1 x MG 34 oder MG 42 7,92 mm mit 1.200 Schuss

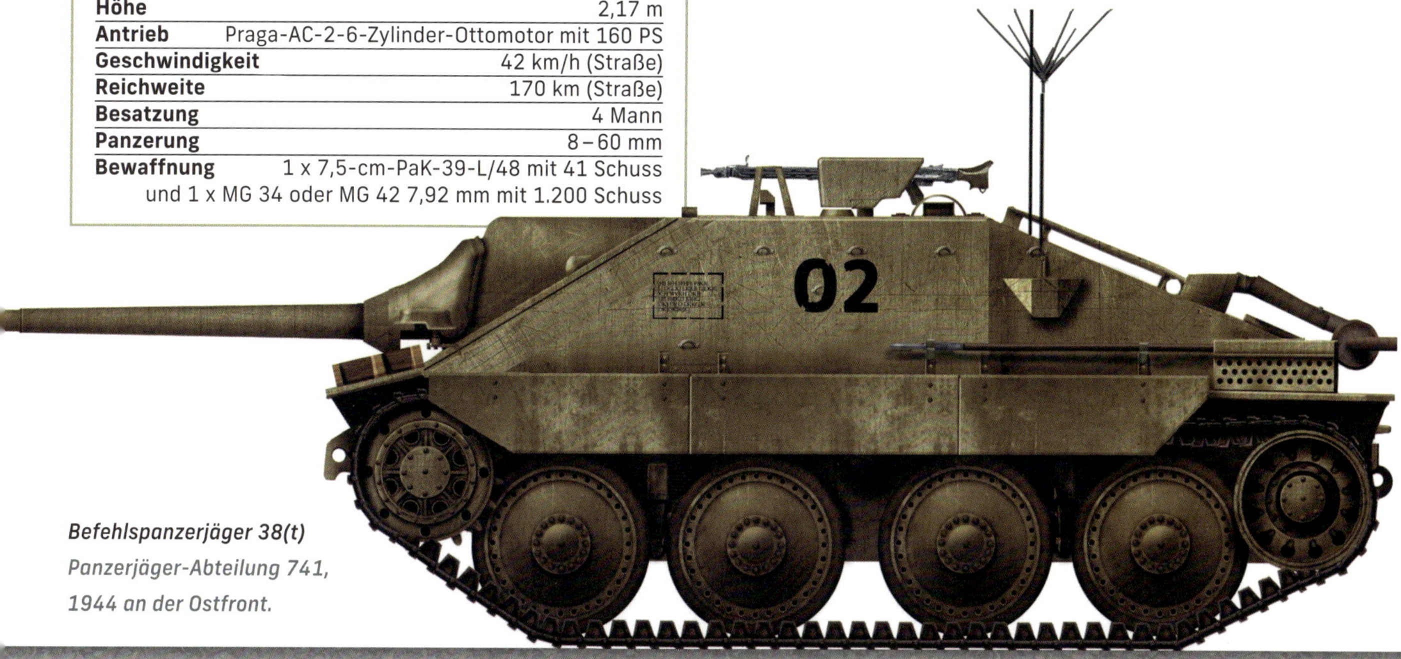

Befehlspanzerjäger 38(t)
Panzerjäger-Abteilung 741, 1944 an der Ostfront.

Wie wirksam war der „Hetzer“?

Trotz vieler Probleme war der „Hetzer“ ein effektiver Panzerjäger. Ein Gefechtsbericht vermerkte: „Die Frontpanzerung hält der russischen 7,62-cm-Kanone stand. Verluste hat es bisher nur gegeben, wenn ein Geschoss hinten oder an den Seiten eingedrungen war. So ist es wichtig, dem Feind stets die stark gepanzerte Front darzubieten. Mit der starken Kanone, dem niedrigen Aufbau und der gut geneigten Panzerung füllt er beide Rollen gut aus: die Bekämpfung feindlicher Panzer und die Unterstützung der Infanterie bei Angriff und Verteidigung. Innerhalb kurzer Zeit zerstörte eine Kompanie 20 Panzer ohne eigene Verluste ... eine Kampfgruppe zerstörte 57 Panzer, darunter zwei JS 12, auf eine Entfernung von 800 Metern.“

Bis Mai 1945 wurden 2.584 Stück gebaut, und das Fahrzeug blieb bis weit in die 1950er-Jahre bei der tschechoslowakischen Armee im Dienst. Die Schweiz bestellte 1946 100 Stück als G-13, gefolgt von weiteren 58. Sie wurden immer wieder aktualisiert und waren bis 1970 im Einsatz.

US-Soldaten untersuchen im November 1944 einen zerstörten „Hetzer“ bei Halloville nahe der deutsch-französischen Grenze.

JAGDPANZER 38(T) „HETZER“ „NR. 233“

Gewicht	16,00 t
Länge	6,27 m (mit Rohr)
Breite	2,63 m
Höhe	2,17 m
Antrieb	Praga-AC-2-6-Zylinder-Ottomotor mit 160 PS
Geschwindigkeit	42 km/h (Straße)
Reichweite	170 km (Straße)
Besatzung	4 Mann
Panzerung	8–60 mm
Bewaffnung	1 x 7,5-cm-PaK-39-L/48 mit 41 Schuss und 1 x MG 34 oder MG 42 7,92 mm mit 1.200 Schuss

Jagdpanzer 38(t) „Nr. 233“
Ein früher Jagdpanzer 38(t) „Nr. 233“ (heute im DPM Munster).

Jagdpanzer 38(t)
Ein Jagdpanzer 38(t) mit einer Version der Hinterhalt-Tarnung, Deutschland, April/Mai 1945.

Bergepanzer 38(t)

Bergepanzer 38(t) – von diesen gepanzerten Bergefahrzeugen wurden zwischen August 1944 und Mai 1945 insgesamt 170 Stück gebaut. Er verfügte über eine spezielle Ausstattung mit Winde und 2-t-Behelfskran, aber der Praga-Motor war zu schwach für die vorgesehenen Einsätze.

BERGEPANZER 38(T)

Gewicht	14,50 t
Länge	4,83 m
Breite	2,59 m
Höhe	1,71 m
Antrieb	Praga-AC-2-6-Zylinder-Ottomotor mit 158 PS
Geschwindigkeit	42 km/h (Straße)
Reichweite	180 km (Straße)
Besatzung	4 Mann
Panzerung	8 – 60 mm
Bewaffnung	1 x MG 34 7,92 mm oder MG 42

PANZERJÄGER 38(D)

Gewicht	16,00 t
Länge	6,27 m
Breite	2,59 m
Höhe	1,87 m
Antrieb	Tatra-103-V12-Dieselmotor mit 220 PS
Geschwindigkeit	42 km/h (Straße)
Reichweite	220 km (Straße)
Besatzung	4 Mann
Panzerung	8 – 80 mm
Bewaffnung	1 x 7,5-cm-PaK-42-L/70 und 1 x koaxiales MG 34 7,92 mm

Panzerjäger 38(D)

Auf dem Zeichenbrett: Der vorgeschlagene Panzerjäger 38(D) mit der 7,5-cm-Kanone PaK 42 L/70, der Mitte 1945 in die Produktion gehen sollte.

Jagdpanzer IV

Der Jagdpanzer IV war seit Ende 1942 bei der Vogtländischen Maschinenfabrik (VOMAG) in Plauen in Entwicklung. Er basierte auf dem Laufwerk des Panzer IV „Ausführung F“ (7./BW) und unterschied sich radikal von den bislang gebauten Sturmgeschützen und Panzerjägern.

Der geschlossene Kampfraum wurde durch eine gut abgeschrägte Panzerung von bis zu 80 Millimetern vorn und an den Seiten geschützt. Eigentlich sollte er die 7,5-cm-Kanone KwK 42 L/70 erhalten, die aber so gefragt war, dass man auf schwächere Kanonen zurückgreifen musste. Ein paar Vorserienfahrzeuge erhielten die 7,5-cm-Kanone L/43, die ersten 769 Jagdpanzer IV wurden von Januar bis November 1944 dann mit der 7,5-cm-PaK-39-L/48 ausgerüstet.

GEFÄHRLICHE MÜNDUNGSBREMSE

Der Jagdpanzer IV war erfolgreich und beliebt. Mit seiner niedrigen Silhouette war er im Hinterhalt gut einzutar-

JAGDPANZER IV

Gewicht	24,00 t
Länge	6,85 m (mit Rohr)
Breite	3,17 m
Höhe	1,86 m
Antrieb	Maybach-HL-120-TRM-Ottomotor mit 300 PS
Geschwindigkeit	40 km/h (Straße)
Reichweite	185 km (Straße)
Besatzung	4 Mann
Panzerung	10–60 mm
Bewaffnung	1 x 7,5-cm-PaK-39-L/48 mit 79 Schuss und 1 x oder 2 x MG 42 7,92 mm mit 600 Schuss

Früher Jagdpanzer IV
Ein früher Jagdpanzer IV mit der ursprünglichen PaK 39 mit Mündungsbremse.

Später Jagdpanzer IV
Ein Fahrzeug aus späterer Produktion ohne Mündungsbremse, aber mit kompletten Seitenschürzen.

nen. Die Kanone hing aber dicht über dem Boden, und die Besatzung störte, dass die Mündungsbremse bei jedem Schuss Staub aufwirbelte und die Position des Panzers selbst bei sorgfältigster Tarnung verriet. Viele Besatzungen entfernten die Mündungsbremse auf eigene Faust, bevor dann ab Mai 1944 eine neue Version der 7,5-cm-PaK-39-L/48 ohne Mündungsbremse zur Verfügung stand.

Ab Mitte 1944 wurde es dringend notwendig, eine stärkere Kanone einzubauen, denn die 7,5-cm-PaK-39-L/48 war gegen die stärksten Panzer der Alliierten nicht mehr wirksam, allenfalls auf Entfernungen, die einem Selbstmordkommando gleichkamen.

Es funktionierte auch nicht immer, bis zum letzten Moment zu warten. Alfred Reginitor, der ein StuG III führte, überlebte mit viel Glück die erschreckende Erfahrung, wie ein Geschoss auf 100 Meter von einem JS-2 abprallte.

JAGDPANZER IV/70 (V)

Die ersten Jagdpanzer IV mit der 7,5-cm-Kanone L/70 wurden im August 1944 gebaut. Man fand aber schnell heraus, dass die längere Kanone zu noch mehr Buglastigkeit führte als die 7,5-cm-Kanone L/48. Das führte zu einem raschen Verschleiß der Gummibandagen der vorderen Laufrollen. Deshalb wurden sie durch langlebigere Stahllaufräder mit innerer Gummipufferung ersetzt. Die schiere Länge der L/70 auf der niedrigen Wanne schuf noch ganz andere Probleme. Im Gelände musste der Fahrer sehr aufpassen, denn schon kleinere Mulden und Senken konnten dazu führen, dass er das lange Rohr in den Boden rammte. Trotz dieser Probleme war der Jagdpanzer IV ein erstklassiger Panzerzerstörer. VOMAG baute daher bis zum Produktionsende im März 1945 insgesamt 930 Stück.

JAGDPANZER IV/70 (A)

Eigentlich sollten alle Jagdpanzer IV/70 bei VOMAG gebaut werden, aber der große Bedarf an diesen Panzern bewegte Hitler dazu, die Produktion einer vereinfachten Version – des Jagdpanzer IV/70 (A) – von Alkett in den Nibelungenwerken in St. Valentin, Österreich, anzuordnen.

Dazu wurde ein modifizierter Aufbau des Jagdpanzer IV auf die Wanne des Panzer IV gesetzt. Das Ergebnis war jedoch längst nicht so elegant wie die gleich als Jagdpanzer konstruierte VOMAG-Version und auch wesentlich höher. Die ersten Jagdpanzer IV/70 (A) waren zwar schon im August 1944 fertig, aber bis zur Einstellung der Fertigung im März 1945 wurden insgesamt nur 278 Stück gebaut.

Ein Jagdpanzer IV/70 (V) auf einer Vorortstraße. Angesichts der entspannten Besatzung und der Passanten war man wohl weit hinter der Front. Die nutzlose Tarnung aus Gestrüpp würde zu einer raschen Zerstörung im Gefecht führen.

Jagdpanzer IV/70 (A)

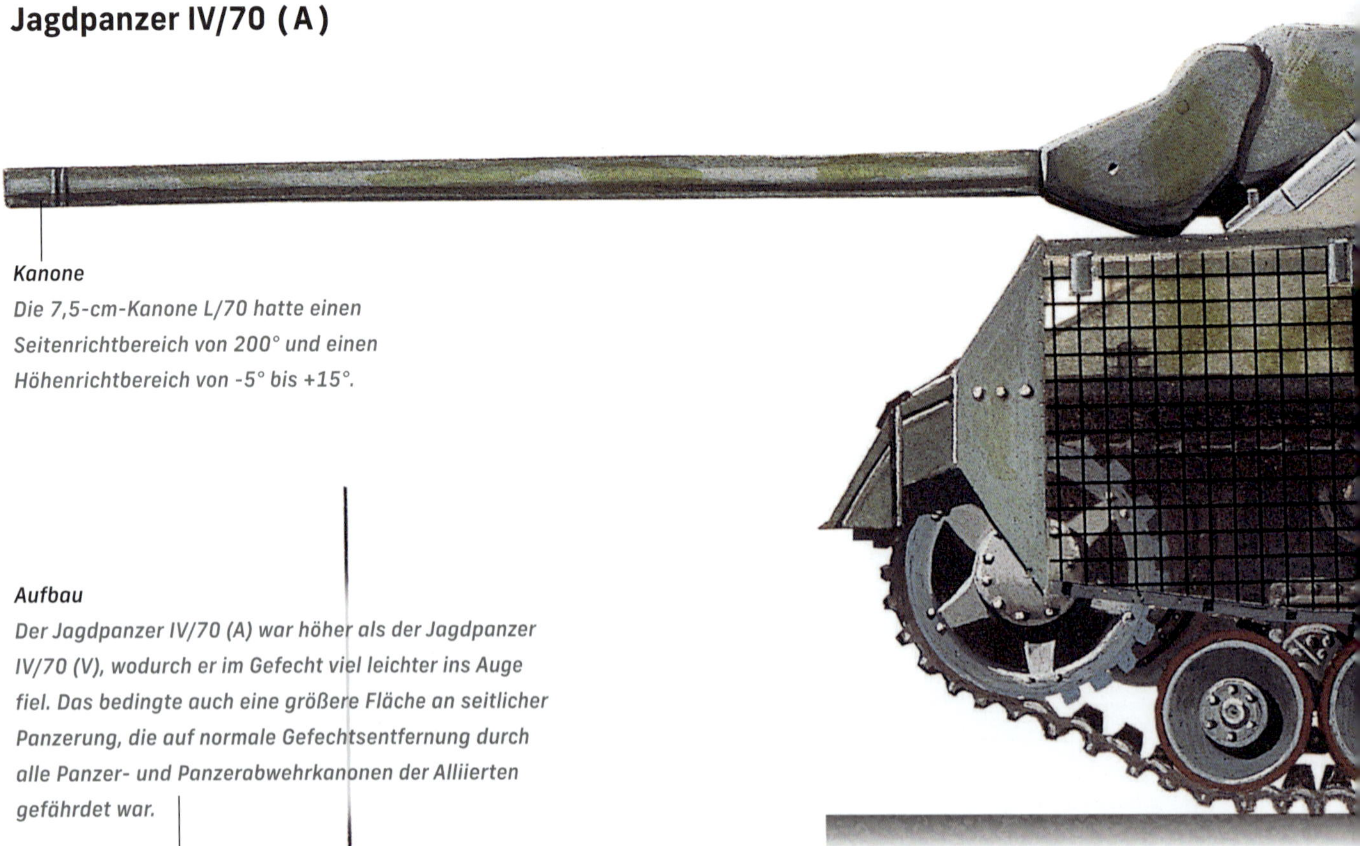

Kanone
Die 7,5-cm-Kanone L/70 hatte einen Seitenrichtbereich von 200° und einen Höhenrichtbereich von -5° bis +15°.

Aufbau
Der Jagdpanzer IV/70 (A) war höher als der Jagdpanzer IV/70 (V), wodurch er im Gefecht viel leichter ins Auge fiel. Das bedingte auch eine größere Fläche an seitlicher Panzerung, die auf normale Gefechtsentfernung durch alle Panzer- und Panzerabwehrkanonen der Alliierten gefährdet war.

Panzerschürzen
Ab September 1944 wurde von den massiven seitlichen Schürzen auf Thoma-Schürzen aus Gittergeflecht gewechselt.

Laufwerk
Als Ausgleich für seine Buglastigkeit wurden die ersten vier Laufrollen auf jeder Seite durch robustere Stahllaufräder mit innenliegender Gummipufferung ersetzt.

JAGDPANZER IV/70 (V)

Gewicht	25,80 t
Länge	8,50 m (mit Rohr)
Breite	3,17 m
Höhe	1,86 m
Antrieb	Maybach-HL-120-TRM-Ottomotor mit 300 PS
Geschwindigkeit	38 km/h (Straße)
Reichweite	210 km (Straße)
Besatzung	4 Mann
Panzerung	30–80 mm
Bewaffnung	1 x 7,5-cm-PaK-42-L/70 mit 55 Schuss und 1 x MG 42 7,92 mm mit 1.200 Schuss

Jagdpanzer IV/70 (V)
Ein Jagdpanzer IV/70 (V) mit langlebigeren Laufrollen mit innenliegendem Gummiring.

JAGDPANZER IV/70 (A)

Gewicht	27,00 t
Länge	8,87 m (mit Rohr)
Breite	2,90 m
Höhe	2,20 m
Antrieb	Maybach-HL-120-TRM-Ottomotor mit 300 PS
Geschwindigkeit	35 km/h (Straße)
Reichweite	200 km (Straße)
Besatzung	4 Mann
Panzerung	10–80 mm
Bewaffnung	1 x 7,5-cm-PaK-42-L/70 mit 55 Schuss und 1 x MG 42 7,92 mm mit 1.200 Schuss

Jagdpanzer IV/70 (A)
Diese Version wog zwei Tonnen mehr als der Jagdpanzer IV/70 (V) und erhielt deshalb vorn vier langlebigere Laufrollen mit innenliegendem Gummiring, um das höhere Gewicht zu kompensieren. Dieser Panzer hat die kompletten Thoma-Schürzen aus Gittergeflecht.

Ferdinand/Elefant

Als Henschel im August 1942 den Auftrag für den Tiger I erhielt, hatte der selbstsichere Konkurrent Porsche bereits begonnen, seine eigene Konstruktion, den VK 4501 (P), zu produzieren. So waren fast 100 Wannen fertig. Ferdinand Porsche nutzte seinen Einfluss bei Hitler, um einen neuen Auftrag zu bekommen. Dabei ging es darum, 90 dieser Wannen als Grundlage für einen neuen Jagdpanzer, den Panzerjäger Tiger (P), zu benutzen.

Trotz seiner Bezeichnung war das ein ganz anderes Fahrzeug als die schwach gepanzerten, nach oben offenen Panzerjäger. Er war enorme 65 Tonnen schwer und verfügte über eine 8,8-cm-Hochleistungskanone in einem völlig geschlossenen Kampfraum. Ebenso massiv war die Panzerung: Die Front der Wanne erhielt eine Zusatzpanzerung von 100 Millimetern, sodass der Panzerschutz über die gesamte Front nun 200 Millimeter betrug.

Dieses Fahrzeug war allgemein als Ferdinand bekannt. Da der Auftrag eine hohe Priorität hatte, waren alle 90 Panzer im April/Mai 1943 fertiggestellt. Guderian hatte seine Bedenken und schrieb: „Da er nun einmal gebaut war … mußte ich ihn auch verwenden, wenn ich auch Hitlers Begeisterung über dieses Bauwerk seines Lieblings Porsche vom taktischen Standpunkt nicht teilen konnte."

MEINUNGEN ZUM FERDINAND

Die Ferdinand gingen an das Schwere Panzerjäger-Regiment 656 und wurden der 9. Armee von Generaloberst Model für den Angriff im nördlichen Frontvorsprung von Kursk unterstellt. Das Kriegstagebuch vom 30. April 1943 zeigt eine gewisse Skepsis über die Fähigkeiten des Ferdinand: „Heute kam ein Oberst vom Generalinspekteur der Panzertruppen. Er hatte den Befehl, das Angriffsgelände auf die Möglichkeit des Einsatzes von 90 überschweren Panzern (Ferdinand) zu bewerten. Je nach dem Ergebnis dieser Untersuchungen werden sie entweder bei der 9. Armee oder der Angriffsarmee der Heeresgruppe Süd eingesetzt. Diese Panzer haben mehrere technische Mängel, was ihre Beweglichkeit betrifft. Sie sind nur für Durchbrüche in begrenztem Maß tauglich, Langstreckeneinsätze sind unmöglich. Das Abschleppen dieser Fahrzeuge wird etliche Kolonnen aufhalten, andere wichtige Transporte behindern. Daher betrachtet man dieses ‚Geschenk' mit gemischten Gefühlen."

DER FERDINAND IM EINSATZ

Als der Ferdinand in Kursk in den Einsatz ging, erfüllten Panzerung und Bewaffnung alle Erwartungen. Selbst die

Soldaten der Fallschirm-Panzer-Division 1 „Hermann Göring" marschieren während der Kämpfe um Anzio an einem liegen gebliebenen Panzerjäger Elefant vorbei.

Ferdinand
Ein Ferdinand der Schweren Panzerjäger-Abteilung 654 in Wintertarnung kurz vor dem Abmarsch der Abteilung von der Ostfront im Dezember 1943.

schwersten sowjetischen Panzer zerstörte er auf Entfernungen von 2.000 Metern oder mehr. Die Verluste waren allerdings erheblich – eine der beiden Abteilungen des Regiments, die Schwere Panzerjäger-Abteilung 653, setzte bei der Eröffnung der Offensive am 5. Juli 1945 Ferdinand ein, aber innerhalb weniger Stunden waren bis auf zwölf alle durch Minen außer Gefecht gesetzt. Obwohl die meisten instand gesetzt und wieder eingesetzt werden konnten, zeigte sich deutlich, wie schwierig es war, die riesigen Panzer unter Gefechtsbedingungen zu bergen. Trotz allem gingen während der gesamten Schlacht bei Kursk nur 19 Fahrzeuge endgültig verloren. 40 waren nur vorübergehend außer Gefecht gesetzt.

Ein großes Manko war das Fehlen spezieller Waffen für die Nahverteidigung. Bis auf die Luken für die Maschinenpistolen hatte die Besatzung keine Möglichkeit, die feindliche Infanterie fernzuhalten. Als Notlösung erhielten einige Ferdinand eine improvisierte Lafette für ein MG 34. Sie passte in den offenen Verschluss der PaK 43 und schoss durch das Rohr der Kanone. Der Richtschütze setzte dabei das Visier Selbstfahrlafette Zielfernrohr 1a (Sfl ZF 1a) der Kanone ein.

Die Beweglichkeit des Ferdinand im Gefecht war arg begrenzt. Er konnte zwar bis zu 2,6 Meter breite Gräben überqueren, aber das begrenzte Sichtfeld des Fahrers machte das Überwinden von Hindernissen, gerade unter Feuer, sehr schwierig. Dann konnte der Kommandant nämlich nicht den Kopf herausstrecken und war gezwungen, sich auf den engen Blickwinkel des Scheren-Sehrohrs zu verlassen.

Auch der Schlamm, der sich durch die heftigen Regenfälle bei Kursk bildete, war für den Ferdinand alles andere als ideal. Aufgrund des hohen Bodendrucks blieben viele von ihnen stecken und ließen sich nur unter extremem Aufwand wieder bergen. Die Truppe war froh, als später im Juli zwei Bergepanther eintrafen. Im Oktober kamen sogar noch drei Bergepanzer Tiger (P) dazu. Bei dem letzteren handelt es sich im Prinzip um einen Bergepanzer auf der Basis des Ferdinand, der über einen flachen Aufbau mit einem kleinen, einziehbaren Kran verfügte. Nach Kursk schrieb das Regiment einen Bericht mit folgenden Bemerkungen:

„1. Bewaffnung: Die Kanone erwies sich als voll wirksam. Das Fehlen eines Maschinengewehrs erwies sich als Fehler. Um diesem Nachteil vorzubeugen, wurden zwölf Panzer III neben den Ferdinand eingesetzt. Sie boten Schutz im Nahbereich und neutralisierten weiche (Infanterie-)Ziele.
2. Panzerung: Es gab keinen Fall, wo die Frontpanzerung durchbrochen wurde. Die seitliche Panzerung wurde durchbrochen, in einigen Fällen durch 7,62-mm-Geschosse auf kurze Entfernung. Die Motorabdeckung und das Dach des Kampfraums wurden gelegentlich von der Artillerie durchbrochen. Antrag: Abdeckung der Gitter durch Panzerplatten von 15 bis 20 Millimetern. Die offenen Seiten sind durch Gittergeflecht zu schützen. Diese gepanzerten Abdeckungen schützen auch den Motorraum vor Regen und verhindern den Ausfall der elektrischen Bestandteile durch Kurzschluss.
3. Funkgerät: Der Betrieb des Funkgeräts wurde durch die elektrische Anlage stark beeinträchtigt. Das war ein ständiges Problem.“

DER FERDINAND SPÄTER IM KRIEG

Ende 1943 war die Einsatzfähigkeit der überlebenden 48 Ferdinand auf dem Tiefpunkt. Ein Bericht meldete, dass die Motoren oft schon nach 600 Kilometern überholt werden mussten. Selbst außerhalb des Gefechts brachen die Ketten fast täglich. Im Gefecht war es noch schlimmer, denn die Russen bekamen schnell mit, dass sie die Panzerung des Ferdinand kaum durchdringen konnten und konzentrierten ihr Feuer daher auf die Ketten und das Laufwerk. Schließlich wurde offiziell zur Kenntnis genommen, dass das Schwere Panzerjäger-Regiment 656 komplett neu ausgestattet werden musste. Zu diesem Zweck wurde es im Dezember 1943 nach Österreich beordert. Eine der Abteilungen, die Schwere Panzerjäger-Abteilung 654, gab ihre Ferdinand ab und bereitete sich auf die Ausstattung mit dem Jagdpanther vor. Bevor die Ferdinand wieder zurückgegeben wurden, wurden sie folgenden Änderungen unterzogen:

- Einbau MG 34 mit Kugelblende an der vorderen Wanne
- Austausch der Luftschlitze über dem Motorraum durch eine neue Konstruktion
- Einbau einer Kommandantenkuppel mit sieben Sehblöcken (wie Sturmgeschütz III) oben auf dem Aufbau
- Anbringen eines Zimmeritanstrichs gegen Magnethaftladungen

Eine Kompanie mit 14 Ferdinand wurde im Februar 1944 nach Italien verlegt, um den Landekopf der Alliierten bei Anzio zu zerstören. Es zeigte sich schnell, dass der Ferdinand völlig ungeeignet für das Gelände war. Man berichtete: „Bergstraßen mit zahlreichen engen Kurven ... bringen große Probleme beim Marsch, auch viele technische Pannen." Die Verluste waren erheblich, auch wegen der Pannen. Nur zwei Ferdinand (am 1. Mai offiziell in Elefant umbenannt) waren noch einsatzfähig, als die Kompanie im August 1944 nach Deutschland zurückbeordert wurde.

Gleichzeitig wurden zwei weitere Kompanien mit einer Sollstärke von 28 Elefant zur Verstärkung der Stellungen der Heeresgruppe Süd bei Tarnopol an die Ostfront entsandt. So konnten zwar die sowjetischen Angriffe sehr effektiv abgeschwächt werden, aber ein ständiger Mangel an Bergungs- und Unterstützungsfahrzeugen sorgte dafür, dass es sehr schwierig war, eine brauchbare Einsatzfähigkeit herzustellen.

Im ganzen Jahr 1944 kämpften immer weniger Elefant an der Ostfront, erzielten gleichwohl aber einige spektakuläre Erfolge. So konnte im Herbst ein Elefant der Schweren Heeres-Panzerjäger-Kompanie 614 einen T-34 auf 4.500 Meter zerstören. Die letzten überlebenden dieser Panzer sind wohl noch im April 1945 um Zossen und Wünsdorf südlich von Berlin zum Einsatz gekommen.

FERDINAND/ELEFANT

Gewicht	68,00 t
Länge	8,14 m (mit Rohr)
Breite	3,38 m
Höhe	2,97 m
Antrieb	2 x Maybach-HL-120-TRM-Ottomotor mit je 300 PS
Geschwindigkeit	20 km/h (Straße)
Reichweite	150 km (Straße)
Besatzung	6 Mann
Panzerung	20 – 100 mm
Bewaffnung	1 x 8,8-cm-PaK-43/2-L/71 mit 50 Schuss und 1 x MG 34 7,92 mm mit 600 Schuss

Elefant
Ein Elefant der Schweren Panzerjäger-Abteilung 653 im Juli 1944 in der Ukraine.

Jagdpanther

Die Konstruktionsstudien für den Jagdpanther wurden im Oktober 1942 begonnen, und der erste Prototyp wurde Hitler im Dezember 1943 vorgeführt. Die Produktion lief im Januar 1944 auf der Basis des Chassis des Panther Ausf G an. Um den bekannten Problemen des Panther vorzubeugen, wurde ein robustes Synchrongetriebe ZF AK 7-200 eingebaut. Die ersten Fahrzeuge hatten einen verschweißten Kragen um die Kanonenwiege, ein Vollrohr und zwei Sehrohre für den Fahrer in der vorderen Panzerplatte. Die späteren Versionen erhielten einen stärkeren verschraubten Kragen, ein zweiteiliges Rohr von der PaK 43 und ein einzelnes Sehrohr für den Fahrer.

In der Rückwand des Kampfraums gab es eine große Luke zum Laden der Munition und für Wartungsarbeiten an der Kanone. Wie erwartet, erwies sich der Jagdpanther als hervorragender Panzerzerstörer. Die gut abgeschrägte

JAGDPANTHER	
Gewicht	45,50 t
Länge	9,87 m (mit Rohr)
Breite	3,42 m
Höhe	2,71 m
Antrieb	Maybach-HL-120-TRM-Ottomotor mit 300 PS
Geschwindigkeit	46 km/h (Straße)
Reichweite	250 km (Straße)
Besatzung	5 Mann
Panzerung	17–80 mm
Bewaffnung	1 x 8,8-cm-PaK-43/3-L/71 mit 50 Schuss und 1 x MG 34 7,92 mm mit 600 Schuss

Früher Jagdpanther
Ein früher Jagdpanther der Schweren Panzerjäger-Abteilung 654 im Ruhrkessel, März 1945.

Später Jagdpanther
Ein später Jagdpanther mit dem zweiteiligen Rohr der PaK 43.

Frontpanzerung hielt auf normale Kampfentfernung praktisch allen alliierten Panzerabwehrwaffen stand, während die bewährte PaK 43 eine 132 Millimeter starke Panzerung auf 2.000 Meter durchschlug. Die Alliierten hatten das Glück, dass die Knappheit an Rohmaterialien und die ständigen Unterbrechungen durch die Luftangriffe die Produktion stark hemmte.

Bis zur Einstellung der Fertigung im März 1945 waren nicht einmal 400 Stück entstanden. Die Panzer, die zum Einsatz kamen, hatten einige bemerkenswerte Erfolge. Am 21. März 1945 zerstörten acht Jagdpanther der 9. SS-Panzer-Division „Hohenstaufen" in der Nähe des Plattensees 15 schwere sowjetische JS-2 ohne einen eigenen Verlust.

Ein Jagdpanther im flachen Land, möglicherweise bei einer Übung. Gut zu sehen ist die 8,8-cm-Kanone, die jeden Panzer zerstören konnte.

Die Taktik der Panzerabwehr

Mitte 1944, nach drei Jahren Fronterfahrung im Kampf gegen die Rote Armee, erschien eine Reihe von taktischen Hinweisen über den Umgang mit Panzerjagdeinheiten, die an allen Fronten eingesetzt wurden. Zu den vielen Anweisungen gehörten unter anderem:

Beim Einsatz von selbstfahrenden Panzerabwehrgeschützen (Panzerjäger) gilt Folgendes:

- Die Kompanien sind über Funk zu führen, nur im Notfall mittels Signalflaggen. Die üblichen Aufstellungen bei Bewegungen auf dem Gefechtsfeld sind die Reihe, die Pfeilspitze, die breite Pfeilspitze oder die auseinandergezogene Reihe. Panzerjäger nutzen Feuer und Bewegung, mit ihrer ständigen Einsatzbereitschaft sind sie die ideale mobile Reserve. Daher sind sie die im Schwerpunkt einzusetzende Waffe. Die taktische Einheit ist die Kompanie, im Ausnahmefall der Zug. Panzerjäger können an offenen Flanken nur bei entsprechender Deckung durch die Infanterie eingesetzt werden. Wann immer möglich, ist vor dem Bezug der Stellungen das Gelände zu erkunden, am besten zu Fuß.
- Auf dem Marsch sollte ein Panzerjäger-Halbzug sich soweit vorn wie möglich befinden, der Rest des Zuges marschiert mit der Vorhut. Der Rest der Kompanie bleibt zusammen. Bei der Erkundung der Straßen ist die Tragfähigkeit der Brücken zu untersuchen.
- Beim Angriff wird die Infanterie von Panzerjäger-Zügen begleitet, sie unterstützen sich gegenseitig. Der Feind ist überraschend anzugreifen, möglichst aus verdeckten Stellungen oder aus Hinterhangstellungen, wobei alle Geschütze gleichzeitig feuern. Wann immer möglich, sollte die gesamte Kompanie feuern, da es häufig notwendig sein wird, zur selben Zeit in mehrere Richtungen zu schießen. Züge können nur gleichzeitig in eine Richtung wirksam schießen.
- Die einzige wirklich erfolgreiche Methode für den Einsatz von Panzerjäger-Kompanien sind bewegliche Operationen. Angriffe in die Flanke sind sehr effektiv, besonders in Verbindung mit einem kleinen Angriff von vorn.
- Bei der Verteidigung liegt die Hauptaufgabe der Panzerjäger in der Zerstörung durchgebrochener Panzer. Sie sind daher als Reserve vorzuhalten und im Schwerpunkt in großer Zahl einzusetzen. Besonders wichtig ist ein wirksames Warnsystem, wann immer möglich, per Funk. Die Geschützführer müssen mögliche Einsatzgebiete gründlich erkunden, den Boden des Hauptverteidigungsgürtels, Panzeranmarschwege und die rückwärtigen Bereiche der Stellung. Die enge Verbindung mit der Infanterie ist entscheidend. Panzerjäger sind wegen des begrenzten Schwenkbereichs nicht einzugraben, für sie sind günstige Feuerstellungen und Ausweichstellungen vorzubereiten.

Jagdtiger

1943 war es zur Gewohnheit geworden, dass die deutschen Panzerentwickler auf der Basis der Wanne eines neuen Panzers einen noch schwereren Jagdpanzer bauten. Es war klar, dass der Tiger II das Potenzial hatte, als Jagdpanzer eine noch schwerere Kanone zu tragen. So begann im Februar 1943 die Arbeit an diesem Projekt. Für die Besichtigung durch Hitler am 20. Oktober 1943 wurde eine hölzerne Attrappe vorbereitet, und zwei Prototypen, einer mit dem Porsche-System mit acht Laufrollen und einer mit dem Henschel-System mit neun überlappenden Laufrollen, wurden im Februar 1944 fertiggestellt.

EIN NEUER JAGDPANZER

Der Typ wurde zunächst als Jagdpanzer VI bezeichnet, dann aber in Jagdtiger umbenannt. Der Beginn der Serienproduktion war für Dezember 1943 angepeilt, aber aufgrund der Priorität des Panther kam es nicht vor Juli 1944 dazu. Zudem verlief die Fertigung sehr langsam, sodass von den 150 in Auftrag gegebenen Fahrzeugen nur 79 fertiggestellt wurden.

Der Jagdtiger erhielt einen eckigen, komplett geschlossenen Kampfraum auf einem etwas verlängerten Chassis des Tiger II. Die schwere Panzerung und die 12,8-cm-PaK-44-L/55 machten aus ihm einen beängstigenden Gegner, denn er konnte auf normale Gefechtsentfernung jeden Panzer der Alliierten vernichten.

Allerdings verlangte die PaK 44 nach getrennt zu ladender Munition. Die Treibladung mit Hülse wog 15,3 Kilogramm und die Panzersprenggranate weitere 28 Kilogramm. Da war selbst mit zwei Ladeschützen an Bord kei-

Einer von nur elf Jagdtigern mit dem Porsche-Laufwerk (acht Laufrollen pro Seite). Alle anderen Jagdtiger hatten das Henschel-Laufwerk mit neun Laufrollen auf jeder Seite.

ne hohe Feuergeschwindigkeit möglich. Das Fahrzeug war zudem untermotorisiert und litt unter einem unterdimensionerten Getriebe.

ELITE-ABTEILUNGEN

Nur die zwei Schweren Panzerjäger-Abteilungen 512 und 653 erhielten den Jagdtiger. Die ersten Fahrzeuge trafen im September 1944 bei den Einheiten ein. Nur etwa 20 Prozent der Jagdtiger gingen im Gefecht verloren, die meisten erlitten technische Ausfälle oder blieben in den letzten Kriegswochen aus Benzinmangel liegen.

Anscheinend waren alle im Einsatz befindlichen Jagdtiger mit der PaK 44 ausgestattet, aber es soll auch einige wenige Fahrzeuge (wohl nicht mehr als vier) mit der 8,8-cm-Kanone KwK 43 L/71 gegeben haben.

Im November 1944 schlug Krupp vor, dem Jagdtiger eine längere 12,8-cm-PaK-L/66 mitzugeben. Dazu kam es aber nicht mehr, denn das hätte einen aufwendigen Umbau vorausgesetzt. Man hätte den Aufbau über die Motorabdeckung ziehen müssen, um den Rückstoß der Waffe aufzufangen. Natürlich hätte die L/66 außergewöhnliche Leistungen gezeigt, aber auch die Standardkanone war sehr beeindruckend. Bei Beschusserprobungen der US Army durchschlug ein erbeuteter Jagdtiger die Frontpanzerung eines schweren M26 Pershing auf 2.100 Meter.

JAGDTIGER

Gewicht	ca. 72,00 t
Länge	10,65 m (mit Rohr)
Breite	3,63 m (mit Schürzen)
Höhe	2,95 m
Antrieb	Maybach-HL-230-P-30-Ottomotor mit 700 PS
Geschwindigkeit	35 km/h (Straße)
Reichweite	170 km (Straße)
Besatzung	5 Mann
Panzerung	25 – 250 mm
Bewaffnung	1 x 12,8-cm-PaK-44-L/55 mit 40 Schuss und 1 x MG 34 oder MG 42 7,92 mm mit 1.500 Schuss

Jagdtiger

Ein Jagdtiger der Schweren Panzerjäger-Abteilung 653. Am 23. März 1945 lauerten drei Jagdtiger der Abteilung einer Panzerkolonne der Amerikaner auf und sollen 25 Fahrzeuge zerstört haben. Das Gegenfeuer konnte den Jagdtigern trotz zahlreicher Treffer nichts anhaben, zwang aber die Wehrmacht, sich nach Neustadt zurückzuziehen, wo zwei Jagdtiger ausfielen und aufgegeben werden mussten.

SPEZIALPANZER

Während des Krieges schenkte die Wehrmacht den Spezialpanzern eher wenig Aufmerksamkeit. Das lag in erster Linie daran, dass Hitler den Wert dieser Fahrzeuge nicht erkannte.

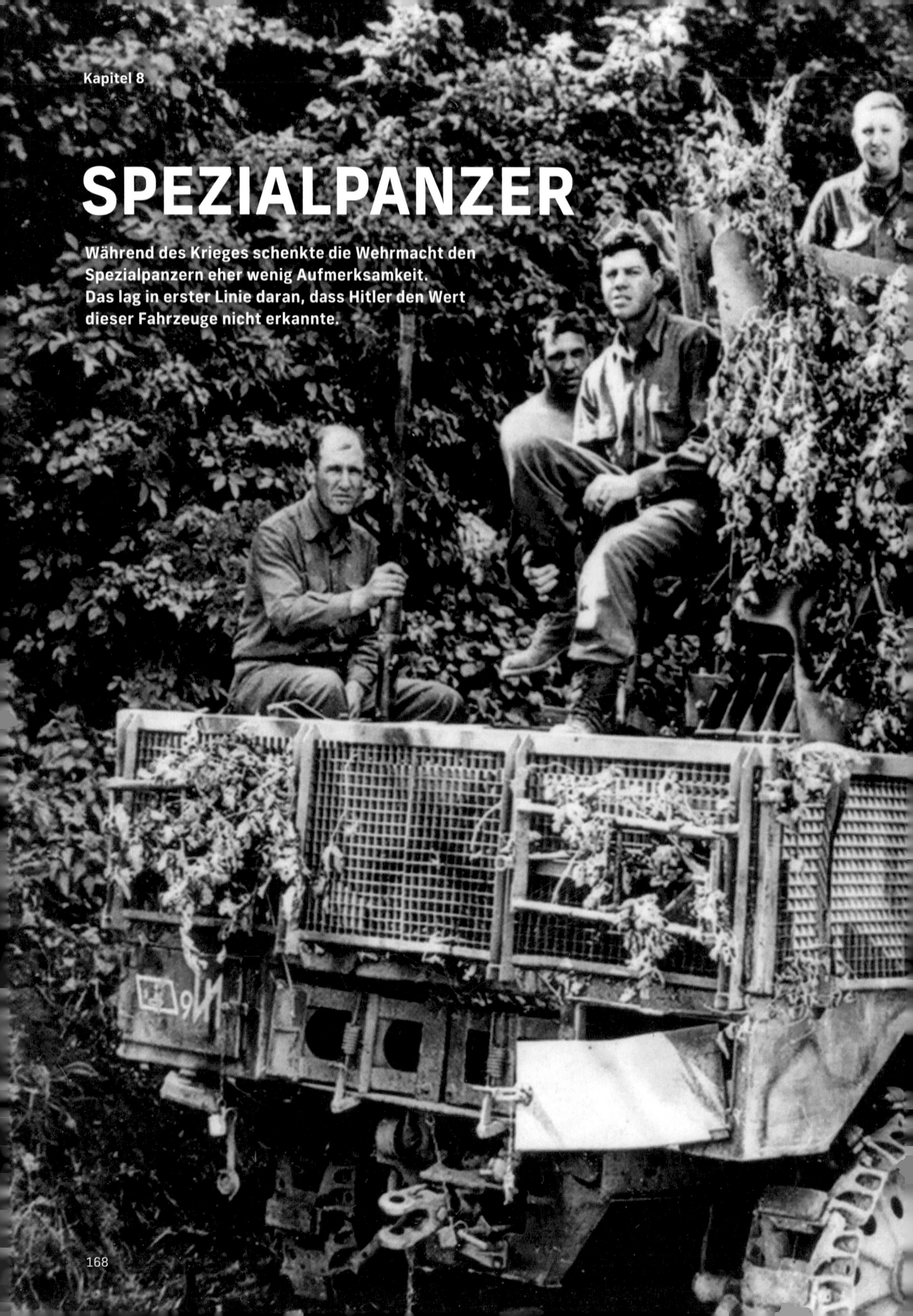

DIESES KAPITEL UMFASST DIE FOLGENDEN FAHRZEUGE:

- Flakpanzer I
- Flakpanzer 38(t)
- 3,7-cm-Flak auf Fahrgestell Panzerkampfwagen IV (Sf)
- Flakpanzer IV Wirbelwind
- Flakpanzer IV Ostwind
- Flakpanzer IV Kugelblitz
- SdKfz 251/17
- SdKfz 251/21
- Panzer I (F)
- Panzer II (F)
- Flammwagen auf Panzer B-2(f)
- Panzer III (Fl)
- Flammpanzer 38
- SdKfz 251/16
- Panzerjäger Bren 731(e)
- SdKfz 4/1
- SdKfz 251/1
- Sturmtiger

Amerikanische Soldaten auf einer erbeuteten 2-cm-Flak, Anfang 1945.

Flakpanzer I

Obwohl die Luftwaffe im Blitzkrieg von 1939/40 die Luftüberlegenheit hatte, erkannte die Wehrmacht, dass sie leichte Flak-Geschütze brauchte, die mehr Beweglichkeit boten als die üblichen gezogenen Geschütze. Zunächst begnügte man sich für diesen Zweck mit ungepanzerten LKW und Halbkettenfahrzeugen. Als aber die Alliierten allmählich zu einer Bedrohung aus der Luft wurden, rang man sich zu wenigstens teilweise gepanzerten und geländegängigen Fahrzeugen durch, die den Panzerverbänden Nahunterstützung gegen Bedrohungen aus der Luft boten.

Die ersten Studien für einen Flakpanzer auf der Basis des Panzer I wurden 1940 begonnen. Insgesamt 24 Wannen der Ausf A wurden 1941 bei Stoewer in Stettin umgebaut. Der Turm und ein Großteil des Aufbaus wurden entfernt, um Platz für eine Geschützplattform für die 2-cm-Flak-38 zu schaffen. Es wurden abklappbare Seitenwände installiert, um wenigstens etwas Bewegungsraum für die Besatzung zu schaffen. Durch den Ausbau des Funkgeräts entstand auch ein gewisser Stauraum für Munition. Trotz aller Bemühungen konnte Stoewer nicht alles, was benötigt wurde, in der winzigen Wanne unterbringen. Daher erhielt das Fahrzeug eine Anhängerkupplung für den Sonderanhänger 51, auf dem weitere Munition, Ersatzteile und Werkzeug mitgeführt wurden. Die einzige Einheit, die je den Flakpanzer I erhielt, war das Fla.-Btl.(mot) 614. Es wurde am 5. Mai 1941 aufgestellt und unterstützte während der Eröffnung der Operation Barbarossa die Heeresgruppe Süd. Mitte 1942 wurde das Bataillon der 6. Armee unterstellt und Anfang 1943 bei Stalingrad vernichtet.

Die Waffen der Flakpanzer

2-cm-Flak-30/38

Die Konstruktion der Kanone geht zurück auf die Schweizer 2-cm-Solothurn-Flak-MK-ST-5, aus der zunächst die C/30 für die Kriegsmarine entstand. Verschossen wurde die Lang Solothurn, eine gegurtete, 138 Millimeter lange Granatpatrone mit Kaliber 20 mm, die für die ST-5 entwickelt worden und eines der stärksten Geschosse in diesem Kaliber war. Anfang der 1930er-Jahre machte Rheinmetall aus der C/30 die 2-cm-Flak-30 für das Heer. Gegenüber der C/30 hatte man hauptsächlich die Lafette geändert. Die Kanone wurde von der zweiachsigen Kreuzlafette heruntergeschoben und per Handkurbel erhöht. Sie erhielt eine massive Dreiecksbettung, die einen Schwenkbereich von 360° ermöglichte.

Das Hauptproblem lag in der Feuergeschwindigkeit, die mit 120 Schuss pro Minute für eine Waffe dieses Kalibers nicht besonders hoch war. Daher entwickelte Rheinmetall die 2-cm-Flak-38, die ab 1939 eingeführt wurde. Sie ähnelte der Flak 30, hatte aber eine Feuergeschwindigkeit von 220 Schuss pro Minute und war mit 420 Kilogramm noch etwas leichter.

Ursprünglich war sie mit dem Flakvisier 38 bestückt, ein Reflexvisier, wie man es ähnlich auch in Jagdflugzeugen fand. Es hatte eine elektrische Verbindung zur Seiten- und Höhenrichtmaschine, die bei der Verfolgung eines Flugzeuges den Vorhalt automatisch berechnete und im Fadenkreuz des Visiers entsprechend anzeigte. Ersetzt wurde es durch das Flakvisier 38A, ein ähnliches Gerät mit modularem Aufbau, das die Wartung im Feld erleichterte. Das Flakvisier wurde wiederum durch das Linealvisier 21 ersetzt, ein einfaches Visier aus gestanztem Blech, und schließlich durch das Schwebekreisvisier 30, ein offenes, kreisrundes Visier.

Schon bei der Einführung der Flak 38 hatten Heer und Luftwaffe Zweifel an ihrer Wirksamkeit, da die Jagdbomber und Kampfflugzeuge immer schneller angriffen. Besonders das Heer setzte sich dafür ein, sie aus dem Dienst zu nehmen und die 3,7-cm-Waffen zu standardisieren, die seit den 1920er-Jahren in der Entwicklung waren. Diese hatten dieselbe Feuergeschwindigkeit wie die Flak 38, aber Geschosse mit dem achtfachen Volumen, was jeden Treffer sehr viel effektiver machte. Dazu boten die 3,7-cm-Waffen deutliche Vorteile hinsichtlich der Reichweite und der Bekämpfungsdauer.

Die 2-cm-Flak feierte aber Ende 1940 ein unerwartetes Comeback, als die ersten 2-cm-Flak-Vierling-38 zur Erprobung an die Truppe gingen. Diese kompakte Waffe hatte zusammenklappbare Sitze, Klappgriffe und integrierte Munitionsgestelle. Die Lafette hatte eine Dreiecksbettung mit einzeln höhenverstellbaren Füßen. Abgefeuert wurde die Kanone über zwei Fußpedale. Jedes Pedal bediente zwei diametral zueinander liegende Läufe, und es konnte automatisch oder halbautomatisch gefeuert werden. Jede Kanone hatte ein Magazin zu 20 Schuss, wodurch die theoretische Feuergeschwindigkeit bei maximal 1.400 Schuss pro

FLAKPANZER I

Gewicht	5,40 t
Länge	4,02 m
Breite	2,06 m
Höhe	1,72 m
Antrieb	Krupp-M-305-4-Zylinder-Ottomotor mit 57 PS
Geschwindigkeit	37 km/h (Straße)
Reichweite	200 km (Straße)
Besatzung	4 Mann
Panzerung	6–13 mm
Bewaffnung	1 x 2-cm-Flak-38

Flakpanzer I
Ein Flakpanzer I im August 1941 in der Ukraine.

Minute lag. Da die kleinen Magazine häufiges Nachladen erforderten, lag die Feuergeschwindigkeit in der Praxis eher bei 800 Schuss pro Minute. Die Zerlegegrenze lag bei einer Entfernung von 2.200 Metern.

1,5-cm-MG-151 und 2-cm-MG-151/20

Bei beiden Waffen handelt es sich um MGs für die Luftwaffe, die ab 1943 bei den Jagdflugzeugen allmählich von der stärkeren 3-cm-Kanone abgelöst wurden. Sowohl die Kriegsmarine als auch das Heer nutzten überschüssige MG 151 in beiden Kalibern als Ergänzung zu ihren vorhandenen leichten Flak-Geschützen.

Die elektrisch abgefeuerten Waffen mit Gurtzuführung nutzten eine von der Marine entwickelte „Flak-Drilling Sockellafette", die eine kombinierte Feuergeschwindigkeit von 2.160 Schuss pro Minute bis zu einer Höhe von etwa 1.000 Metern ermöglichte.

3-cm-Flak-103/38 (Jaboschreck)

Hierbei handelte es sich um eine Kombination der 3-cm-Bordkanone MK 103 und einer modifizierten Lafette der Flak 38, die 1944 entwickelt wurde, um die vorhandenen leichten Flak-Geschütze zu ergänzen. Es gab einen Auftrag über 3.000 Geschütze, die bis März 1945 geliefert werden sollten, aber es ist unwahrscheinlich, dass so viele Waffen tatsächlich fertiggestellt wurden.

Die 3-cm-Flak-38 war eine sehr starke Waffe, deren Rückstoß auch die Mündungsbremse nicht ganz im Griff hatte. Die theoretische Feuergeschwindigkeit lag bei 400 Schuss pro Minute, in der Praxis aber eher bei 250 Schuss. Die starken Vibrationen beim Abfeuern machten das Zielen schwierig. Abgemildert wurde das Problem mit dem federnd gelagerten Schwebekreisvisier 30, aber ganz aus der Welt schaffen ließ es sich nicht. Die effektive Bekämpfungsreichweite lag bei 1.500 Metern.

3,7-cm-Flak-43

Die Flak 43 ist die letzte in einer Reihe von 3,7-cm-Flugabwehrkanonen, deren Entwicklung 1935 mit der Flak 18 begonnen hatte. Die Flak 43 wurde 1944 eingeführt und stellte eine wesentliche Verbesserung gegenüber den vorherigen 3,7-cm-Kanonen dar. Sie hatte eine vergrößerte Variante des gasdruckbetriebenen Verschlusses der MK 103 und ein besseres Zuführsystem für die Munition, wodurch sich die tatsächliche Feuergeschwindigkeit von 80 auf 180 Schuss pro Minute steigern ließ. Sie konnte bis in eine Höhe von 4.200 Metern feuern.

Ursprünglich hatte sie das Uhrwerkvisier, ein Visier mit mechanischer Berechnung. Es wurde aber allmählich durch das simple Schwebedornvisier ersetzt, wobei Kurs und Geschwindigkeit manuell eingegeben wurden. Das war eine Weiterentwicklung des alten Schwebekreisvisiers für höhere Geschwindigkeiten.

Flakpanzer 38(t)

Dieser Panzer war im Prinzip ein Lückenbüßer bis zur Einführung technisch anspruchsvollerer Flakpanzer auf der Basis des Panzer IV. Die Wanne des selbstfahrenden Geschützes „Grille" bot die ideale Basis für eine Umrüstung. In den nach oben offenen Kampfraum wurde eine 2-cm-Flak-38 gesetzt, geschützt durch abklappbare Panzerplatten, durch die auch bei einer niedrigen Erhöhung ein Schwenkbereich von 360° möglich wurde.

In Oktober 1943 erhielt B.M.M. (Böhmisch-Mährische Maschinenfabrik AG) einen Auftrag über 150 Stück. Davon wurden von November 1943 bis Februar 1944 aber nur 140 Stück gebaut, weil danach der Möbelwagen Priorität hatte. Die Auslieferung erfolgte ab Februar 1944, zunächst an Panzerdivisionen in Frankreich, die nach dem Beginn der erwarteten Invasion Hauptleidtragende der alliierten Luftangriffe sein würden. Diese Fahrzeuge erlitten starke Verluste. Von 92 nach Frankreich entsandten Fahrzeugen waren am 1. Dezember 1944 nur noch neun im Einsatz. Dagegen waren am 15. März 1945 an der italienischen Front noch 21 der 48 Flakpanzer 38(t) einsatzbereit.

FLAKPANZER 38(T)

Gewicht	9,80 t
Länge	4,65 m
Breite	2,15 m
Höhe	2,25 m
Antrieb	Praga-AC-2-6-Zylinder-Ottomotor mit 150 PS
Geschwindigkeit	42 km/h (Straße)
Reichweite	185 km (Straße)
Besatzung	4 Mann
Panzerung	8–15 mm
Bewaffnung	1 x 2-cm-Flak-38 mit 1.040 Schuss

Kanone

Der Flakpanzer 38(t) hatte die 2-cm-Flak-38 mit einer Feuergeschwindigkeit von 220 Schuss pro Minute.

Flakpanzer 38(t)
Ein Flakpanzer 38(t) der 12. SS-Panzer-Division im Juni 1944 in der Normandie.

Panzerung
Die oberen Panzerplatten des Kampfraums ließen sich abklappen, um der Flak einen Schwenkbereich von 360° zu ermöglichen.

Laufwerk
Wanne und Laufwerk des selbstfahrenden Geschützes „Grille“ erwiesen sich als äußerst zuverlässig und machten den Flakpanzer 38(t) außergewöhnlich geländegängig.

3,7-cm-Flak auf Fahrgestell Panzerkampfwagen IV (Sf)

Schon bei seiner Einführung war klar, dass die Feuerkraft des Flakpanzer 38(t) nicht ausreichte. So verfiel man zunächst darauf, auf die Wanne des Panzer IV den 2-cm-Flak-Vierling-38 und die 3,7-cm-Flak-43 zu setzen. Entsprechende Prototypen waren im Dezember 1943 fertig.

Der Umbau war sehr rudimentär: Auf die Wanne des Panzer IV kam ein vergrößerter Aufbau aus vier rechteckigen Platten, die den nach oben offenen Kampfraum bildeten. Diese Platten konnten teilweise geöffnet werden, um bei großer Erhöhung einen Schwenkbereich von 360° zu bieten oder abgeklappt für niedrige Ziele beweglich zu bleiben. So hatte die Besatzung mehr Bewegungsfreiheit, büßte aber ihren Schutz ein.

Für die Serie wurde die Flak 43 ausgewählt, denn der Flak-Vierling hatte eine sehr hohe Silhouette und zu wenig Feuerkraft. Von März 1944 bis März 1945 wurden 240 Stück gebaut, die ersten wurden Ende April 1944 zu Einheiten in Frankreich geschickt.

3,7-CM-FLAK AUF FAHRGESTELL PANZERKAMPFWAGEN IV (SF) MÖBELWAGEN

Gewicht	24,00 t
Länge	5,95 m
Breite	2,95 m
Höhe	3,10 m
Antrieb	Maybach-HL-120-TRM-12-Zylinder-Ottomotor mit 300 PS
Geschwindigkeit	38 km/h (Straße)
Reichweite	220 km (Straße)
Besatzung	6–7 Mann
Panzerung	10–80 mm
Bewaffnung	1 x 3,7-cm-Flak-43 mit 416 Schuss und 1 x MG 42 7,92 mm

Ein Möbelwagen mit der 3,7-cm-Flak-43 bei voller Erhöhung. Der Soldat rechts bedient den stereoskopischen Entfernungsmesser R36.

3,7-cm-Flak auf Fahrgestell Panzerkampfwagen IV (Sf)
Die 3,7-cm-Flak auf Fahrgestell Panzerkampfwagen IV (Sf). Das Bild macht deutlich, weshalb die Truppe ihn als Möbelwagen bezeichnete.

Flakpanzer IV Wirbelwind

Es gibt zwei unterschiedliche Versionen zur Entstehung dieses Flakpanzers. Die prosaischere bezieht sich auf einen offiziellen Auftrag von Anfang 1944, die andere schreibt ihn dem Erfindungsreichtum der 12. SS-Panzer-Division „Hitlerjugend" zu. Die offizielle Anforderung an alle künftigen Flakpanzer umfasste:

- Einen voll gepanzerten Drehturm für drei oder vier Mann
- Mindestens zwei Kanonenrohre
- Eine Gesamthöhe von unter drei Metern
- Genügend Stauraum für Munition
- Leichten Zugang zum Turm
- Gute Belüftung und Rauchabsaugung im Turm

Laut der alternativen Version wartete die 12. SS-Panzer-Division „Hitlerjugend" Anfang 1944 immer noch auf ihre Flakpanzer. Zwölf Flakpanzer 38(t) trafen schließlich im April ein. Besorgt wegen der Verzögerung ließ Hauptsturmführer Karl Krause, der die Flak-Abteilung

An der Westfront suchen deutsche Soldaten 1944 von ihrem getarnten Flakpanzer IV Wirbelwind den Himmel ab.

FLAKPANZER IV WIRBELWIND

Gewicht	22,00 t
Länge	5,95 m
Breite	2,95 m
Höhe	2,76 m
Antrieb	Maybach-HL-120-TRM-12-Zylinder-Ottomotor mit 300 PS
Geschwindigkeit	38 km/h (Straße)
Reichweite	200 km (Straße)
Besatzung	6 Mann
Panzerung	10 – 80 mm
Bewaffnung	4 x 2-cm-Flak-Vierling-38 mit 3.200 Schuss und 1 x MG 34 7,92 mm vorn in der Wanne mit 1.350 Schuss

Flakpanzer IV Wirbelwind

Der Prototyp des Flakpanzer IV Wirbelwind wurde im Mai 1944 fertiggestellt. Von Juli bis November wurden insgesamt 86 Stück gebaut. Danach wurde die Fertigung zugunsten des Ostwind eingestellt.

der Division führte, auf eigene Faust drei Wannen des Panzer IV mit offenen Türmen und dem Flak-Vierling 38 ausrüsten. Diese gerieten so vielversprechend, dass der Kommandeur des Panzerregiments der Division, Obersturmbannführer Max Wünsche, sich unter Umgehung des Dienstwegs direkt an Hitler wandte, der sein Einverständnis zur Serienfertigung gab.

Der Turm des Panzer IV wurde ersetzt durch einen offenen, neuneckigen Turm mit dem Flak-Vierling 38. Wegen der Form des Turms nannte die Besatzung das Fahrzeug auch „Keksdose“. Der Flakpanzer war aber hoch geschätzt, sowohl für die Flugabwehr als auch für die Nahunterstützung, wo er mit seiner enormen Feuergeschwindigkeit Bodenziele gnadenlos vernichtete.

Flakpanzer IV Wirbelwind

Turm
Der oben offene Turm mit 16 Millimeter Panzerung bot wenig Schutz gegen Tiefflieger.

Wanne
Die technische Zuverlässigkeit war problematisch, denn alle Flakpanzer Wirbelwind basierten auf überholten Wannen des Panzer IV.

Kanone
Der 2-cm-Flak-Vierling-38 erreichte eine Feuergeschwindigkeit von 800 Schuss pro Minute. Seine Wirksamkeit bei der Flugabwehr litt aber unter der relativ langsamen Geschwindigkeit beim Richten.

NAHUNTERSTÜTZUNG

Der Kommandant eines Tiger II der Waffen-SS erinnert sich an ein Ereignis bei der Schlacht um Berlin: „Damals wurde mein Tiger stets von einem 2-cm-Flakpanzer Wirbelwind begleitet. Er bewährte sich vorzüglich in der Luftabwehr, gab aber auch ausgezeichnete Deckung gegen angreifende Infanterie. Mein Wirbelwind stand am Rand des Parks, bereit, auf Flieger oder Bodenziele zu feuern. Eine Kugel, wohl von einem Scharfschützen, traf meinen Arm. Ich ließ mich in den Turm herunterfallen und wir machten dicht. Mein Wirbelwind feuerte ein paar Sekunden lang in ein hohes Gebäude auf der anderen Seite des Parks, wo der Scharfschütze sein musste. Die Fenster zersprangen und ... Glas rieselte zur Erde."

Flakpanzer IV Ostwind

Der Ostwind war eine logische Weiterentwicklung des Wirbelwind und diesem sehr ähnlich. Er hatte aber die 3,7-cm-Flak-43. Der Turm war einfacher gestaltet und hatte nur sechs Ecken statt neun, dafür aber eine stärkere Panzerung von 25 Millimetern. Im August 1944 wurden 100 Stück in Auftrag gegeben, aber bis zur Einstellung der Fertigung im März 1945 wurden nur 43 Stück gebaut.

FLAKPANZER IV OSTWIND

Gewicht	25,00 t
Länge	5,92 m
Breite	2,95 m
Höhe	2,68 m
Antrieb	Maybach-HL-120-TRM-12-Zylinder-Ottomotor mit 300 PS
Geschwindigkeit	38 km/h (Straße)
Reichweite	200 km (Straße)
Besatzung	5 Mann
Panzerung	30 – 80 mm
Bewaffnung	1 x 3,7-cm-Flak-43 mit 1.000 Schuss und 1 x MG 34 7,92 mm vorn in der Wanne mit 1.350 Schuss

Flakpanzer IV Ostwind

Der Ostwind war ein starker Flakpanzer, war aber in der Luftabwehr beeinträchtigt, da er von Hand gerichtet werden musste.

Flakpanzer IV Kugelblitz

Grundlage für diesen Flakpanzer war ein Vorschlag vom April 1944, den Panzer IV mit dem 3-cm-Flak-Zwilling-303 auszurüsten, der von Rheinmetall für die neuen U-Boote vom Typ XXI entwickelt worden war. Eigentlich sollte der gesamte Marineturm samt Kanonen auf die Wanne des Panzer IV gesetzt werden. Es soll auch schon ein Prototyp gebaut worden sein, aber eine Serienproduktion kam nicht in Frage, weil die Kanonen und Türme Mangelware waren und die Kriegsmarine bei der Ausrüstung absoluten Vorrang hatte.

Andere Waffen waren besser verfügbar. Die Hochleistungskanone MK 103 wurde seit 1943 für die Luftwaffe gebaut und war in brauchbarer Zahl verfügbar. Die Flugabwehrvariante dieser Kanone wurde mit einer modifizierten Lafette der Flak 38 kombiniert und war als MK 103/38 Jaboschreck bekannt. Hier musste aber ein ganz neuer Turm entwickelt werden, sodass der erste Prototyp erst im November 1944 fertig war.

Der geschlossene, halbkugelförmige Dreimannturm sollte elektrisch angetrieben werden, um zumindest in der Theorie eine Richtgeschwindigkeit in der Höhe und zur Seite von 60° pro Sekunde zu erreichen. Man hatte aber nicht bedacht, dass der enge Turm nicht genügend Platz für den Elektromotor bot. Dann wurde ein hydraulischer Antrieb erwogen, der aber viel Zeit für die Entwicklung der notwendigen Pumpen erfordert hätte. Da man es eilig hatte, wurde schließlich beschlossen, den Turm von Hand zu bedienen. Damit sank die Richtgeschwindigkeit auf magere 14° pro Sekunde. Trotzdem wurde der Serienproduktion zugestimmt, weil der Bedarf an Flakpanzern überaus dringend war. Es wurde eine monatliche Produktion von 30 Flakpanzern ab März 1945 angepeilt.

Aber zu jener Zeit hatten die Luftangriffe der Alliierten bereits das deutsche Verkehrssystem lahmgelegt, und auch die wichtigen Industriezentren wurden nach und nach eingenommen. So kam es dazu, dass bis Februar/März 1945 nur fünf Prototypen bzw. Vorserienfahrzeuge entstanden. Sie sollen an die Panzerflak-Ersatz-und-Ausbildungs-Abteilung in Ohrdruf gegangen sein. Eindeutige Belege für einen Gefechtseinsatz gibt es aber nicht. Gerüchten zufolge sollen jedoch wenigstens einige von ihnen bei der Schlacht um Berlin zum Einsatz gekommen und in den letzten Kriegstagen zerstört worden sein.

FLAKPANZER IV KUGELBLITZ

Gewicht	23,30 t
Länge	5,92 m
Breite	2,85 m
Höhe	2,30 m
Antrieb	Maybach-HL-120-TRM-12-Zylinder-Ottomotor mit 300 PS
Geschwindigkeit	38 km/h (Straße)
Reichweite	200 km (Straße)
Besatzung	5 Mann
Panzerung	30 – 80 mm
Bewaffnung	2 x 3-cm-MK-103/38 mit 1.200 Schuss und 1 x MG 34 7,92 mm vorn in der Wanne mit 900 Schuss

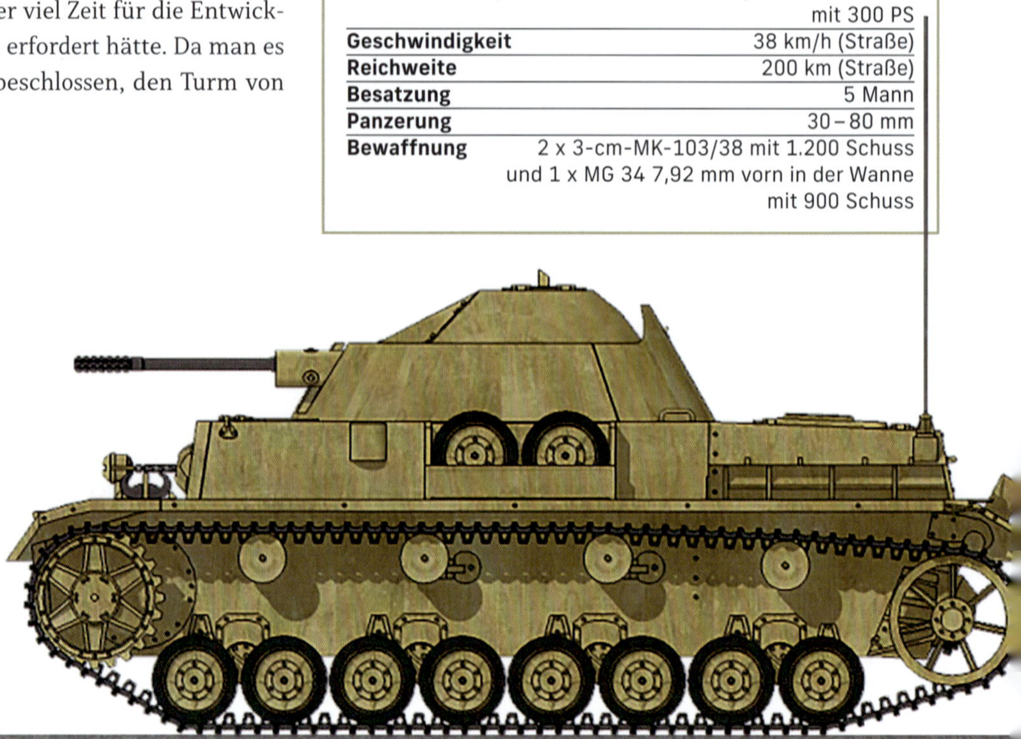

Flakpanzer IV Kugelblitz
Die 3-cm-Kanone MK 103/38 mit Gurtzuführung gab dem Kugelblitz eine enorme Feuerkraft, aber die starken Vibrationen der Waffe beeinträchtigten die Genauigkeit beim Zielen.

SdKfz 251/17

Das war der erste Versuch, einen Flakpanzer auf der Basis des SdKfz 251 zu schaffen. Eine kleine Zahl an Fahrzeugen erhielt gewölbte Seitenwände, die im Gefecht heruntergeklappt werden konnten, um der Besatzung mehr Bewegungsfreiheit zu verschaffen. Da die Fertigung aber sehr umständlich und aufwendig war, wurden 1941/42 nur wenige Fahrzeuge gebaut. Die nächste Version, ebenfalls mit der Bezeichnung SdKfz 251/17, erhielt auch die Flak 38, aber hier handelte es sich um eine „saubere" Konstruktion mit der Flak in einem kleinen, nach oben offenen Einmannturm. Diese Version wurde wohl ab September 1944 in einer Zahl von etwa 250 Fahrzeugen gebaut.

SDKFZ 251/17

Gewicht	8,80 t
Länge	5,75 m
Breite	2,10 m
Höhe	2,25 m
Antrieb	Maybach-HL-42-TRKM-6-Zylinder-Ottomotor mit 100 PS
Geschwindigkeit	53 km/h (Straße)
Reichweite	465 km (Straße)
Besatzung	6 Mann
Panzerung	8–12 mm
Bewaffnung	1 x 2-cm-Flak-38 mit 600 Schuss und 1 x MG 34 oder MG 42 7,92 mm mit 600 Schuss

SdKfz 251/17 Ausf C

SdKfz 251/17 Ausf C mittlerer Schützenpanzerwagen mit einer 2-cm-KwK 1942 in Russland.

SdKfz 251/21

Ein simples, aber effektives Flakpanzerfahrzeug. Es gab einige wenige Feldumbauten und Vorserienfahrzeuge auf der Grundlage der Wanne der Ausf C, aber die Serienfahrzeuge basierten überwiegend auf der Ausf D. In den Kampfraum wurde ein modifizierter Flak-Drilling auf einer Sockellafette installiert. Dieser bestand aus einer festen Bodenplatte mit einer drehbaren, kegelförmigen Lafette und einer Wiege, auf der entweder drei MG 151

SDKFZ 251/21

Gewicht	8,10 t
Länge	5,98 m
Breite	2,10 m
Höhe	2,25 m
Antrieb	Maybach-HL-42-TRKM-6-Zylinder-Ottomotor mit 100 PS
Geschwindigkeit	53 km/h (Straße)
Reichweite	465 km (Straße)
Besatzung	5 Mann
Panzerung	8–12 mm
Bewaffnung	3 x 1,5-cm-MG-151 oder 3 x 2-cm-MG-151/20 mit 3.000 Schuss

SdKfz 251/21 Ausf D

Ein SdKfz 251/21 Ausf D Fliegerabwehr-Schützenpanzerwagen (Drilling).

oder drei MG 151/20 montiert waren. Die Waffen wurden nach rechts versetzt montiert, um Platz für die Zerfallgurte und die Munitionszuführung zu schaffen. Die ausgeworfenen Hülsen und Gurtglieder sammelten sich auf dem Sockel und drehten sich mit der ganzen Lafette. Dazu befanden sich drei Munitionskisten auf dem Sockel, die ebenfalls mitschwenkten. Die mittlere Kiste, bei der das Beladen am schwierigsten war, enthielt 400 Schuss gemischter Munition: Sprengmunition, Leuchtspurkörper und panzerbrechende Munition. In den äußeren Kisten befanden sich jeweils 250 Schuss.

Der Richtschütze wurde durch einen dreiseitigen Schild geschützt und richtete den Drilling ohne Seiten- und Höhenrichtmaschine frei. Abgefeuert wurde durch Abzüge an zwei Handgriffen, einer auf jeder Seite. Die ersten Serienfahrzeuge hatten das Flakvisier 38 oder 38A, Reflexvisiere für Jagdflugzeuge. Später ersetzte sie das Schwebekreisvisier 30, ein offenes, kreisrundes Visier.

Prototypen und Attrappen

Im Jahr 1944 führte der immer dringendere Bedarf an Flakpanzern zu einer Reihe neuer Vorschläge. Viele kamen nicht über den Status einer Konzeptstudie hinaus, aber es wurden auch eine Handvoll Attrappen und Prototypen gebaut.

Beim Wirbelwind und Ostwind sah man ein gutes Potenzial für stärkere Kanonen. Es war bereits geplant, den 2-cm-Flak-Vierling-38 durch einen Vierling der 3-cm-Flak-38 (Jaboschreck) zu ersetzen, und genau dieser 103/38 wurde als Hauptbewaffnung für den Zerstörer 45 ausgewählt. Im Dezember 1944 entstand ein einzelner Prototyp, der aber nichts weiter war als ein anders bewaffneter Wirbelwind mit geändertem Munitionsstauraum und einer Feuergeschwindigkeit von etwa 1.000 Schuss pro Minute. Eigentlich sollten alle Flakpanzer Wirbelwind zum Zerstörer 45 umgebaut werden, aber das Chaos infolge der alliierten Luftangriffe machte eine weitere Arbeit an diesem Projekt unmöglich. So wurden auch die Pläne aufgegeben, den Ostwind mit dem 3,7-cm-Flak-Zwilling-43 aufzurüsten. Der einzige andere Flakpanzer, der überhaupt noch Fortschritte machte, war der Cölian, ein Panther mit einem voll geschlossenen Turm, der mit dem 3,7-cm-Flak-Zwilling-341 ausgestattet wurde und so eine kombinierte Feuergeschwindigkeit von 360 Schuss pro Minute aufwies. 1944 entstand eine einzelne Attrappe, aber Probleme bei der Belüftung des Turms und die allgemeine Kriegslage verhinderten jede weitere Entwicklung.

Taktik der Flak

Im Lauf des Krieges gerieten die Flakpanzer-Verbände immer mehr unter Druck. 1944 war von der Luftwaffe angesichts der überwältigenden Luftüberlegenheit der Alliierten kaum noch etwas zu sehen. So war die Gefahr des Eigenbeschusses kaum noch gegeben, aber die wenigen verbliebenen Flakpanzer waren zu wertvoll, um sie in vorgeschobenen Stellungen einzusetzen. Am effektivsten war die Taktik der Flakfalle. Dabei wurden ein oder zwei nicht mehr fahrbereite Fahrzeuge in der Nähe einer Straßenkreuzung abgestellt und bewusst schlecht getarnt. In der Nähe warteten sorgfältig getarnte Flakpanzer, die auf den unvermeidlichen Angriff der feindlichen Jagdbomber auf dieses lohnende Ziel warteten. Sie eröffneten das Feuer aus nächster Nähe und konnten oft wenigstens ein Flugzeug zerstören.

Deutsche Panzer bezogen selten durch Flakpanzer gedeckte Stellungen. In den meisten Fällen waren sie auf eigene Flak-MGs und die vorhandenen Flak der von ihnen unterstützten Einheiten angewiesen. Die übliche Verteidigung gegen Luftangriffe bestand aus einer sorgfältigen Tarnung. Wurde der Panzer im Freien überrascht, half eine verzweifelte, aber oft effektive Taktik: Er hielt an, öffnete alle Luken und senkte die Kanone ab, um ein zerstörtes und aufgegebenes Fahrzeug vorzutäuschen. Oft genug wurden diese Panzer von den alliierten Piloten ignoriert.

Obwohl die bordeigenen Flak-MGs in erster Linie Luftangreifer aus niedriger Höhe abschrecken sollten, waren sie in manchen Fällen durchaus tödlich. Als die Tiger-Kompanie von Michael Wittmann am 10. Juni 1944 zur Front in der Normandie marschierte, wurde sie von bis zu 35 Jagdbombern der Alliierten angegriffen. Die Tiger wurden möglichst weit auseinandergezogen, um kein konzentriertes Ziel zu bieten, und eröffneten dann das Feuer mit ihren Flak-MGs. Sie trafen tatsächlich ein Flugzeug, welches abstürzte. Dabei hatte die Kompanie den seltenen Vorteil, dass sie Unterstützung vom Flak-Zug erhielt. Dieser zerstörte ein weiteres Flugzeug, allerdings wurden zehn Mann bei dem Fliegerangriff verletzt.

Im Folgenden eine Zusammenfassung eines Geheimdienstberichts der US Army von 1943 über den taktischen Einsatz von leichten Flak-Einheiten. Die Hauptrollen der Flak-Einheiten sind:

- Abwehr gegnerischer Luftaufklärung
- Abwehr gegnerischer Beobachtungsluftfahrzeuge der Artillerie

Der Flakpanzer Cölian auf dem Chassis des Panther.

- Abwehr von Luftangriffen auf Soldaten und wichtige Einrichtungen
- Unterstützung der eigenen Luftkampffähigkeit

Die leichten MGs bieten Schutz gegen feindliche Tiefflieger. In ihrer Flak-Rolle dürfen sie nur im Rahmen der Selbstverteidigung feindliche Panzer oder andere Bodenziele beschießen. Da die Flak-Einheiten in der Regel zum Schutz der Feldartillerie und der Panzerjägerbatterien eingesetzt werden, finden sie sich oft ganz vorn wieder. Dabei hängt das eigene Überleben oft genug von der Fähigkeit ab, feindliche Panzer effektiv zu bekämpfen.

Jede deutsche Kampfeinheit ist für die eigene Flugabwehr gegen Tiefflieger zuständig – alle Schützen sind dazu ausgebildet, auf gegnerische Tiefflieger zu schießen, denn das konzentrierte Gewehrfeuer ist schräg nach oben geschossen bis auf 450 Meter wirksam. Die Wirksamkeit anderer Waffen zur Flugabwehr wird wie folgt bewertet:

- MG-Feuer: 750 Meter
- 2-cm- und 3,7-cm-Kanonen: 1.800 Meter

Auf dem Marsch sind Panzer- und Panzergrenadierdivisionen aufgelockert und wann immer möglich marschiert jede Division in mehreren Kolonnen auf parallelen Straßen. Die meisten Flak-Waffen sind weit vorn in der Kolonne, und alle Engpässe, Brücken und Halteplätze werden von den Flak-Einheiten stark verteidigt. Die Kolonnen halten in der Regel alle zwei Stunden für 20 Minuten. Nach vier oder fünf Stunden Marsch wird meist ein Halt von mindestens drei Stunden eingelegt.

Bei Angriffen aus der Luft marschiert die Kolonne weiter unter dem Feuerschutz ihrer leichten und mittleren Flak, unterstützt durch alle MGs, die gegen die angreifenden Flieger eingesetzt werden können. Ist der Angriff so heftig, das schwere Verluste unter den Mannschaften auf den LKW zu befürchten sind, hält die Kolonne an, und die Soldaten gehen in Deckung. Die Fahrer bleiben allerdings bei ihren Fahrzeugen. Droht ein Luftangriff im offenen Gelände, entfalten sich die Panzerkolonnen in offenen, meist V-förmigen Formationen.

Einsatz gegen Bodenziele

Mit ihrer Beweglichkeit und ihrer hohen Feuergeschwindigkeit sind die 2-cm- und 3,7-cm-Flak mächtige Waffen gegen leichte Panzer. Sie werden auch häufig gegen andere Bodenziele eingesetzt, sogar gegen Bunker, die durch konzentriertes Feuer auf Schießscharten und Beobachtungsöffnungen lahmgelegt werden. Zusammen mit der „Acht-Acht" geben sie auch Pionieren beim Brückenbau Feuerschutz. Es wird nur direkt gefeuert mit simplen Zielfernrohren, unterstützt durch Leuchtspurmunition.

Panzer I (F)

Bei den ersten Versuchen wurden auf zwei Panzer I der Panzergruppe Drohne, die während des Spanischen Bürgerkriegs in Cubas de la Sagra bei Madrid stationiert war, die Infanterie-Flammenwerfer-35 montiert.

Die Umrüstungen waren im Detail unterschiedlich, aber die erfolgreichste Variante war wohl der einfache Austausch des rechten MG 13 gegen den Flammenwerfer 35. Die Flammöl- und Treibmitteltanks waren vermutlich im Kampfraum untergebracht. Sie enthielten 11,8 Liter Flammöl 19 – das war mit Teer verdicktes Benzin. Der Teer verbesserte die Reichweite und auch die Haftung an den Zielen. Angetrieben wurde die Mischung durch Stickstoff, gezündet durch ein Wasserstoff-Zündsystem. Die Flamme hatte eine Brenndauer von etwa zehn Sekunden.

Die Erprobung in den Jahren 1936/37 verlief zwar durchaus ermutigend, aber man nahm doch Abstand davon, den schwach gepanzerten Panzer I in dieser Rolle einzusetzen, denn die Reichweite betrug nur 27 Meter. Trotz allem kam mindestens ein derart umgerüsteter Panzer I 1941 bei der Belagerung von Tobruk zum Einsatz.

PANZER I AUSF A (F)

Gewicht	5,40 t
Länge	4,02 m
Breite	2,06 m
Höhe	1,72 m
Antrieb	Krupp-M-305-4-Zylinder-Ottomotor mit 60 PS
Geschwindigkeit	37 km/h (Straße)
Reichweite	200 km (Straße)
Besatzung	2 Mann
Panzerung	6–13 mm
Bewaffnung	1 x Flammenwerfer 35 mit 11,8 l Flammöl 19 und 1 x MG 13 7,92 mm

Panzer I Ausf A

Ein Panzer I Ausf A Lanzallamas bei der Erprobung in Cubas de la Sagra.

Taktische Anweisungen

Zum Flammpanzer gab es umfangreiche taktische Anweisungen, darunter:

- Panzerflammwagen setzen den Flammenwerfer zur Bekämpfung von Truppen und brennbaren Zielen auf kurze Entfernung ein und das Maschinengewehr zur Bekämpfung von Truppen bis auf 400 Meter (die wirksamste Entfernung liegt bei 200 Metern).
- Bei der Bekämpfung von Gegnern im offenen Gelände oder wenn sie nicht eingegraben sind, wird die beste Wirkung durch einen Flammstrahl mit 0° Erhöhung erzielt. Der Feuerstrahl deckt einen Bereich von etwa zehn bis 20 Meter vor dem Flammpanzer ab. Durch Schwenken der Spritzköpfe kann ein etwa 50 Meter breiter Bereich abgedeckt werden.
- Die Dauer des Feuers lässt sich verlängern, indem man den Zielbereich mit kaltem Öl besprüht und es einsickern lässt. Dann folgt ein kurzer Flammstoß mit entzündetem Flammöl. Dieses Verfahren wird zur Bekämpfung von Gräben, Bunkern, Geschützstellungen und Häusern empfohlen.
- Die Flammpanzer rücken unter dem Feuerschutz der Artillerie oder konventioneller Panzerkräfte vor. Auf kurze Entfernung erfolgt der Feuerschutz durch die eigenen Panzer-II-Züge der Kompanie.
- Die beste Wirkung wird erzielt, wenn die gesamte Panzerflammabteilung mit allen drei Kompanien über eine Front von nicht mehr als 850 Metern Breite angreift. Kompanien greifen nur an, wenn das Gelände den Einsatz der gesamten Abteilung nicht zulässt.

Panzer II (F)

Die Entwicklung des Panzer II (F) begann Anfang 1939. Der erste Prototyp aus Weichstahl auf Basis der Wanne der Ausf D war im Juli fertig. Die ersten einsatzbereiten Fahrzeuge wurden im Januar 1940 ausgeliefert. Bis März 1942 wurden 155 Stück gebaut. Dann wurde die Produktion eingestellt, weil die Wannen für die dringend benötigten Panzerjäger Marder II gebraucht wurden.

FLAMINGO

Dieser Typ wurde als Flamingo bekannt. Er besaß zwei Flammenwerfer auf den beiden vorderen Kettenabdeckungen. Als Nebenbewaffnung diente ein MG 34 in einem kleinen Einmannturm. Die Flammenwerfer saßen in turmartigen, drehbaren Spritzköpfen, jeder mit einem Schwenkbereich von 180°. Jeder dieser Flammenwerfer hatte einen eigenen 160-l-Benzintank, ausreichend für 80 Feuerstöße von je zwei bis drei Sekunden.

Das Flammöl wurde durch unter Druck stehenden Stickstoff bis zu 30 Meter weit getrieben und durch komprimiertes Acetylen entzündet. Die Panzerflammabteilungen Panzerabteilung (F) 100 und Panzerabteilung (F) 101 erhielten insgesamt 84 Flamingos. Beide Verbände nahmen an der Eröffnungsphase der Operation Barbarossa teil. Die Panzerabteilung (F) 100 war der 18. Panzer-Division unterstellt, die Panzerabteilung (F) 101 der 7. Panzer-Division. Laut Kriegsstärkenachweis hatte jede Abteilung 42 Flamingos, unterstützt durch 24 Panzer II und fünf Panzer III.

EINSATZ AN DER OSTFRONT

Der Flamingo wurde bis Ende 1941 in Russland eingesetzt. Nach schweren Verlusten wurden beide Abteilungen nach Deutschland zurückbeordert und in reguläre Panzerabteilungen umgegliedert. Die restlichen Flamingos wurden zu Marder II umgebaut, 87 ihrer Türme kamen in Befestigungsanlagen in Norwegen und danach an der Ostfront zum Einsatz.

PANZER II (F)

Gewicht	10,50 t
Länge	4,65 m
Breite	2,30 m
Höhe	1,85 m
Antrieb	Maybach-HL-62-TRM-Ottomotor mit 140 PS
Geschwindigkeit	55 km/h (Straße)
Reichweite	200 km (Straße)
Besatzung	3 Mann
Panzerung	5–30 mm
Bewaffnung	2 x Flammenwerfer-Anlagen mit 320 l Benzin und 1 x MG 34 7,92 mm mit 1.800 Schuss

Panzer II (F)

Der Panzer II (F), besser bekannt als Flamingo. Über der Motorabdeckungen befinden sich Nebelbecher.

Flammwagen auf Panzer B-2(f)

Anfang 1941 begann man damit, 24 erbeutete französische Char B-1 zu Flammpanzern umzubauen. Die ersten Serienfahrzeuge wurden auf simple Weise umgerüstet: Man ersetzte das im Bug montierte 7,5-cm-Geschütz durch einen Flammenwerfer.

Ebenso wie das Geschütz ließ sich der Flammenwerfer gut erhöhen, einen seitlichen Schwenkbereich gab es nicht. Um mit dem Flammenwerfer zu zielen, musste der ganze Panzer bewegt werden. Das Abfeuern besorgte der Fahrer.

Die späteren Fahrzeuge wurden aufwendiger umgebaut. Die vordere Wanne wurde höher gezogen und hatte ein Visier für den Bediener des Flammenwerfers, der neben dem Fahrer saß. Der Flammwagen erhielt die Flammenwerfer-Anlagen samt Spritzköpfen aus dem Flamingo. Alle 24 Fahrzeuge hatten nun einen Benzintank im Kampfraum.

Alle Flammpanzer gingen an die Panzerabteilung (F) 102, die in der Eröffnungsphase der Operation Barbarossa damit Angriffe auf sowjetische Grenzbefestigungen durchführte. Zwei wurden von der Panzerabwehr der Bunker zerstört, aber die Leistung der Abteilung war doch so beeindruckend, dass weitere Flammpanzer auf der Basis des Char B bestellt wurden.

Ein Flammwagen auf Panzer B-2(f) der Panzerabteilung (F) 102 mit der vorn hochgezogenen Wanne und den beiden Visieren für den Fahrer und den Bediener des Flammenwerfers.

Flammwagen auf Panzer B-2(f)
Ein früher Flammwagen auf Panzer B-2(f). Die Panzer-Abteilung 213 auf den Kanalinseln hatte wohl bis zum Ende des Krieges zwölf dieser Flammpanzer.

FLAMMWAGEN AUF PANZER B-2(F)

Gewicht	34,00 t
Länge	6,86 m
Breite	2,52 m
Höhe	2,88 m
Antrieb	Renault-Ottomotor mit 300 PS
Geschwindigkeit	25 km/h
Reichweite	250 km (Straße)
Besatzung	4 Mann
Panzerung	14–60 mm
Bewaffnung	1 x Flammenwerfer-Anlage mit 320 l Benzin und 1 x 4,7-cm-KwK-35(f)-L/34 mit 50 Schuss sowie 1 x 7,5-mm-MG

Im Juni 1942 war das letzte Los von 36 Panzern fertiggestellt. Diese Flammpanzer erhielten einen Flammenwerfer von Koebe, angetrieben durch einen Zweitaktmotor Auto Union ZW 1101, der eine Reichweite von 40 bis 45 Metern hatte. Ein großer gepanzerter Tank hinten in der Wanne enthielt genügend Flammöl 19 für 200 Feuerstöße von zwei bis drei Sekunden.

Das war das „offizielle“ Ende der Fertigung. Im besetzten Frankreich sind vermutlich viele weitere Char B von der Feldzeugtruppe zu Flammpanzern umgebaut worden. Die letzten Serienfahrzeuge wurden häufig eingesetzt. So gingen zwölf von ihnen 1942/43 an die Panzer-Kompanie 223 auf der Krim. Zu den Nutzern zählten auch die 7. SS-Freiwilligen-Gebirgs-Division „Prinz Eugen“ (die im Partisanenkrieg auf dem Balkan kämpfte) und die Panzer-Kompanie 224 (im Kampf gegen die Luftlandekräfte der Alliierten bei der Operation Market Garden).

Panzer III (Fl)

Diese Flammpanzer basierten auf dem Panzer III Ausf M, von dem 100 Stück zwischen Februar und April 1943 bei Wegmann in Kassel umgerüstet wurden. Die Kanone wurde entfernt und durch einen Flammenwerfer von Koebe ersetzt, wie er auch in den letzten Flammwagen auf Panzer B-2(f) zum Einsatz kam. Der Flammenwerfer hatte eine Reichweite von 60 Metern bei einem Seitenrichtbereich von 360° und einem Höhenrichtbereich von -10° bis +20°. Die MGs wurden beibehalten, die Besatzung aber auf drei Mann reduziert: Kommandant/Richtschütze zur Bedienung des Flammenwerfers und des koaxialen MGs im Turm sowie der Funker/MG-Schütze in der Wanne und der Fahrer.

41 dieser Flammpanzer gingen für die Schlacht bei Kursk an die Panzergrenadier-Division „Großdeutschland" sowie an die 6. und 10. Panzer-Division. Andere wurden in Italien bei der 16. und 26. Panzer-Division eingesetzt. In einem nächtlichen Gefecht bei Ortona am 16. Dezember 1943 stellten die fünf Flammpanzer III der 2. Flamm-Kompanie/Panzer-Regiment 26 das Potenzial dieser Fahrzeuge unter Beweis.

Die Kompanie meldete: „Die 2. Flamm-Kompanie unterstützte den Vormarsch der Fallschirmjäger mit MG-Feuerschutz ... der Flammwagen räucherte zahlreiche feindliche MG-Nester und Infanteriestellungen aus. Der Widerstand des Feindes brach nach den enormen Verlusten zusammen. Ein Flammwagen zielte auf einen feindlichen, hinter einem Heuhaufen versteckten Panzer und setzte ihn mit mehreren Feuerstößen in Brand. Während des Einsatzes gab die Kompanie mehr als 150 Feuerstöße ab. Zwei Flammpanzer wurden irreparabel beschädigt, dazu haben wir zwei Verwundete und einen Vermissten."

Einige wenige Flammpanzer III hielten bis in die letzten Kriegsmonate durch. Die letzte Einheit, die den Flammpanzer III erhielt, war anscheinend die im Dezember 1944 aufgestellte Panzer-Flamm-Kompanie 351, die zehn Stück für die Verteidigung von Budapest erhielt. Diese Einheit blieb bis zum 10. April 1945 im Einsatz und hatte dann noch vier einsatzfähige Panzer und einen in der Werkstatt.

PANZER III (FL)

Gewicht	23,00 t
Länge	5,52 m
Breite	2,97 m
Höhe	2,51 m
Antrieb	Maybach-HL-120-TRM-Ottomotor mit 300 PS
Geschwindigkeit	40 km/h (Straße)
Reichweite	300 km (Straße)
Besatzung	3 Mann
Panzerung	10–80 mm
Bewaffnung	1 x 14-mm-Flammenwerfer mit 1.020 l Flammöl 19 sowie 2 x MG 34 7,92 mm (eines koaxial und eines vorn in der Wanne) mit 3.750 Schuss

Flammpanzer III

Ein Flammpanzer III mit Schürzen. Die 1.020 Liter Flammöl in den Innentanks reichten für 80 Feuerstöße von zwei bis drei Sekunden.

Flammpanzer 38

Flammpanzer 38
Ein Flammpanzer 38 der Flamm-Panzer-Kompanie 352, Unternehmen Nordwind, Januar 1945.

Im Dezember 1944 wurden 20 Hetzer aus der Produktion bei der Böhmisch-Mährischen Maschinenfabrik AG (BMM) genommen und zu Flammpanzern für die geplanten Winteroffensiven im Westen umgerüstet. Ein Flammenwerfer mit einem Flammrohr ersetzte die Kanone, aber das fernbediente MG 34 oder MG 42 auf dem Dach wurde beibehalten.

Alle 20 Fahrzeuge gingen an zwei Kompanien (Flamm-Panzer-Kompanien 352 und 353), die im Januar 1945 beim Unternehmen Nordwind zum Einsatz kamen. Trotz ausführlicher taktischer Anweisungen wurden die Einheiten während der Offensive immer wieder falsch eingesetzt und erlitten schwere Verluste. Die Flamm-Panzer-Kompanie 353 wurde sogar aufgelöst. Ein Gefechtsbericht hielt fest:

- Der Flammenwerfer und die Flammöltanks funktionierten einwandfrei und ohne Ausfälle.
- Die Flammöltanks enthalten 700 Liter – genügend für 60 bis 70 Feuerstöße.
- Die Rohrabdeckung, die den Flammenwerfer verbergen soll, ist zu schwach. Sie wird durch Kleinwaffenfeuer rasch verbogen und durchlöchert. Das sorgt für Störungen des Flammenwerfers, die ohne diese Abdeckung gar nicht auftreten würden.
- Die Dichtungen müssen verbessert werden – nach einiger Zeit tritt das Flammöl aus und sorgt für Brandgefahr, besonders am Motor.
- Die Reichweite von 50 Metern sollte verdoppelt werden.
- Der Flammenwerfer kann kaltes oder brennendes Öl versprühen ... Feldbefestigungen (Gräben, Schützenlöcher usw.) sind zunächst mit kaltem Öl zu besprühen und dann mit brennendem Öl in Brand zu setzen. Die verzögerte Wirkung ist nützlich beim Angriff auf Gräben, die mit dem brennenden Öl nicht immer erreicht werden können.
- Wenn getroffene Soldaten nicht völlig verbrannt sind, erleiden sie zumindest schwere Verbrennungen. Das Flammöl selbst hat eine zersetzende Wirkung und erzeugt beim Abbrennen eine intensive Hitze.
- Häuser ... werden durch das relativ lang brennende Öl sofort in Brand gesetzt.
- Die Feuerstöße mit den dabei erzeugten Rauchwolken haben eine demoralisierende Wirkung auf den Gegner, die nicht zu unterschätzen ist.

Die Flamm-Panzer-Kompanie 352 war zwar stark geschwächt, blieb aber fast bis zum Ende des Krieges im Einsatz. Am 15. März 1945 meldete sie acht einsatzfähige Panzer und drei weitere in der Werkstatt.

FLAMMPANZER 38

Gewicht	15,75 t
Länge	4,83 m
Breite	2,59 m
Höhe	1,87 m
Antrieb	Praga-AC-2-6-Zylinder-Ottomotor mit 158 PS
Geschwindigkeit	42 km/h (Straße)
Reichweite	177 km (Straße)
Besatzung	4 Mann
Panzerung	8 – 60 mm
Bewaffnung	1 x 14-mm-Flammenwerfer mit 700 l Flammöl 19 und 1 x MG 34 oder MG 42 7,92 mm mit 1.200 Schuss

SdKfz 251/16

Das SdKfz 251/16 war ein hoch spezialisiertes Halbkettenfahrzeug mit zwei seitlich montierten Flammenwerfern. Zwei Tanks im Innenraum mit einem Volumen von insgesamt 700 Litern reichten für 80 Feuerstöße zu je zwei Sekunden. Jeder Flammenwerfer hatte einen Schwenkbereich von 160°, die Bediener waren durch kleine Panzerschilde geschützt. Die ersten Serienfahrzeuge, die ab Januar 1943 bei der Truppe eintrafen, hatten dazu einen tragbaren Flammenwerfer auf der Grundlage des Flammenwerfers 42. Dieser war über ein neun Meter langes Rohr mit den Flammöltanks des Fahrzeugs verbunden und sollte gegen Ziele eingesetzt werden, die von den großen Flammenwerfern nicht erreicht werden konnten. Das scheint auf den ersten Blick ganz nützlich, wurde aber in der Praxis so selten benutzt, dass der tragbare Flammenwerfer bei den späteren Versionen nicht mehr mitgeliefert wurde.

FLAMMÖLTANK

Das Flammöl wurde aus den Tanks über eine Pumpe befördert, die von einem kleinen Benzinmotor angetrieben wurde. Sie erzeugte genügend Druck für Feuerstöße bis zu 36 Metern aus den großen Flammenwerfern. Die Reichweite des tragbaren Flammenwerfers lag bei etwa 27 Metern. Neben der Hauptbewaffnung hatte das SdKfz 251/16 zwei MG 34 oder MG 42 und eine 4-Mann-Besatzung.

SdKfz 251/16 – Einsatz und Taktik

Im Folgenden eine Zusammenfassung der Anweisungen der Wehrmacht zu Einsatz und Taktik:

Einsatz

1. Das SdKfz 251/16 ist eine Nahkampfwaffe der Panzergrenadiere. Es wird im Angriff eingesetzt, wenn andere auf Fahrzeugen montierte Waffen wahrscheinlich keinen Erfolg versprechen.
2. Neben dem Einsatz seiner MGs gegen Schützen auf Entfernungen von bis zu 400 Metern kann das Fahrzeug direkte Feuerstöße gegen Schützen und taktische Ziele auf Entfernungen bis zu 36 Metern richten. Wenn die Flamme feindliche Kräfte nicht zerstört, zwingt sie diese doch aus der Deckung. Angriffe mit Flammstößen sind besonders wirksam bei Säuberungsaktionen, beim Vernichten von plötzlich auftauchendem Feind und beim Vernichten feindlicher Soldaten in Feldbefestigungen.
3. Diese Flammpanzer werden in der Regel zugweise eingesetzt und beim Angriff stets in enger Zusammenarbeit mit den aufgesessenen Panzergrenadier-Einheiten.

SDKFZ 251/16

Gewicht	8,62 t
Länge	5,98 m
Breite	2,10 m
Höhe	2,10 m
Antrieb	Maybach-HL-42-TUKRM-Ottomotor mit 100 PS
Geschwindigkeit	50 km/h (Straße)
Reichweite	465 km (Straße)
Besatzung	4 Mann
Panzerung	6 – 15 mm
Bewaffnung	2 x 14-mm-Flammenwerfer mit 700 l Flammöl 19 und 1 x MG 42 7,92 mm mit 2.010 Schuss

SdKfz 251/16 Ausf D
Ein SdKfz 251/16 Ausf D Flammpanzerwagen im Sommer 1944 in der Normandie.

4. Beim Kampf in befestigten Gebieten, Angriffen auf dauerhafte Befestigungen oder ähnlichem können die Fahrzeuge unter der Führung der aufgesessenen Panzergrenadierzüge einzeln eingesetzt werden. Wenn die Panzergrenadiere absitzen, bleiben die Flammpanzer bei den Schützenpanzerwagen.
5. Es ist verboten, die Fahrzeuge als Ersatz für Panzer oder Sturmgeschütze, als Spitzenfahrzeuge auf dem Marsch oder im Gefecht oder als einzelne Erkundungsfahrzeuge einzusetzen.
6. Bei der Verfolgung unterstützt der Zug örtliche und vorbereitete Gegenangriffe durch aufgesessene Panzergrenadiere.
7. Zur Erzielung größerer Wirksamkeit ist alles zu tun, um den Zug möglichst immer geschlossen einzusetzen.

Taktik

1. Vorbereitungen für den Angriff (Geländebeurteilung, taktische Erkundung, Absicherung, Tarnung und so weiter) folgen den Grundsätzen für Panzertruppen und Panzergrenadiere.
2. Beim Angriff marschieren die Flammpanzer in geöffneter Ordnung hinter den aufgesessenen Panzergrenadier-Einheiten. Von Beginn wird Niederhaltungsfeuer aus den MGs verschossen, damit der Flammpanzer-Zug in die feindliche Stellung eindringen kann.
3. Bleibt der Feind in der Deckung, wird er ausgebrannt. Feuerstöße aus den Flammenwerfern sind nur gegen solche Ziele abzugeben, die mit Sicherheit innerhalb der Reichweite liegen. Wahllose Feuerstöße auf übergroße Entfernungen führen nur zur Verschwendung von Treibstoff und behindern die Sicht.
4. Es ist wichtig, die Flamme zunächst auf den unteren Bereich des Ziels zu richten und sich dann hochzuarbeiten, um jeden Feind mit Panzerabwehrwaffen für den Nahbereich sicher zu vernichten.
5. Von der Art des Ziels und dem Fortschritt des Angriffs hängt ab, ob das Feuer aus der Bewegung oder im Stehen zu eröffnen ist.
6. Gräben sind zu überqueren und von der Flanke anzugreifen. Baumkronen, Dächer und erhöhte Plattformen dürfen in Brand gesetzt werden, wenn dort der Feind vermutet wird.
7. Ist ein großer Brand erforderlich, wird das Ziel zunächst mit Flammöl besprüht und dann durch einen Feuerstoß in Brand gesetzt. Das ist besonders wirksam bei Angriffen auf Erdlöcher, Schützengräben, Bunkereingänge und hölzerne Gebäude.
8. In dichtem Nebel wird kein Feuer eröffnet, es sei denn auf besonderen Befehl.

Panzerjäger Bren 731(e)

Die zahlreichen erbeuteten British Universal Carrier, von der Wehrmacht allgemein als Bren bezeichnet, dienten als Grundlage für etliche Umbauten. Zu den eher ungewöhnlichen Versionen zählte der Panzerjäger Bren 731(e), der mit drei Raketenpanzerbüchsen 43/54 (Panzerschreck) auf der Motorabdeckung ausgerüstet war. Es ist nicht sicher, ob diese Anlage wirklich feuern konnte, aber das Konzept an sich war so Erfolg versprechend, dass es auf andere Fahrzeuge übertragen wurde. Im Januar 1945 wurden Anleitungen herausgegeben, die eine ähnliche Einrichtung auf dem SdKfz 251 vorsahen.

RAKETEN-PANZERBÜCHSEN 43 UND 54

Die an der Ostfront erbeuteten US-Bazookas, die an die Sowjetunion geliefert wurden, führten zur Entwicklung einer eigenen Waffe dieser Art. Im Frühjahr 1944 wurde die fertig entwickelte Waffe als Raketen-Panzerbüchse-43 (Panzerschreck) an die Truppe übergeben. Die Frontsoldaten nannten sie oft einfach „Ofenrohr“.

Das erste Modell war die RPzB 43, die eine höchst wirksame Hohlladung als Gefechtskopf verschoss. Aufgrund des recht kurzen Startrohrs brannte die Treibladung beim Verlassen des Rohrs noch, sodass der Schütze gezwungen war, einen feuerfesten Poncho und eine Gasmaske zu tragen, um schweren Verbrennungen vorzubeugen. Auch die Feuerstellungen mussten sorgfältig ausgewählt werden, weil der hinten austretende Feuerstrahl einen entsprechenden Gefahrenbereich mit sich brachte. Im Oktober 1943 wurde die Produktion auf die schwerere RPzB 54 umgestellt. Sie verfügte nun über einen Schutzschild, der das Tragen der umständlichen Schutzkleidung überflüssig machte. Das Nachfolgemodell war die RPzB 54/1 mit einem kürzeren Startrohr und einer verbesserten Rakete mit einer Reichweite von 180 Metern. Alle Modelle wurden bis zum Kriegsende eingesetzt. Insgesamt wurden vom Panzerschreck mehr als 315.000 Exemplare gebaut. Die Waffe wurde zwar nicht für den Einsatz auf Panzern entwickelt, kam dann aber doch auf dem Panzerjäger Bren 731(e) und dem Panzerjäger Borgward B IVc Ausf m RPzB 54 zum Einsatz.

PANZERJÄGER BREN 731(E)

Gewicht	4,00 t
Länge	3,94 m
Breite	2,11 m
Höhe	1,90 m
Antrieb	Ford-V8-Ottomotor mit 100 PS
Geschwindigkeit	50 km/h (Straße)
Reichweite	250 km (Straße)
Besatzung	4 Mann
Panzerung	7–11 mm
Bewaffnung	3 x Raketen-Panzerbüchse-43/54 mit 24 Schuss, bis zu 6 Panzerfäuste und 1 x MG 34 oder MG 42 7,92 mm

Panzerjäger Bren 731(e)
Zusätzlich zu Panzerschreck und Panzerfaust hat dieses Fahrzeug ein MG 34. Italien, Sommer 1944.

Panzerfaust

Viele Halbkettenfahrzeuge und leichte Panzer führten Panzerfäuste mit sich. Die Panzerfaust war im Prinzip eine Wegwerfwaffe, die sich als hoch wirksame Panzerabwehrwaffe für Infanteristen erwies. Bis Mitte 1944 wurde die Vorgängerversion, die Faustpatrone, zugunsten der tödlicheren Panzerfaust 30 rasch außer Dienst gestellt. Aus der Deckung hatten beide eine tödliche Wirkung. Dort war die kurze Reichweite von 30 Metern auch weniger ein Problem als im freien Gelände.

Die Wirksamkeit der Panzerfaust 30 war hoch. Mit ihrer Durchschlagsleistung von 200 Millimetern wurde sie mit jedem Panzer der Alliierten fertig. Nachteilig waren aber das Mündungsfeuer und der nach hinten austretende Gasstrahl, die auch höchst sorgfältig getarnte Feuerstellungen verrieten. Die Priorität bei der Weiterentwicklung lag in der Erhöhung der Reichweite. Bis zum Kriegsende gab es drei weitere Versionen:

- Panzerfaust 60. Diese Variante war am häufigsten und wurde im September 1944 eingeführt. Die Durchschlagsleistung lag weiter bei 200 Millimetern, aber die Reichweite betrug nun 60 Meter.
- Panzerfaust 100. Diese letzte, in größerer Zahl gebaute Version kam ab November 1944 zum Einsatz. Mit einer größeren Treibladung ließ sich die Reichweite auf 100 Meter steigern. Auch die Durchschlagsleistung wurde auf 220 Millimeter verbessert.
- Panzerfaust 150. Sie ging im März 1945 in die Produktion und wurde in den letzten Kriegswochen in geringer Zahl noch eingesetzt. Die Reichweite betrug nun 150 Meter, und dank eines umgestalteten Gefechtskopfes lag die Durchschlagsleistung bei 280 bis 320 Millimetern. Das verstärkte Rohr konnte bis zu zehn Mal wiederverwendet werden.

PANZERFAUST 30

Gesamtlänge	104,50 cm
Gesamtgewicht	6,60 kg
Rohrdurchmesser	44,00 mm
Länge des Gefechtskopfes	9,50 cm
Gewicht des Gefechtskopfes	2,90 kg (Hohlladung)
Durchmesser des Gefechtskopfes	149 mm
Austrittsgeschwindigkeit	30 m/s
Schussweite	30,00 m
Durchschlagsleistung	200,00 mm

Panzerjäger Borgward B IV Ausf C mit RPzB 54 Wanze

Borgward baute seit 1942 kettengetriebene, gepanzerte Ladungsträger, die mit 500 Kilogramm Sprengstoff an Bord in Sichtweite des Ziels gefahren werden sollten. Wenn das Fahrzeug angekommen war, stieg der Fahrer aus und lenkte das Fahrzeug ferngesteuert zum Ziel. Dort wurde die Ladung abgesetzt und per Funk gezündet, nachdem das Fahrzeug selbst den Gefährdungsbereich wieder verlassen hatte.

1945 gab es aber kaum noch eine Forderung für solche Fahrzeuge. 50 bis 60 überschüssige Fahrzeuge dieser Art wurden zum Panzerjäger umgebaut und recht schnell unter dem Namen Wanze bekannt. Sie erhielten eine Besatzung von zwei Mann (Fahrer und Schütze) und ein Sechslings-Werfer-Gestell für die Raketenpanzerbüchse 54 (Panzerschreck) mit einem gepanzerten Schild. Der Seiten- und Höhenrichtbereich war sehr eingeschränkt, und alle sechs Schuss wurden auf einmal abgefeuert, um eine Wirkung ähnlich einer Schrotflinte zu erzielen. Einige Fahrzeuge sind in den letzten Kriegstagen um Berlin noch zum Einsatz gekommen.

SdKfz 4/1

Ein großer taktischer Nachteil der 15-cm-Rakete war die weit sichtbare Rauchspur. Das lud geradezu zum Artilleriebekämpfungsfeuer ein. Die Truppen mussten also lernen, zu schießen und sofort zu flüchten, um zu überleben. Unter diesem Aspekt stand eine selbstfahrende Version ganz oben auf der Wunschliste. Unter der Bezeichnung 15-cm-Panzerwerfer-42 wurde ein Mehrfachraketenwerfer für zehn Schuss entwickelt. Er wurde 1943 eingeführt und basierte auf einer gepanzerten Version des Opel Maultier. Bis Ende des Krieges entstanden etwa 300 dieser Fahrzeuge, die an der Ost- wie auch an der Westfront zum Einsatz kamen. Eine besonders wichtige Rolle spielten sie in der

SDKFZ 4/1

Gewicht	7,10 t
Länge	6,00 m
Breite	2,20 m
Höhe	2,17 m
Antrieb	Opel-6-Zylinder-Ottomotor mit 68 PS
Geschwindigkeit	40 km/h (Straße)
Reichweite	140 km (Straße)
Besatzung	4 Mann
Panzerung	8–12 mm
Bewaffnung	10 x Sprengraketen 15-cm-Wurfgranate-41 mit 10 Raketen zum Nachladen und 1 MG 34 oder MG 42 7,92 mm mit 2.000 Schuss

SdKfz 4/1
Ein SdKfz 4/1 1943 an der Ostfront.

Die Bediener eines 15-cm-Panzerwerfer-42 auf einem SdKfz 4/1 bereiten sich auf das Abfeuern vor.

Normandie, wo die 14 Fahrzeuge der Werfer-Brigade 7 insgesamt 8.000 Tonnen Munition verfeuerten.

15-CM-WURFGRANATE-41 SPRENG

Die drallstabiliserte Rakete hatte einen ungewöhnlichen Aufbau: Der Motor saß ganz vorn und der Gefechtskopf dahinter. Dadurch sollte die Splitterwirkung erhöht werden, indem die Motorgruppe zusätzlich zerlegt wurde. Bei konventionellen Sprengköpfen wird der Motor in einem Stück abgeworfen.

Dieses Konzept war an sich genial, machte aber die Herstellung viel aufwendiger und langsamer. Im Gefecht bot es keinen so großen Mehrwert, sodass es später wieder aufgegeben wurde. Es gab Spreng-, Nebel- und Kampfstoffversionen. Bis zum Ende des Krieges wurden etwa 550.000 dieser Raketen gebaut. Zum größten Teil waren es Spreng- und Nebelgranaten, aber 1945 wurden auch mindestens 18.600 Kampfstoffraketen erbeutet.

15-CM-WURFGRANATE-41 SPRENG

Länge	97,90 cm
Durchmesser	150 mm
Gesamtgewicht	31,80 kg
Explosivstoffgewicht	2,50 kg
Gewicht des Treibmittels	6,35 kg
Austrittsgeschwindigkeit	342 m/s
Schussweite	bis 6.800 m

MUNITIONSKRAFTWAGEN FÜR SDKFZ 4/1

Gewicht	7,10 t
Länge	6,00 m
Breite	2,20 m
Höhe	2,82 m
Antrieb	Opel-6-Zylinder-Ottomotor mit 68 PS
Geschwindigkeit	40 km/h (Straße)
Reichweite	140 km (Straße)
Besatzung	3 Mann
Panzerung	8 – 12 mm
Bewaffnung	1 x MG 34 oder MG 42 7,92 mm mit 2.000 Schuss (20 x Sprengraketen 15-cm-Wurfgranate-41 zum Nachladen des SdKfz 4/1)

Munitionskraftwagen für Panzerwerfer SdKfz 4/1
1944, Ostfront.

SdKfz 251/1

Die 280-/320-mm-Raketen sollten ursprünglich unmittelbar aus ihren Packkisten abgefeuert werden, die auf Wurfrahmen zu vier Schuss montiert wurden. Man erkannte aber schnell, dass man eine selbstfahrende Ausführung brauchte und entwickelte deshalb den schweren Wurfrahmen für das SdKfz 251.

Dieser Rahmen nahm drei Raketen auf jeder Seite des Fahrzeugs auf. Die Packkisten wurden auf schwenkbaren Plattformen montiert, die bei jeder Erhöhung zwischen 5° und 45° festgestellt werden konnten. Die Standardbeladung bestand aus fünf 280-mm-Sprengwurfkörpern und einem 320-mm-Flammwurfkörper, konnte aber je nach taktischem Auftrag angepasst werden. Das Abfeuern lief folgendermaßen ab:

- Das Fahrzeug wurde auf das Ziel ausgerichtet und mit der Bremse festgestellt.
- Die Raketen wurden geladen, die Plattformen erhöht und arretiert.
- Die Mannschaft ging in mindestens zehn Metern Entfernung in Deckung und zündete die Raketen elektrisch. Alle sechs Raketen konnten innerhalb von zehn Sekunden abgefeuert werden.

280-MM-WURFKÖRPER SPRENG UND 320-MM-WURFKÖRPER FLAMM

Das waren die ersten deutschen Raketen, die ab Ende 1940 an die Truppen ausgegeben wurden. Beide waren drallstabilisiert. Obwohl die Reichweite aufgrund der ungünstigen ballistischen Form nicht überragend war, blieben die Raketen wegen ihrer großen Wirkladung bis zum Kriegsende im Einsatz. Der dünnwandige Gefechtskopf der 280-mm-Rakete hatte eine enorme Explosionswirkung, und die 50 Liter Flammöl der 320-mm-Rakete erzeugten ein Flammenmeer von mehr als 200 Quadratmeter.

280-MM-WURFKÖRPER SPRENG

Länge	1,26 m
Durchmesser	280 mm
Gesamtgewicht	82,00 kg
Explosivstoffgewicht	45,50 kg
Gewicht des Treibmittels	6,00 kg
Austrittsgeschwindigkeit	149 m/s
Schussweite	bis 1.900 m

SDKFZ 251/1

Gewicht	9,00 t
Länge	5,75 m
Breite	2,74 m
Höhe	3,00 m
Antrieb	Maybach-HL42-TRKM-6-Zylinder-Ottomotor mit 100 PS
Geschwindigkeit	53 km/h (Straße)
Reichweite	465 km (Straße)
Besatzung	5 Mann
Panzerung	8–12 mm
Bewaffnung	4 x 28/32-cm-Raketen und 1 x MG 34 oder MG 42 7,92 mm mit 1.100 Schuss

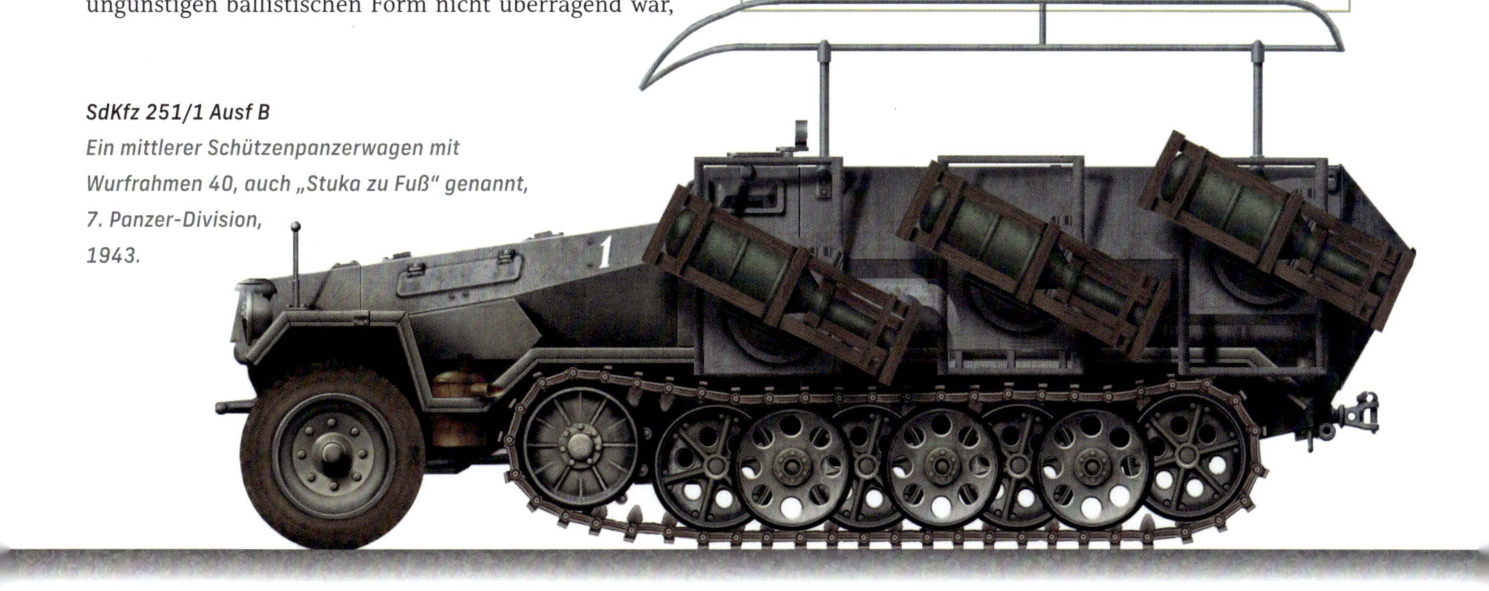

SdKfz 251/1 Ausf B
Ein mittlerer Schützenpanzerwagen mit Wurfrahmen 40, auch „Stuka zu Fuß" genannt, 7. Panzer-Division, 1943.

Sturmtiger

Die Beurteilung der Kämpfe bei Stalingrad zeigte, dass man ein gut gepanzertes Sturmgeschütz mit einem schweren Geschütz für den Ortskampf brauchte. Zu jener Zeit war das schwerste Sturmgeschütz das 15-cm-Schweres-Infanteriegeschütz-33B, aber der Verlust von zwölf aus 24 damit ausgerüsteten Fahrzeugen bei Stalingrad machte klar, dass man gegen die stärksten feindlichen Stellungen noch mehr Feuerkraft und Schutz benötigte.

Zunächst war geplant, ein ganz neues Fahrzeug auf der Wanne des Tiger I zu bauen, bewaffnet mit einem 21-cm-Mörser. Da der Mörser nicht rechtzeitig zur Verfügung stand, entschied man sich für den 38-cm-Raketen-Werfer-61-L/5.4. Von den riesigen Geschossen konnten nur 13 Stück mitgeführt werden, zwölf in den Munitionsgestellen und eines im Startgerät. Auf dem Dach des Kampfraums wurde ein Kran montiert, der die schweren Geschosse aus den Gestellen in die Lademulde hob.

Das Nachfüllen der Munition war noch komplizierter, denn sie musste durch eine Dachluke in 2,74 Meter Höhe eingeladen werden. Daher wurde hinten auf dem Aufbau ein handbedienter Kran installiert, der die Geschosse zur Ladeluke hob, aber auch auf diese Weise war das Nachfüllen eine schweißtreibende Angelegenheit, die der fünfköpfigen Besatzung wirklich alles abverlangte. Geplant war, jedem Sturmtiger einen Munitionsträger auf der Basis des Tiger I mitzugeben, aber es entstand nur ein einziger Munitionsträger.

DER RAKETENWERFER

Die Konstruktion des Raketenwerfers warf ein neues Problem auf: Die heißen Abgase der Rakete konnten nicht in den Kampfraum geführt werden, aber sie mussten irgendwo freigesetzt werden, weil das Rohr dem Druck sonst nachgegeben hätte. Schließlich wurde ein Ventil in den Verschluss gesetzt, der die Abgase durch eine Reihe kleinerer Rohre an der Mündung ins Freie leitete.

DER PROTOTYP

Der Prototyp wurde Hitler am 20. Oktober 1943 auf dem Truppenübungsplatz Arys vorgestellt, und die Produktion lief in geringer Zahl 1944 an. Bis zum Produktionsende im Dezember 1944 wurden schließlich 18 Sturmtiger gebaut. Für den Einsatz des neuen Panzers wurden drei neue Panzerkompanien aufgestellt, die Sturm-Mörser-Kompanien (StuMrKp) 1000, 1001 und 1002. Jede von ihnen sollte eigentlich 14 Sturmpanzer erhalten, aber diese Zahl wurde später auf vier reduziert, die in zwei Zügen antraten. Im Januar 1945 wurde der Kriegsstärkenachweis für jede Kompanie auf sechs erhöht, aber es ist fraglich, ob diese Zahl jemals erreicht wurde.

STURMTIGER

Gewicht	65,00 t
Länge	6,28 m
Breite	3,57 m
Höhe	2,85 m
Antrieb	Maybach-HL-230-P-45-Ottomotor mit 700 PS
Geschwindigkeit	40 km/h (Straße)
Reichweite	100 km (Straße)
Besatzung	5 Mann
Panzerung	25–150 mm
Bewaffnung	1 x 38-cm-Raketenwerfer-61-L/5.4 mit bis zu 13 Raketen und 1 MG 34 7,92 mm mit 600 Schuss

Sturmtiger
Ein Sturmtiger mit einer Version der Hinterhalt-Tarnung, Reichswald, Deutschland, Februar/März 1945.

Ein Sturmtiger beim Nachladen
Das Sprenggeschoss hatte eine enorme Explosionswirkung und eine tödliche Splitterwirkung über mindestens 500 Meter oder sogar mehr, wenn es auf Luftdetonation eingestellt wurde.

Die StuMrKp 1000 wurde am 13. August 1944 aufgestellt, und ein Zug (wo sich auch der Prototyp befand) war an der Bekämpfung des Warschauer Aufstands beteiligt. Das war vermutlich das einzige Mal, wo der Sturmtiger in seiner vorgesehenen Rolle eingesetzt wurde. Die StuMrKp 1001 und 1002 folgten im September und Oktober. Die StuMrKp 1000 und 1001 nahmen an der Ardennenoffensive teil und setzten dort insgesamt sieben Sturmtiger ein. Es gibt kaum Berichte über die Kampfkraft des Sturmtiger, aber im Januar 1945 sollen drei Sherman, die in einem Dorf Deckung gesucht hatten, von einer einzigen Rakete eines Sturmtiger der StuMrKp 1001 vernichtet worden sein.

Amerikanische Soldaten untersuchen einen beschädigten Sturmtiger. Für die Verteidigung hatten die Sturmtiger kaum Potenzial. So wurden die meisten von ihnen Anfang 1945 zerstört oder erbeutet.

38-cm-Raketenwerfer-61-L/5.4

1942 entwickelte die Kriegsmarine einen kurzen 38-cm-Raketenwerfer für Tauchgranaten. Das Konzept erwies sich aber als untauglich, sodass nur wenige Exemplare gebaut wurden. An diesem Punkt hätte man das Projekt abschreiben können. Im Jahr 1943 wuchs aber wieder das Interesse daran, als die Wehrmacht eine Waffe mit dem größtmöglichen Sprenggeschoss forderte, um damit ein schweres Sturmgeschütz auf Basis des Tiger I auszurüsten. So kam es zu einer Weiterentwicklung als 38-cm-Raketenwerfer-61-L/5.4, ein Hinterlader, der zwei Arten von drallstabilisierten Raketen abschießen konnte: Raketen-Sprenggranate 4581 oder Raketen-Hohladungsgranate 4582, die bis zu 2,5 Meter dicken Stahlbeton durchdringen konnte.

38-CM-RAKETEN-SPRENGGRANATE-4581 UND 38-CM-RAKETEN-HOHLADUNGSGRANATE-4582

Länge	1,50 m
Durchmesser	80 mm
Gesamtgewicht	345,00 – 351,00 kg
Gefechtskopf	125-kg-Sprengstoff (Raketen-Sprenggranate 4581)
Gewicht des Treibmittels	40,00 kg
Austrittsgeschwindigkeit	250 m/s
Schussweite	5.650 m

Ein erbeutetes Sturmgeschütz SU-85 und ein T-34 Modell 1943 werden von der Wehrmacht erprobt.

DIESES KAPITEL UMFASST DIE FOLGENDEN FAHRZEUGE:

FRANZÖSISCHE PANZERFAHRZEUGE

- Panzerkampfwagen FT-17 730(f)
- Panzerkampfwagen 35-S 739(f)
- 4,7-cm-PaK(t) auf Panzer 35R(f)
- Panzerspähwagen Panhard 178-204(f
- 15-cm-s.FH-13/1-(Sf) auf GW Lorraine Schlepper (f)
- Panzerspähwagen P204(f) mit 5-cm-KwK-38-L/42
- 4,7-cm-Pak(f) auf Panzerspähwagen P204(f)
- Selbstfahrlafette für 28/32-cm-Wurfrahmen auf Infanterie-Schlepper UE 630(f)
- PzKpfw 35(H)f mit 28/32-cm-Wurfrahmen
- 8-cm-Schwerer-Granatwerfer-34 auf Panzerspähwagen AMR 35(f)
- 10,5-cm-leFH-16 auf Geschützwagen FCM 36(f)
- Panzerjäger auf Geschützwagen 39H(f)
- 10,5-cm-leFH18(Sf) auf Geschützwagen 39H(f)

ITALIENISCHE PANZERFAHRZEUGE

- Panzerspähwagen AB41 201(i)
- Panzerspähwagen Lince 202(i)
- Panzer P40 737(i)
- Panzer L6/40 733(i)

BEUTEPANZER

Während des Krieges hatte die Wehrmacht eine Reihe ausländischer Panzerfahrzeuge im Einsatz, hauptsächlich aus Frankreich und der Sowjetunion.

- StuG L6 mit 47/32 630(i)
- Panzer M13/40 735(i)
- Sturmgeschütz M43 mit 75/46 852(i)
- Sturmgeschütz M43 mit 105/25 853(i)

BRITISCHE UND AMERIKANISCHE PANZERFAHRZEUGE
- Sherman VC Firefly

SOWJETISCHE PANZERFAHRZEUGE
- 3,7-cm-PaK auf gep Artillerieschlepper 630(r)
- BA-64B – PSW BA 64(r)
- BT-5 – Panzer 742(r)
- KW-1 Modell 1942 – Panzer KW-IC 753(r)
- KW-2 – Sturmpanzer KW-II 754(r) mit deutscher Kommandantenkuppel
- T-70 – Panzer T-70 743(r)
- T-34 Modell 1942 – Panzer T-34b 747(r)
- T-34 Modell 1943 – Panzer T-34c 747(r)
- T34/85 – Panzer T-34/85 747(r)
- SU-85 – Jagdpanzer SU-85(r)

FRANZÖSISCHE PANZERFAHRZEUGE

Im Sommer 1940 hatte Deutschland nach dem unerwartet schnellen Sieg gegen Frankreich große Mengen an Beutegerät, darunter viele Panzer. Viele diese Panzer wurden von der Wehrmacht eingesetzt, geschätzt etwa:

- 250 Panzerspähwagen Panhard P-178
- 500 FT-17
- 800 R-35/40
- 600 H-35/39
- 50 FCM-36
- 160 Char B-1 bis
- 297 Somua S-35

Die überholten FT-17 wurden nur im Rahmen der inneren Sicherheit eingesetzt. Mit den brauchbarsten Fahrzeugen hat die Luftwaffe wohl ihre Flugplätze im besetzten Frankreich überwacht. Die besseren Panzerfahrzeuge gingen auch an Fronteinheiten: Die Aufklärer erhielten 190 unveränderte Panhard-Panzerspähwagen, mit denen sie an der Eröffnungsphase der Operation Barbarossa teilnahmen.

Daneben gab es aber auch arg überholte Fahrzeuge, von denen einige bei der Bekämpfung von Partisanen auf dem Balkan und in Russland eingesetzt wurden. Der Rest war eigentlich für die Ausbildung gedacht, aber der vorher kaum bekannte Ingenieur und Artillerieoffizier Major Alfred Becker fand geniale Lösungen, Fahrzeuge zu höchst wirksamen, selbstfahrenden Artilleriegeschützen umzurüsten.

PANZERKAMPFWAGEN FT-17 730(F)

Gewicht	6,50 t
Länge	5,00 m
Breite	1,74 m
Höhe	2,14 m
Antrieb	Renault-4-Zylinder-Ottomotor mit 39 PS
Geschwindigkeit	8 km/h
Reichweite	40 km
Besatzung	2 Mann
Panzerung	6–22 mm
Bewaffnung	1 x MG MAC31 Reibel 7,5 mm

Panzerkampfwagen FT-17 730(f)

Ein Panzerkampfwagen FT-17 730(f) im Dienst der Luftwaffe bei der Verteidigung der Flugplätze. Etwa 100 dieser Fahrzeuge wurden dafür eingesetzt, weitere 650 waren in ganz Europa verteilt im Rahmen der inneren Sicherheit im Einsatz.

Panzerkampfwagen 35-S 739(f)

Ein Panzerkampfwagen 35-S 739(f), Panzer-Abteilung 202, im März 1944 auf dem Balkan. Die Wehrmacht setzte etwa 300 Somua S-35 unter der Bezeichnung Panzerkampfwagen 35-S 739(f) ein. Sie wurden überwiegend im Kampf gegen Partisanen genutzt, aber einige gingen auch an Frontverbände wie die Panzer-Abteilung 211 1941 in Finnland.

PANZERKAMPFWAGEN 35-S 739(F)

Gewicht	19,50 t
Länge	5,30 m
Breite	2,21 m
Höhe	2,62 m
Antrieb	Somua-V8-Ottomotor mit 190 PS
Geschwindigkeit	37 km/h
Reichweite	260 km (Straße)
Besatzung	3 Mann
Panzerung	20–55 mm
Bewaffnung	1 x 4,7-cm-KwK-35(f) mit 118 Schuss und 1 x koaxiales MG MAC31 Reibel 7,5 mm mit 1.250 Schuss

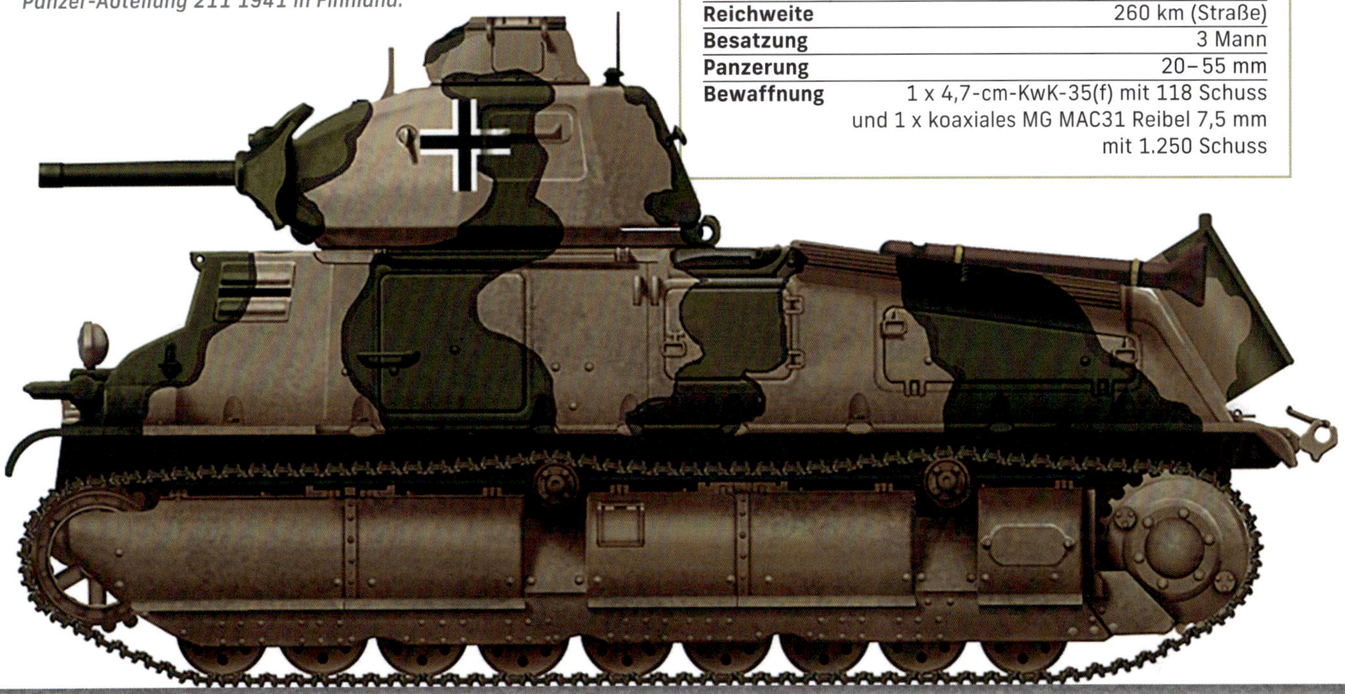

BECKERS UMBAUTEN

Becker hatte bereits im Ersten Weltkrieg als Artillerieoffizier gedient. 1939 wurde er erneut einberufen, ging zur 227. Infanterie-Division und wurde rasch Batteriechef im Artillerie-Regiment 15. Nach der Kapitulation Frankreichs war die Division in der Nähe von Le Havre eingesetzt, wo es große Mengen an erbeutetem britischen Gerät gab, darunter auch viele leichte Panzer Mk. VI. Wie damals fast alle deutschen Infanteriedivisionen, setzte die Artillerie der 227. noch auf Zugpferde. Becker aber nutzte bereits aufgegebene belgische TAL-Artilleriezugmaschinen, um seine Batterie zu motorisieren. Als er die erbeuteten Panzer sah, kam ihm der Gedanke, sie als Basis für selbstfahrende Geschütze zu nutzen.

In seiner Batterie hatte er viele gelernte Metallarbeiter. So nutzte Becker deren Fähigkeiten und seine Kontakte zur Stahlindustrie in Krefeld, um seine Umbauten durchzuführen. Seine stolze Bilanz innerhalb von nur sechs Monaten:

- 12 selbstfahrende 10,5-cm-Feldhaubitzen leFH 16
- 6 selbstfahrende 15-cm-Feldhaubitzen sFH 13
- 12 Munitionsträger auf der Basis des Mk. VI
- 4 gepanzerte Befehlswagen, ebenfalls auf der Basis der Wanne des Mk. VI

Im September 1941 wurde die 227. Infanterie-Division an die Ostfront verlegt, wo sie der Heeresgruppe Nord unterstellt war. Dank Beckers Umbauten war die 227. die einzige Infanteriedivision an der Ostfront mit einer motorisierten Artilleriebatterie. So kam es dazu, dass sie als Feuerwehr immer dort eingesetzt wurde, wo gefährdete Sektoren der Front zu verstärken waren.

4,7-CM-PAK(T) AUF PANZER 35R(F)

Gewicht	10,50 t
Länge	4,30 m
Breite	1,87 m
Höhe	2,11 m
Antrieb	Renault-Ottomotor mit 82 PS
Geschwindigkeit	19 km/h
Reichweite	250 km (Straße)
Besatzung	3 Mann
Panzerung	10–40 mm
Bewaffnung	1 x 4,7-cm-PaK(t)-L/43.4

4,7-cm-PaK(t) auf Panzer 35R(f)

Die 4,7-cm-PaK(t) auf Panzer 35R(f) war eine Kombination des französischen Chassis Renault 35 mit einer tschechischen 4,4-cm-Panzerabwehrkanone. Zum Beginn der Operation Barbarossa im Sommer 1941 waren insgesamt 174 dieser kleinen Panzerjäger fertig. Sie hatten aber außerordentliche Probleme mit dem extremen Klima an der Ostfront und wurden zu Garnisonen in Westeuropa verlegt, wo 92 von ihnen bis Dezember 1943 im Dienst blieben. Einige wurden noch 1944 eingesetzt, so beim 100. Panzer-Regiment bei der Verteidigung von Cherbourg.

PANZERSPÄHWAGEN PANHARD 178-204(F)

Gewicht	8,20 t
Länge	4,79 m
Breite	2,01 m
Höhe	2,50 m
Antrieb	Panhard-SK-Ottomotor mit 105 PS
Geschwindigkeit	72 km/h (Straße)
Reichweite	465 km (Straße)
Besatzung	4 Mann
Panzerung	7–26 mm
Bewaffnung	1 x 2,5-cm-KwK(f)-L/73 mit 150 Schuss und 1 x koaxiales MG 31 7,5 mm mit 3.750 Schuss

P 204(f) Schienenpanzer

Ein Schienenpanzer 1942 an der Ostfront. Insgesamt 47 Panhard-Panzerspähwagen erhielten Stahlräder zur Überwachung der Eisenbahnstrecken in Russland. Die meisten hatten wohl eine Rahmenantenne für das FuG 11, das eine Reichweite von 50 Kilometern hatte. Die vordere Antennenstütze war faltbar, damit der Turm um 360° gedreht werden konnte.

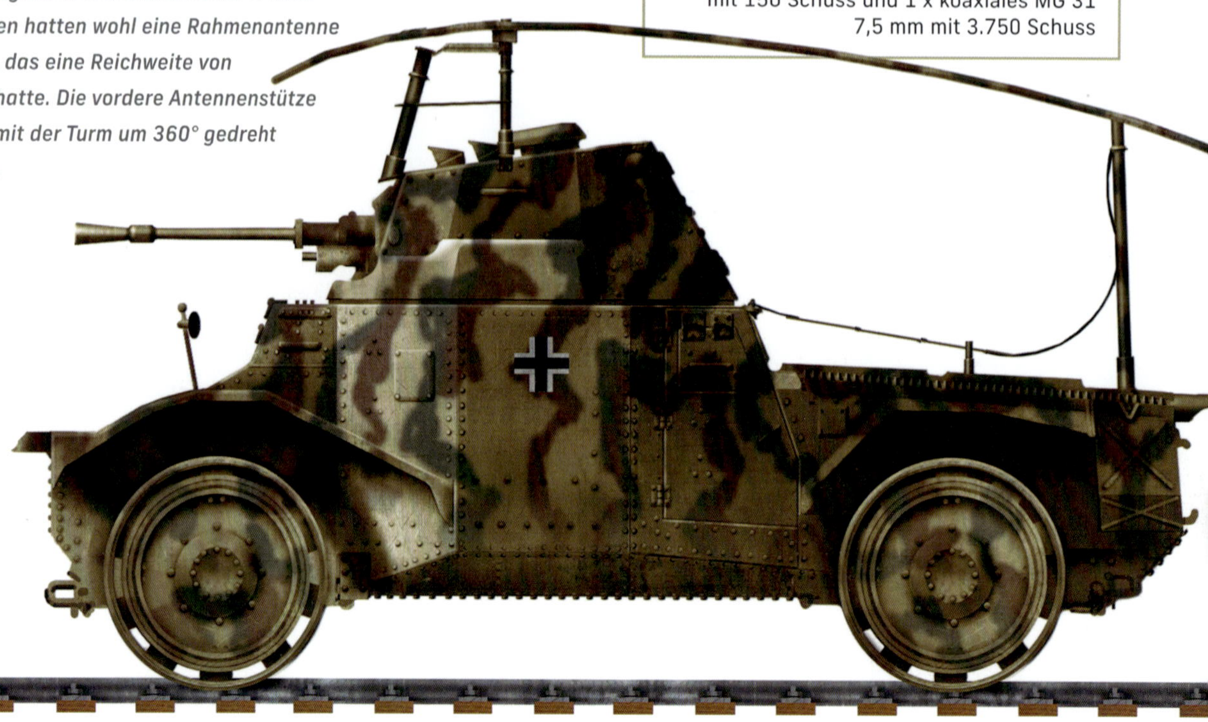

Lorraine-Schlepper

Schon zu Beginn der Operation Barbarossa hatte sich gezeigt, dass die deutschen 3,7-cm-Panzerabwehrkanonen gegen die sowjetischen T-34 und KW-1 praktisch wirkungslos waren. Selbst die neue 5-cm-PaK-38 hatte nur mit der Panzergranate 40 mit Wolframkern auf nahe Entfernung überhaupt eine Wirkung. In der 7,5-cm-PaK-40 sah man die Lösung für dieses Problem. Ihre Entwicklung genoss absolute Priorität, aber angesichts der Knappheit an Leichtmetallen wurde sie so schwer, dass die Beweglichkeit auf dem Gefechtsfeld darunter litt. Da bot sich ein selbstfahrendes Geschütz an. Becker wurde nach Berlin zurückbeordert, um eine brauchbare Konstruktion für Alkett (Altmärkische Kettenwerk GmbH) zu entwerfen.

Im Mai 1942 wurden die etwa 300 einsatzbereiten französischen Versorgungsfahrzeuge Lorraine 37L als für die Umrüstung am besten geeignet erachtet. Zunächst sollten nur etwa 60 Wannen mit der PaK 40 zu Panzerjägern umgebaut werden, aber das Fahrzeug schlug so gut ein, dass im Juli/August 1942 insgesamt 170 Stück zu Marder I umgebaut wurden. Auf der Wanne des Lorraine entstand auch eine selbstfahrende Version der 15-cm-Feldhaubitze sFH 13 unter der Bezeichnung 15-cm-sFH-13/1 (Sf) auf GW Lr.S.(f). Im Juni 1942 wurden zunächst 30 Stück fertiggestellt, die gesamte Produktion belief sich schließlich auf 166 Exemplare.

15-CM-S.FH-13/1-(SF) AUF GW LORRAINE SCHLEPPER (F)

Gewicht	8,50 t
Länge	5,31 m
Breite	1,83 m
Höhe	2,23 m
Antrieb	Delahaye-103-TT-Ottomotor mit 70 PS
Geschwindigkeit	35 km/h (Straße)
Reichweite	120 km
Besatzung	4 Mann
Panzerung	7–12 mm
Bewaffnung	1 x 15-cm-sFH-13/1 mit 36 Schuss und 1 x MG 34 7,92 mm mit 600 Schuss

15-cm-s.FH-13/1 (Sf) auf GW Lorraine Schlepper(f) (SdKfz 135/1)

Ein Lorraine-Schlepper von Alkett im Sommer 1944 in der Normandie.

Baukommando Becker

Becker hatte das Potenzial von bereits abgeschriebenem Beutegerät unter Beweis gestellt. So wurde er zum Leiter des neu aufgestellten Baukommandos Becker bestimmt, das alle britischen und französischen Beutepanzer sammelte und umbaute. Das Kommando sollte genügend Fahrzeuge für „mindestens zwei Panzerdivisionen" umbauen. Becker richtete sein Hauptquartier in Maisons-Laffitte am nördlichen Stadtrand von Paris ein und ließ von dort Kommandos nach Panzern suchen, auch beschädigten Fahrzeugen, die eigentlich verschrottet werden sollten. Seine Männer fanden diese Fahrzeuge auf Halden, in Flüssen und Feldern und schickten sie zur Instandsetzung nach Paris. Dort wurden sie in drei Gruppen unterteilt: Fahrzeuge mit geringem Reparaturbedarf, mit größerem Reparatur- und Umbaubedarf und schließlich solche, die sich nur noch ausschlachten ließen.

Brauchbare Panzer wurden zerlegt und gereinigt, während die Pläne für den Umbau aufgestellt wurden. In der Regel baute Becker eine hölzerne Attrappe des neuen Panzeraufbaus und schickte sie zu Alkett. Dort wurden die notwendigen Komponenten gebaut und zum Zusammenbau wieder nach Frankreich geschickt. Die Produktion der einzelnen Fahrzeuge wurde sorgfältig an den Gefechtsbedarf angepasst, und dazu wurden Ersatzteile zusammengetragen.

SCHNELLE DIVISION WEST

Mitte 1943 stellten viele dieser Panzer das Material für die neu aufgestellte Schnelle Brigade West. Sie sollte die erste in einer Reihe von Verbänden sein, die als hoch mobile gepanzerte Reserve schnelle Gegenangriffe gegen eventuelle Landungen der Alliierten in Westeuropa führen sollten. Am 17. Juni 1943 wurde die Brigade zur Schnellen Division West ausgebaut. Noch im selben Monat wurde daraus die 21. Panzer-Division unter dem Kommando von Generalleutnant Edgar Feuchtinger, Beckers vorherigem Kommandeur in der 227. Infanterie-Division. Dieser ernannte Becker rasch zum Kommandeur der Sturmgeschütz-Abteilung 200 (Feld) der Division.

21. PANZER-DIVISION

Der Befehl zur Aufstellung der 21. Panzer-Division enthielt den ungewöhnlichen Zusatz: „Gerät und Fahrzeuge werden nicht zugewiesen. Es ist ausdrücklich verboten, auf irgendeine Art Material für die 21. Panzer-Division zu requirieren. Gerät und Fahrzeuge dürfen ausschließlich aus französischen Beutefahrzeugen oder vom OB West stammen."

Anfang 1944 verlegte man die Sturmgeschütz-Abteilung 200 in die Nähe von Mauron in der Bretagne. Im Frühjahr beorderte Erwin Rommel, der neue Kommandeur der Heeresgruppe B, die 21. Panzer-Division an die Küste der Normandie bei Caen. Becker hatte inzwischen seine Abteilung auf fünf Batterien erweitert, aber die Besatzung musste sich noch an ihre Fahrzeuge gewöhnen. Durch die Kombination der 7,5-cm-PaK mit 10,5-cm-Haubitzen hatte Becker einen neuartigen Feuerunterstützungsverband geschaffen.

Er selbst schrieb: „Die Batterie mit den selbstfahrenden gepanzerten Geschützen war ein Versuch, den Effekt konzentrierten Feuers zu erzielen. Jede Batterie hatte sechs 7,5-cm-Kanonen, und ihr wurden weitere vier

Produktionen des Baukommandos Becker

Bis Ende 1943 hatte das Baukommando Becker 1.800 Panzer gebaut, darunter:

- 24 x 7,5-cm-PaK-40 auf Geschützwagen 39H(f)
- 48 x 10,5-cm-leFH-18 auf Geschützwagen 39H(f)
- 10 x 7,5-cm-PaK-40 auf Geschützwagen FCM(f)
- 12 x 10,5-cm-leFH-18 auf Geschützwagen FCM(f)
- 94 x 10,5-cm-leFH-18 auf Geschützwagen Lorraine-Schlepper(f)
- 12 x 15-cm-SFH-13/1 auf Geschützwagen Lorraine-Schlepper(f)
- 170 x 7,5-cm-PaK-40/1 auf Geschützwagen Lorraine-Schlepper(f)

Dazu wurden Hunderte Halbkettenfahrzeuge der Typen Somua und Unic mit gepanzerten Wannen zu Spähpanzern, Panzerjägern, selbstfahrenden Mehrfach-Mörsern und Raketenwerfern umgebaut.

Deutsche Mechaniker arbeiten an einem Somua S35. Nach der Kapitulation Frankreichs übernahm die Wehrmacht mehr als 200 Somua S35.

Panzerspähwagen P204(f) mit 5-cm-KwK-38-L/42
Sicherungs-Aufklärungs-Abteilung 100, 1943 in Südfrankreich.

PANZERSPÄHWAGEN P204(F) MIT 5-CM-KWK-38-L/42

Gewicht	8,20 t
Länge	4,79 m
Breite	2,01 m
Höhe	2,31 m
Antrieb	Panhard-SK-Ottomotor mit 105 PS
Geschwindigkeit	72 km/h (Straße)
Reichweite	300 km
Besatzung	4 Mann
Panzerung	7–26 mm
Bewaffnung	1 x 5-cm-KwK-38-L/42

10,5-cm-Haubitzen zugewiesen. Diese Waffen waren in erster Linie für direktes Feuer bestimmt, konnten aber auch indirektes Feuer verschießen. Im Gefecht wurden die 10,5-cm-Haubitzen etwa 500 bis 1.000 Meter hinter den 7,5-cm-PaK aufgestellt."

Becker war sich das Risikos bewusst, dass der Funkverkehr abgehört werde konnte. Daher nutzte sein Verband ausschließlich Langwellen-Funkgeräte, die zwar eine begrenzte Reichweite hatten, aber auch von den Alliierten schwer aufgespürt werden konnten. Zusätzliche Sicherheit gab ein Staffelsystem, wobei ein Fahrzeug die Nachricht an das nächste Fahrzeug weitergab. Becker schrieb: „Aus der vorgeschobenen Stellung konnte der Batteriechef den Einsatz jedes Geschützes von seinem Spähpanzer aus überwachen ... die Feuerwirkung war sehr gut, hauptsächlich weil die modernsten Funkgeräte zur Verfügung standen. Mit diesen Geräten entkamen wir der feindlichen Zielerfassung durch Nutzung der Langwelle und Weitergabe der Signale von Fahrzeug zu Fahrzeug."

DIE SCHLACHT UM DIE NORMANDIE

Bei der Schlacht um die Normandie war die 21. Panzer-Division der einzige gepanzerte Verband in der Nähe des Landungsortes, der Rommels Absicht umsetzen konnte, die Alliierten schon bei der Landung anzugreifen. Aufgrund von Führungsproblemen ging die Division nicht in der Nacht vom 5. auf den 6. Juni in das Gefecht, sodass die britischen Fallschirmjäger der 6th Airborne Division den Bereich ungehindert besetzen konnten.

Beckers Sturmgeschütz-Abteilung nahm nicht an den Kämpfen des ersten Tages teil, aber am 9. Juni leisteten drei seiner Batterien Feuerunterstützung für das 125. Panzergrenadier-Regiment der Division. Sowohl die

10,5-cm-Haubitzen als auch die 7,5-cm-PaK-40 bewährten sich als Panzerabwehrwaffen. Die Alliierten hielten gar die PaK 40 oft für eine 8,8-cm-Flak.

TAKTIK DES HINTERHALTS

Die Sturmgeschütz-Abteilung 200 spielte eine wichtige Rolle, als der Vormarsch des VIII Corps bei der Schlacht um Caen aufgehalten wurde. Becker setzte seine Batterien im Rahmen der beweglichen Verteidigung aus Hinterhalten ein.

Als die führenden Truppen der 11th Armoured Division sich ihren Zielen näherten, wurden sie von den gut getarnten Geschützen unter Feuer genommen. Diese feuerten in die Flanke der vorrückenden britischen Panzertruppe und sorgten für große Schäden. Major Bill Close, Kommandeur des A Squadron, 3rd Royal Tank Regiment (3RTR), schrieb: „In den Maisfeldern um uns herum waren Mörserstellungen, die über uns hinweg feuerten. Damit wurden wir schnell fertig, oft genügte es, mit dem Panzer darüberzufahren. Aber die Sturmgeschütze von Major Beckers Abteilung waren etwas ganz anderes. Sie eröffneten das Feuer aus verdeckten Stellungen und aus kürzester Distanz. Drei von meinen 19 Panzern wurden getroffen und gingen in Flammen auf. Ich sah, dass auch bei der Einheit links von uns mehrere Panzer brannten." Auch andere Truppen wie die 23rd Hussars 2nd Fife and Forfar Yeomanry gerieten in den Hinterhalt und hatten ebenso hohe Verluste.

Hauptsächlich wegen Beckers Abteilung wurde der britische Vormarsch so lange aufgehalten, dass Verstärkungen herangeführt werden konnten und der Angriff aufgehalten werden konnte. Die 11th Armoured Division, die die Angriffsspitze gebildet hatte, verlor bis zum Ende des ersten Tages 126 ihrer 343 Panzer.

4,7-CM-PAK(F) AUF PANZERSPÄHWAGEN P204(F)

Gewicht	9,50 t
Länge	4,22 m
Breite	1,85 m
Höhe	2,25 m
Antrieb	Hotchkiss-6-Zylinder-Ottomotor mit 78 PS
Geschwindigkeit	25 km/h
Reichweite	130 km (Straße)
Besatzung	2 Mann
Panzerung	25–40 mm
Bewaffnung	1 x 4,7-cm-PaK-(f)

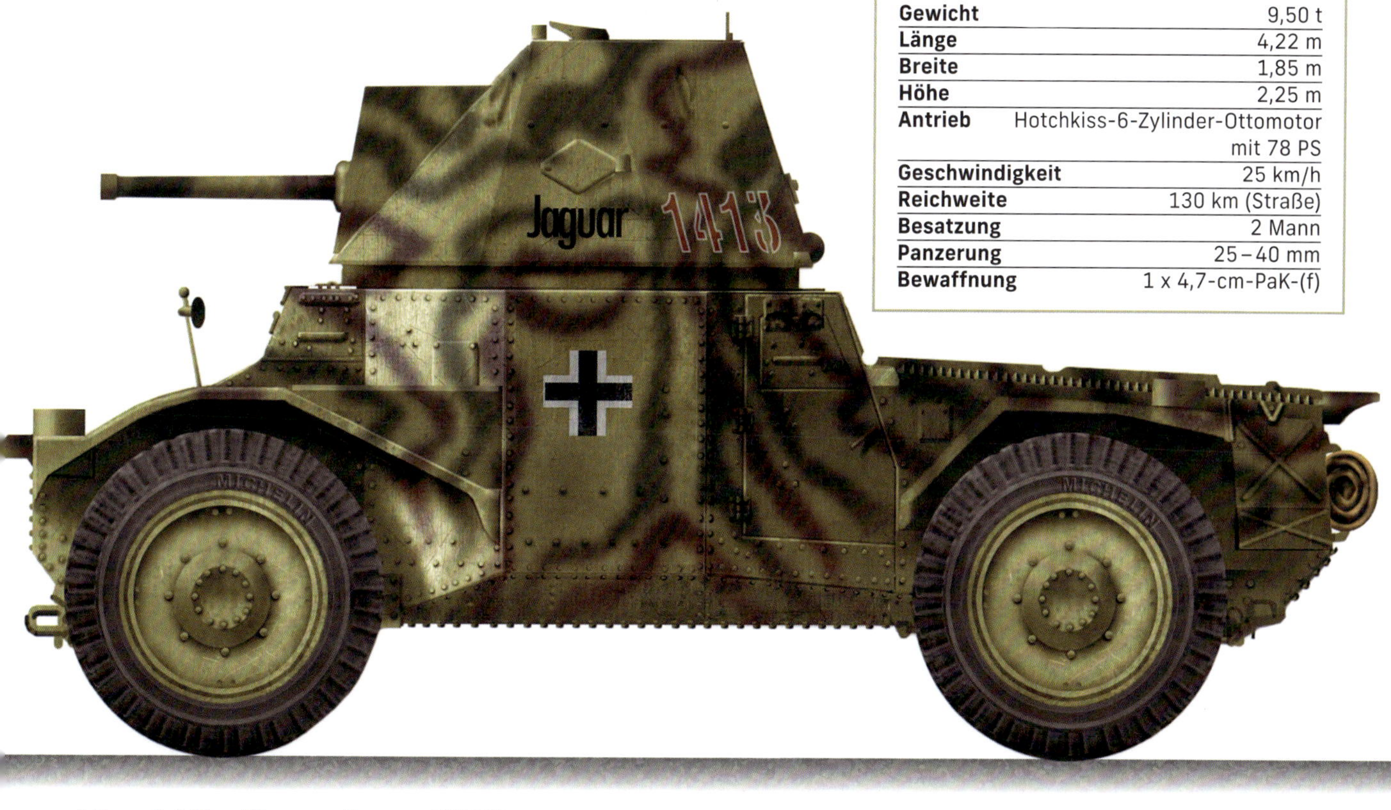

4,7-cm-Pak(f) auf Panzerspähwagen P204(f)

Ein Panzerspähwagen der Aufklärungs-Abteilung 1000, 89. Infanterie-Division, Sommer 1944 in Frankreich.

Selbstfahrlafette für 28/32-cm-Wurfrahmen auf Infanterie-Schlepper UE(f)

Eine späte Version der Selbstfahrlafette mit den vier 28/32-cm-Wurfrahmen hinten auf der Wanne, Dezember 1944 in Belgien.

Selbstfahrlafette für 28/32-cm-Wurfrahmen auf Infanterie-Schlepper UE(f)

Eine Selbstfahrlafette 1942 bei Kursk. Bei dieser Version wurden die Wurfrahmen seitlich an die Wanne geschweißt.

SELBSTFAHRLAFETTE FÜR 28/32-CM-WURFRAHMEN AUF INFANTERIE-SCHLEPPER UE 630(F) (SPÄTES SERIENMODELL)

Gewicht	2,50 t
Länge	2,94 m
Breite	1,75 m
Höhe	1,53 m
Antrieb	Renault-85-4-Zylinder-Ottomotor mit 38 PS
Geschwindigkeit	30 km/h
Reichweite	180 km (Straße)
Besatzung	2 Mann
Panzerung	4–7 mm
Bewaffnung	4 x 280/320-mm-Raketen

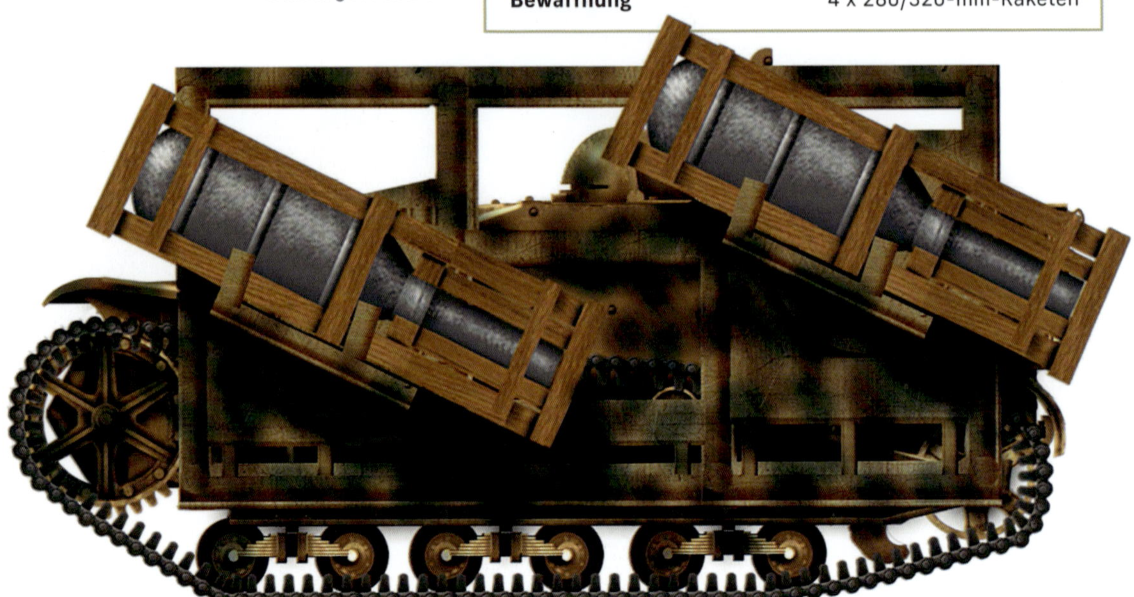

Panzerkampfwagen 35H(f) mit 28/32-cm-Wurfrahmen
Ein Panzerkampfwagen 35H(f) im Sommer 1944 in der Normandie.

PZKPFW 35(H)F MIT 28/32-CM-WURFRAHMEN

Gewicht	12,00 t
Länge	4,22 m
Breite	1,85 m
Höhe	2,14 m
Antrieb	Hotchkiss-6-Zylinder-Ottomotor mit 78 PS
Geschwindigkeit	25 km/h
Reichweite	130 km (Straße)
Besatzung	2 Mann
Panzerung	25–40 mm
Bewaffnung	4 x 280/320-mm-Raketen und 1 x koaxiale 3,7-cm-Kanone SA38 L/35 mit 90 Schuss und 1 x koaxiales MG MAC31 Reibel 7,5 mm mit 2.400 Schuss

8-CM-SCHWERER-GRANATWERFER-34 AUF PANZERSPÄHWAGEN AMR 35(F)

Gewicht	9,00 t
Länge	4,30 m
Breite	1,80 m
Höhe	1,88 m
Antrieb	Renault-4-Zylinder-Ottomotor mit 82 PS
Geschwindigkeit	50 km/h
Reichweite	200 km (Straße)
Besatzung	4 Mann
Panzerung	6–13 mm
Bewaffnung	1 x 8-cm-Schwerer-Granatwerfer-34 und 1 x MG 34 7,92 mm

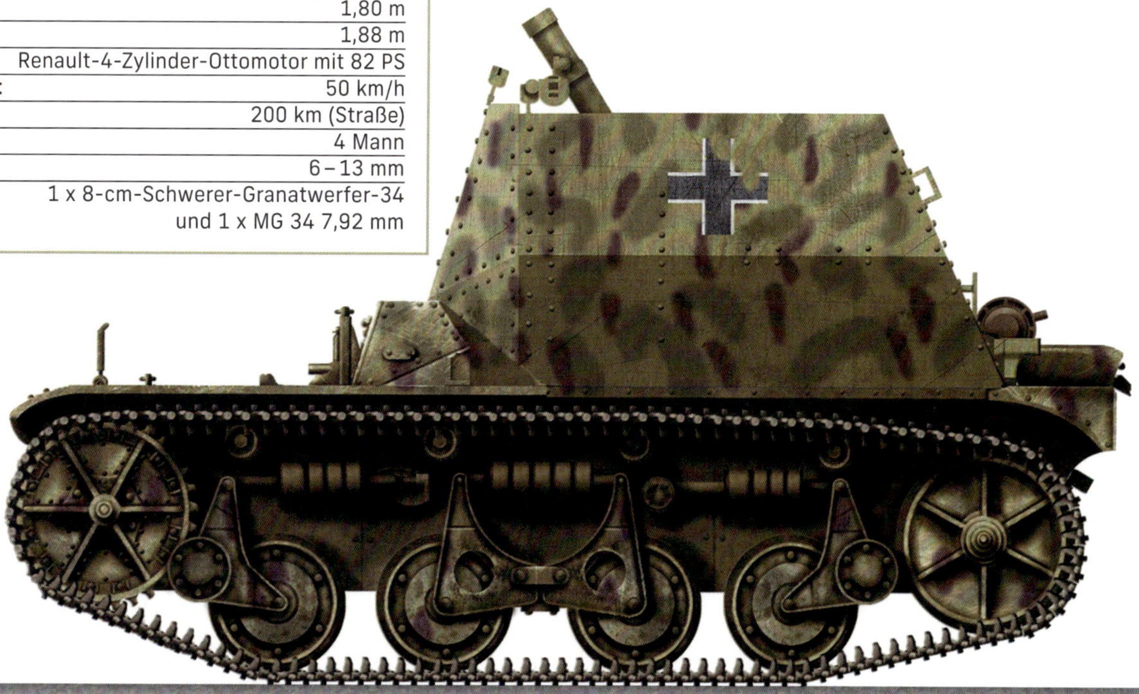

8-cm-sGrW 34 auf Panzerspähwagen AMR(f)
Granatwerfer 34 auf Panzerspähwagen AMR(f).

Panzerjäger auf GW 39 H(f)

Ein Panzerjäger der Sturmgeschütz-Abteilung 200, 21. Panzer-Division, im Sommer 1944 in der Normandie.

10,5-CM-LEFH-16 AUF GESCHÜTZWAGEN FCM 36

Gewicht	12,80 t
Länge	4,77 m
Breite	2,14 m
Höhe	2,23 m
Antrieb	Berliet-MDP-V-4-Dieselmotor mit 91 PS
Geschwindigkeit	24 km/h
Reichweite	200 km (Straße)
Besatzung	4 Mann
Panzerung	10–40 mm
Bewaffnung	1 x 10,5-cm-leFH-16 mit 37 Schuss und 1 x MG 34 7,92 mm mit 600 Schuss

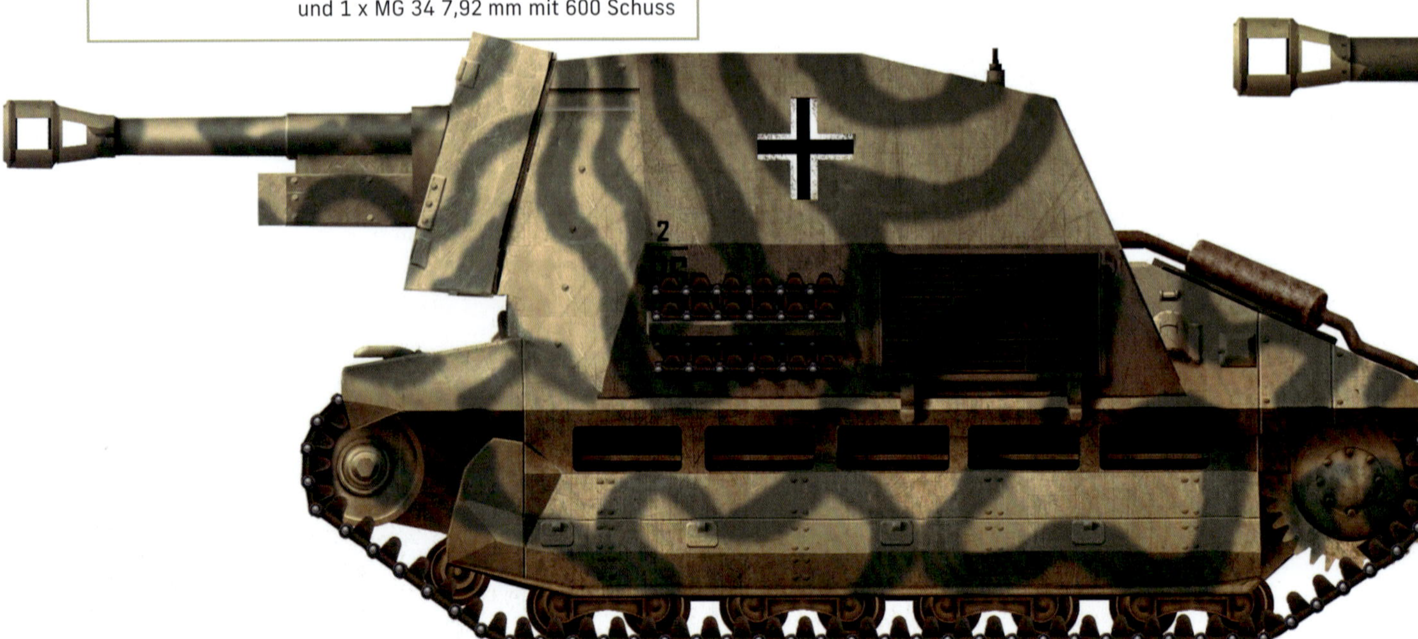

PzKpfw 737 FCM(f)

Eine leichte Feldhaubitze 16 auf Geschützwagen FCM 36(f), 21. Panzer-Division, Sommer 1944 in der Normandie.

PANZERJÄGER AUF GW 39H(F)

Gewicht	8,30 t
Länge	4,77 m
Breite	2,10 m
Höhe	2,23 m
Antrieb	Hotchkiss-6-Zylinder-Ottomotor mit 120 PS
Geschwindigkeit	36 km/h (Straße)
Reichweite	150 km (Straße)
Besatzung	4 Mann
Panzerung	22 – 34 mm
Bewaffnung	1 x 7,5-cm-PaK-40/1-L/46 und 1 x MG 34 7,92 mm

10,5-CM-LEFH-18(SF) AUF GESCHÜTZ-WAGEN 39H(F)

Gewicht	8,30 t
Länge	4,77 m
Breite	2,10 m
Höhe	2,23 m
Antrieb	Hotchkiss-6-Zylinder-Ottomotor mit 120 PS
Geschwindigkeit	36 km/h (Straße)
Reichweite	150 km (Straße)
Besatzung	4 Mann
Panzerung	22 – 34 mm
Bewaffnung	1 x 10,5-cm-leFH 18 mit 36 Schuss und 1 x MG 34 7,96 mm mit 600 Schuss

10,5-cm-leFH-18(Sf) auf Geschützwagen 39H(f)

Noch ein Beispiel für den Ideenreichtum von Major Becker – eine 10,5-cm-leFH-18(Sf) auf Geschützwagen 39H(f), Sturmgeschütz-Abteilung 200, 21. Panzer-Division.

ITALIENISCHE PANZERFAHRZEUGE

Bereits 1943 gab es Notfallpläne für den Fall, dass das wackelige italienische Regime von Mussolini scheitern würde. Die Deutschen waren zwar überrascht vom Sturz Mussolinis im Juli 1943, übernahmen dann aber rasch die Kontrolle über Nord- und Mittelitalien, während die neue italienische Regierung zu kapitulieren versuchte. Viele italienische Beutepanzer wurden schnell von der Wehrmacht in Italien und von den Truppen, die auf dem Balkan gegen die Partisanen kämpften, übernommen. Den Deutschen fielen aber nicht nur Fahrzeuge in die Hände. Sie übernahmen auch die Waffenfabriken in Norditalien und ließen die besten Panzer dort weiterbauen, dazu

PANZERSPÄHWAGEN AB41 201(I)

Gewicht	7,50 t
Länge	5,20 m
Breite	1,92 m
Höhe	2,48 m
Antrieb	FIAT-SPA-V8-Ottomotor mit 120 PS
Geschwindigkeit	78 km/h
Reichweite	400 km
Besatzung	4 Mann
Panzerung	6–40 mm
Bewaffnung	1 x 2-cm-Breda-35 mit 456 Schuss und 2 x MG Breda 38 8 mm (eines koaxial und eines hinten in der Wanne) mit 1.992 Schuss

Panzerspähwagen AB41
Die Wehrmacht erbeutete 1943 57 AB41 und ließ 1944 und 1945 weitere 120 bauen.

PANZERSPÄHWAGEN LINCE 202(I)

Gewicht	3,00 t
Länge	3,18 m
Breite	1,71 m
Höhe	1,50 m
Antrieb	Lancia-Tipo-91-Ottomotor m. 60 PS
Geschwindigkeit	85 km/h
Reichweite	300 km (Straße)
Besatzung	2 Mann
Panzerung	5–30 mm
Bewaffnung	1 x MG Breda 38 8 mm

Panzerspähwagen Lince 202(i)
Ein Lince 202(i) im Dienst der Wehrmacht 1944 in Norditalien. Dieser Panzerspähwagen war eine fast perfekte Kopie des britischen Daimler Dingo und erwies sich als ausgezeichneter Spähpanzer und Geleitfahrzeug. Ansaldo und Lancia bauten etwa 250 Stück für die Wehrmacht und die Armee der Italienischen Sozialrepublik.

sogar ganz neue Konstruktionen wie den P40, der beim italienischen Heer vor der Einführung stand.

1943 wurden etwa 340 Panzer und selbstfahrende Geschütze erbeutet und bis Anfang 1945 noch 430 weitere gebaut. Dazu wurden 400 Panzerwagen und Panzerspähwagen übernommen. Einige davon wurden von der Armee der neu gegründeten Italienischen Sozialrepublik übernommen.

PANZER P40 737(I)

Gewicht	26,00 t
Länge	5,75 m
Breite	2,75 m
Höhe	2,50 m
Antrieb	SPA-342-V8-Dieselmotor mit 420 PS
Geschwindigkeit	40 km/h (Straße)
Reichweite	275 km (Straße)
Besatzung	4 Mann
Panzerung	50 – 60 mm
Bewaffnung	1 x 7,5-cm-Ansaldo-L/34 mit 75 Schuss und 1 x MG Breda 38 8 mm mit 600 Schuss

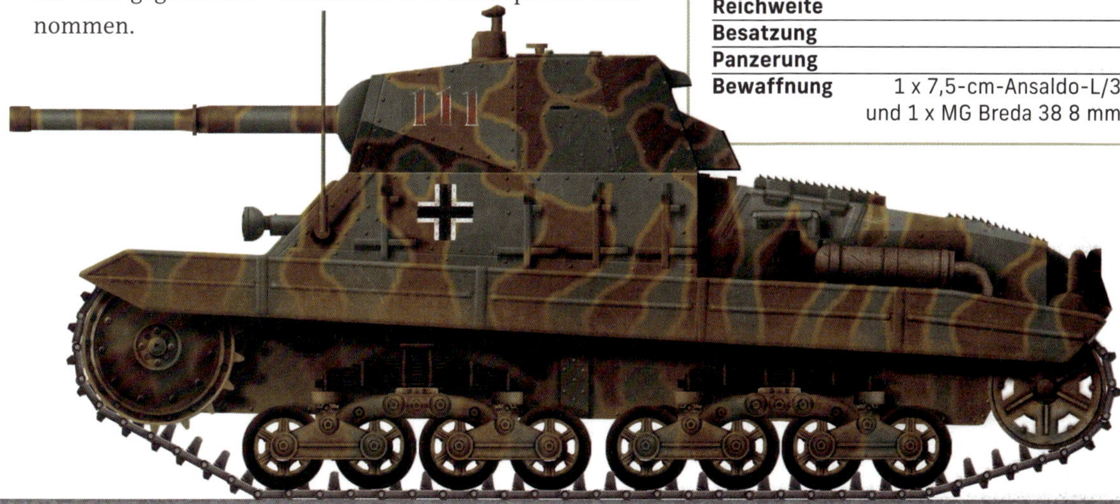

Panzer P40 737(i)

Ein Panzerkampfwagen P40 737(i) im April 1945 in der Region Friaul. Die Produktion des P40 lief zwar ganz ordentlich, aber bei der Herstellung des Dieselmotors gab es immer wieder Probleme. Laut deutschen Quellen wurden 101 P40 gebaut: 24 (davon elf ohne Motor) im Jahr 1943 und 77 (davon 29 ohne Motor) in den Jahren 1944 und 1945. Die Panzer ohne Motoren wurden eingegraben und dienten bei der Verteidigung von Anzio und der Gustav-Linie.

PANZER L6/40 733(I)

Gewicht	6,80 t
Länge	3,82 m
Breite	1,92 m
Höhe	2,03 m
Antrieb	SPA-Ottomotor mit 70 PS
Geschwindigkeit	42 km/h (Straße)
Reichweite	200 km (Straße)
Besatzung	2 Mann
Panzerung	6 – 40 mm
Bewaffnung	1 x 2-cm-Breda-35 mit 296 Schuss und 1 x koaxiales MG Breda 38 8 mm mit 1.560 Schuss

Panzer L6/40 733(i)

Die Panzer-Abteilung Adria übernahm eine kleinere Zahl leichter Panzer L6/40 als Panzerkampfwagen L6/40 733(i).

StuG L6 mit 47/32 630(i)
Die Wehrmacht erbeutete insgesamt 78 dieser Semovente da 47/32 (Selbstfahrlafetten). Die meisten gingen an die kroatische Armee, aber die Wehrmacht setzte auch einige als StuG L6 mit 47/32 630(i) ein.

STUG L6 MIT 47/32 630(I)

Gewicht	6,50 t
Länge	3,82 m
Breite	1,92 m
Höhe	1,63 m
Antrieb	FIAT-SPA-Ottomotor mit 70 PS
Geschwindigkeit	42 km/h (Straße)
Reichweite	200 km (Straße)
Besatzung	3 Mann
Panzerung	6–42 mm
Bewaffnung	1 x 4,7-cm-Kanone-da-47/32 Modell 1935 mit 70 Schuss

PANZER M13/40 735(I)

Gewicht	13,80 t
Länge	4,90 m
Breite	2,21 m
Höhe	2,39 m
Antrieb	Fiat-SPA-8-TM40-V8-Dieselmotor mit 125 PS
Geschwindigkeit	31 km/h
Reichweite	200 km (Straße)
Besatzung	4 Mann
Panzerung	6–42 mm
Bewaffnung	1 x 4,7-cm-Kanone-da-47/32 Modell 1935 mit 104 Schuss und 4 x MG Breda 38 8 mm (eines koaxial, eines zur Flugabwehr und zwei vorn in der Wanne) mit 2.808 Schuss

Panzer M13/40 735(i)
Die meisten einsatzfähigen M13/40 gingen an die faschistischen italienischen Truppen, einige gelangten aber auch in deutsche Verbände, wie dieser Panzer M13/40 735(i) der 7. SS-Freiwilligen-Gebirgs-Division „Prinz Eugen“.

STURMGESCHÜTZ M43 MIT 75/46 852(I)

Gewicht	16,00 t
Länge	7,28 m
Breite	2,88 m
Höhe	1,75 m
Antrieb	Fiat-SPA-15TB-M42-V8-Dieselmotor mit 176 PS
Geschwindigkeit	35 km/h (Straße)
Reichweite	180 km (Straße)
Besatzung	3 Mann
Panzerung	15–50 mm
Bewaffnung	1 x 7,5-cm-Kanone-da-75/46 mit 43 Schuss und 1 x MG Breda 38 8 mm mit 864 Schuss

Sturmgeschütz M43 mit 75/46 852(i)
Das Sturmgeschütz M43 mit 75/46 852(i) ähnelte dem StuG III, aber bis zum Kriegsende wurden wohl nicht mehr als 20 Stück fertiggestellt.

STURMGESCHÜTZ M43 MIT 105/25 853(I)

Gewicht	15,80 t
Länge	5,10 m
Breite	2,40 m
Höhe	1,75 m
Antrieb	Fiat-SPA-15TB-M42-V8-Dieselmotor mit 176 PS
Geschwindigkeit	35 km/h (Straße)
Reichweite	180 km (Straße)
Besatzung	3 Mann
Panzerung	35–75 mm
Bewaffnung	1 x 10,5-cm-Kanone-da-105/25 mit 48 Schuss und 1 x MG Breda 38 8 mm mit 864 Schuss

Sturmgeschütz M43 mit 105/25 853(i)
Das Semovente da 105/25 war eines der besten italienischen Panzerfahrzeuge vor der deutschen Besatzung. 1943 wurden 26 dieser Sturmgeschütze erbeutet und als Sturmgeschütz M43 mit 105/25 853(i) in die Wehrmacht übernommen. 1943 bis 1944 wurden mindestens 90 weitere Sturmgeschütze hergestellt.

BRITISCHE UND AMERIKANISCHE PANZERFAHRZEUGE

Nach der Evakuierung über Dünkirchen ging man davon aus, dass das Britische Expeditionskorps (BEF) fast 700 Panzer zurückgelassen hatte, von denen die Wehrmacht viele als Basis für selbstfahrende Geschütze, Zugfahrzeuge oder andere Unterstützungsaufgaben nutzte.

In Nordafrika war das deutsche Afrikakorps aufgrund der eklatanten Versorgungsprobleme gezwungen, britische Beutepanzer ohne weitere Umrüstung zu nutzen. Sowohl die 15. als auch die 21. Panzer-Division verfügten über Einheiten mit britischen Panzern, darunter Matilda, Valentine und Crusader. Einige Spezialfahrzeuge waren hoch begehrt – Rommel und sein Stab nutzen zwei AEC-Kommandofahrzeuge mit den Spitznamen „Max“ und „Moritz“ während des gesamten Afrikafeldzugs.

Selbst einige US-Panzer fanden den Weg in die Wehrmacht. Es wurden genügend Sherman erbeutet, um in vier Divisionen Ad-hoc-Panzereinheiten zu bilden. Zu einem Zeitpunkt während des Feldzugs in der Normandie verfügte die 10. SS-Panzer-Division „Frundsberg“ über zehn Sherman-Panzer. Jeder Beutepanzer war taktisch wichtig, wenn man ihn mit Kühnheit und Fantasie einsetzte. Am 24. Dezember 1944 überrannte die 2. SS-Panzer-Division „Das Reich“ bei Manhay in Luxemburg mit nur einem einzelnen Sherman zwei amerikanische Straßensperren.

SHERMAN VC FIREFLY

Gewicht	33,00 t
Länge	7,82 m
Breite	2,67 m
Höhe	2,74 m
Antrieb	Chrysler-Multibank-A57-30-Zylinder-Ottomotor mit 425 PS
Geschwindigkeit	40 km/h (Straße)
Reichweite	200 km (Straße)
Besatzung	4 Mann
Panzerung	max. 90 mm (Turm vorne)
Bewaffnung	1 x 76,2-mm-Kanone (QF 17-pounder) und 1 x koaxiales Browning-MG-M1919 7,62 mm

Sherman VC Firefly

Nach der Aufgabe bei Punkt 213 bei Villers-Bocage in der Normandie am 13. Juni 1944 wurde mindestens ein Firefly (Seriennummer T212728) des 4th Troop, A Squadron, 4th County of London Yeomanry (CLY) erbeutet und von den deutschen Soldaten nach der Einnahme des Hügels mehrfach fotografiert. Der Firefly war geschätzt, und so fanden sich einige Beutepanzer mit handgemalten Abzeichen bei der deutschen Truppe wieder.

SOWJETISCHE PANZERFAHRZEUGE

Die Wehrmacht setzte seit Anfang 1939 Beutepanzer ein. Zunächst waren es die tschechischen LT vz. 35 und THN-PS, die als Panzer 35(t) und Panzer 38(t) eingesetzt wurden. Die beiden Panzer waren besonders in den Jahren 1939 bis 1941 sehr wichtig, als sie mit über 1.600 Stück einen Großteil der Stärke der Panzerwaffe ausmachten.

Natürlich stieß man dabei auch auf Schwierigkeiten. Wenn die Beutepanzer nicht frisch aus der Fabrik kamen, mussten sie bald überholt werden, und man brauchte natürlich auch Ersatzteile. Wenn diese nicht zur Verfügung standen, mussten Fahrzeuge ausgeschlachtet werden. In der Regel brauchte man drei Panzer, damit einer das ganze Jahr über einsatzbereit war. Es kam nur selten vor, dass die Wehrmacht funktionierende Panzerfabriken oder Werkstätten einnahm, sodass das Ausschlachten der Normalfall war.

In den Kriegsjahren hatten Heer und Waffen-SS eine Reihe ausländischer Beutepanzer, die entweder erbeutet oder unter deutscher Aufsicht in den besetzten Gebieten hergestellt wurden. Es gab in der Wehrmacht spezielle Sammelpunkte für Beutepanzer. Dort wurden sie gründlich daraufhin überprüft, ob sie für die eigenen Zwecke zu gebrauchen waren.

ZAHLLOSE PANZER DER ROTEN ARMEE

1941/42 wurden enorm viele sowjetische Panzer erbeutet. Ein großer Teil der insgesamt 35.000 Panzer, die die Rote Armee in diesen Jahren verlor, fiel in deutsche Hände. Selbst eine konservative Schätzung der intakten oder reparierbaren Beutepanzer würde auf mehrere Tausend potenziell einsetzbare Fahrzeuge hinauslaufen. Die besten wurden im Gefecht eingesetzt, aber auch überholte und veraltete Panzer kamen noch im Kampf gegen Partisanen zum Einsatz. Wenn sie dafür auch nicht mehr taugten, dienten sie noch als Ziel auf den Panzerschießbahnen.

3,7-cm-PaK auf gepanzertem Artillerieschlepper 630(r)
Einer der typischen improvisierten Panzerjäger war der 3,7-cm-PaK auf gepanzertem Artillerieschlepper 630(r), einer erbeuteten sowjetischen Artilleriezugmaschine Komsomolez mit einer 3,7-cm-PaK-36.

3,7-CM-PAK AUF GEPANZERTEM ARTILLERIESCHLEPPER 630(R)

Gewicht	3,80 t
Länge	3,45 m
Breite	1,86 m
Höhe	2,50 m
Antrieb	GAZ-M 4-Zylinder-Ottomotor mit 100 PS
Geschwindigkeit	40 km/h (Straße)
Reichweite	250 km (Straße)
Besatzung	4 Mann
Panzerung	7–10 mm
Bewaffnung	1 x 3,7-cm-PaK-36 und 1 x MG DT 7,62 mm

BA-64B – PSW BA 64(R)

Gewicht	2,40 t
Länge	3,66 m
Breite	1,53 m
Höhe	1,90 m
Antrieb	GAZ-M-M4-Zylinder-Ottomotor mit 54 PS
Geschwindigkeit	80 km/h (Straße)
Reichweite	600 km (Straße)
Besatzung	2 Mann
Panzerung	4–15 mm
Bewaffnung	1 x MG 42 7,92 mm

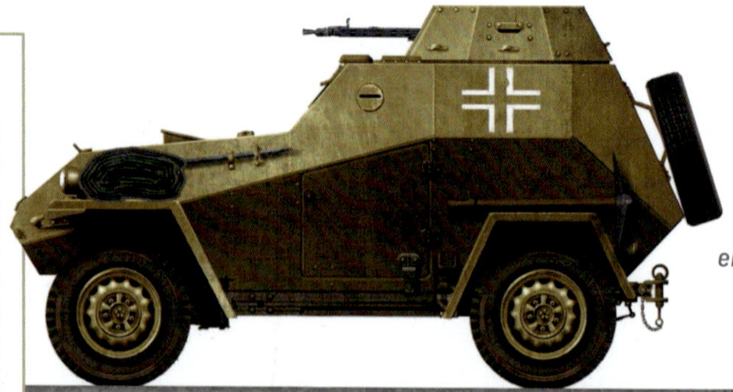

BA-64B – PSW BA 64(r)
Ein BA-64B der 2. SS-Panzergrenadier-Division „Das Reich", 1943 bei Kursk. Dieser Panzer hat ein MG 42 erhalten, um den Munitionsnachschub zu erleichtern.

Panzer BT 742(r)
Ein erbeuteter BT-5 im Dienst der Wehrmacht als Panzer BT 742(r). Die meisten dieser veralteten Panzer wurden gegen Partisanen eingesetzt.

BT-5 – PANZER 742(R)

Gewicht	11,50 t
Länge	5,35 m
Breite	2,23 m
Höhe	2,20 m
Antrieb	M-5-Ottomotor mit 400 PS
Geschwindigkeit	72 km/h (Straße)
Reichweite	200 km (Straße)
Besatzung	3 Mann
Panzerung	6–13 mm
Bewaffnung	1 x 4,5-cm-Kanone Modell 32 und 1 x koaxiales MG DT 7,62 mm

KW-1 MODELL 1942 – PANZER KW-IC 753(R)

Gewicht	47,00 t
Länge	6,80 m
Breite	3,32 m
Höhe	2,70 m
Antrieb	V12-Dieselmotor mit 600 PS
Geschwindigkeit	25 km/h
Reichweite	250 km (Straße)
Besatzung	5 Mann
Panzerung	20–120 mm
Bewaffnung	1 x 7,62-cm-Kanone F-34 und 3 x MG DT 7,62 mm (eines im Bug, eines koaxial und eines hinten am Turm)

KW-1 Modell 1942 – Panzer KW-IC 753(r)
Ein KW-IC 753(r) der 3. SS-Panzergrenadier-Division „Totenkopf" im März 1943 bei Charkow.

Sturmpanzer KW-II 754(r) mit deutscher Kommandantenkuppel

Ein Sturmpanzer KW-II 754(r) der Panzerkompanie (z.b.v.) 66 bei der Eroberung von Malta 1942. Zu den Änderungen zählen eine Kommandantenkuppel vom Panzer III und „Notek"-Scheinwerfer.

KW-2 – STURMPANZER KW-II 754(R) MIT DEUTSCHER KOMMANDANTENKUPPEL

Gewicht	52,00 t
Länge	7,00 m
Breite	3,32 m
Höhe	3,32 m
Antrieb	W2-K 12-Zylinder-Dieselmotor mit 600 PS
Geschwindigkeit	25 km/h
Reichweite	250 km (Straße)
Besatzung	5 Mann
Panzerung	60 – 110 mm
Bewaffnung	1 x 15,2-cm-Haubitze M-10T und 2 x MG DT 7,62 mm (eines im Bug und eines hinten im Turm)

T-70 – Panzer T-70 743(r)

Ein T-70 743(r) der Sturmgeschütz-Abteilung 276, Schloßberg, Ostpreußen, November 1944.

T-70 – PANZER T-70 743(R)

Gewicht	9,20 t
Länge	4,29 m
Breite	2,04 m
Höhe	2,04 m
Antrieb	2 x GAZ-202-Ottomotor mit je 70 PS
Geschwindigkeit	45 km/h (Straße)
Reichweite	350 km (Straße)
Besatzung	2 Mann
Panzerung	10 – 45 mm
Bewaffnung	1 × 4,5-cm-Kanone und 1 x koaxiales MG DT 7,62 mm

Erbeutete T-34

Die zahlreichen erbeuteten T-34 waren ein Sonderfall. Der T-34 wurde in der Eröffnungsphase der Operation Barbarossa eingesetzt und wurde zum Schrecken der deutschen Truppen. Er bestach durch seine Feuerkraft und Beweglichkeit im Gelände und erweckte den Eindruck, als könnten ihm die meisten deutschen Panzer und Panzerabwehrkanonen nichts anhaben. Das galt besonders für die am weitesten verbreitete deutsche Panzerabwehrkanone von 1941, die 3,7-cm-PaK-36. So gibt es Gefechtsberichte, wonach eine entschlossene (und letztlich auch glückliche) Besatzung einer PaK 36 zwar 23 Schüsse auf einen T-34 abgab, aber anschließend nur der Turm klemmte. Das beweist zwar recht deutlich die Wirksamkeit der Panzerung des T-34 für das Jahr 1941, zeigt aber auch die Schwächen seines miserablen Feuerleitsystems. Schließlich konnten die deutschen Soldaten diese 23 Schuss abgeben und fliehen, ohne auch nur ein einziges Mal getroffen zu werden. Zu diesem Missverhältnis trugen mehrere Faktoren bei:

- Der T-34 hatte einen Zweimann-Turm, in dem der arg überforderte Kommandant auch noch als Richtschütze fungieren musste. War er auch noch Zugführer oder Kompaniechef, musste er nebenbei auch noch mehrere andere Panzer führen. Was diese Führungsprobleme noch schlimmer machte, war der eklatante Mangel an Funkgeräten, der die sowjetische Panzertruppe durch einen Großteil des Krieges belastete.
- Die schlechte Qualität des Visiers und der Beobachtungseinrichtungen. Es gab keine Kommandantenkuppel, und so blieb dem Kommandanten nur ein Sehrohr zur Beobachtung, wenn die Luken geschlossen waren. Die sowjetischen Sehrohre und Zielfernrohre waren den deutschen Geräten damals weit unterlegen, und die gepanzerten Glasblöcke in den Sehschlitzen waren oft diffus und voller Luftblasen.
- Wenn der Kommandant dann versuchte, den Kopf herauszustrecken, um mehr zu sehen, versperrte ihm die Konstruktion der Luke den Blick.

T-34 MODELL 1942 – PANZER T-34B 747(R)

Gewicht	28,50 t
Länge	6,75 m
Breite	3,00 m
Höhe	2,60 m
Antrieb	V12-Dieselmotor mit 500 PS
Geschwindigkeit	55 km/h (Straße)
Reichweite	465 km (Straße)
Besatzung	4 Mann
Panzerung	20–70 mm
Bewaffnung	1 x 7,62-cm-Kanone F-34 und 2 x MG DT 7,62 mm (eines im Bug und eines koaxial)

T-34 Modell 1942 – Panzer T-34b 747(r)
Ein T-34b 747(r) der 2. SS-Panzergrenadier-Division „Das Reich" 1943 bei Kursk.

T-34 Modell 1943 – Panzer T-34c 747(r)
Ein T-34c 747(r) 1944 in Polen.

Es handelte sich um eine einteilige, nach vorn öffnende Luke, die fast die gesamte hintere Hälfte des Turms abdeckte. Die sowjetischen Besatzungen hassten sie wegen ihres Gewichts und ihrer Schwerfälligkeit und verglichen ihre Form mit Piroschki. Geöffnet stand sie fast senkrecht nach oben und versperrte dem Kommandanten den Blick nach vorn. Er musste versuchen, seitlich daran vorbei zu blicken. Wenn sie klemmte, war die Besatzung im Panzer gefangen und hatte nur eine kleine Chance, über die Luke des Fahrers zu entkommen. Panzerkommandant Nikolai Ewdokimowitsch Gluchov erinnerte sich: „Eine große

T-34 MODELL 1943 – PANZER T-34C 747(R)

Gewicht	30,90 t
Länge	6,75 m
Breite	3,00 m
Höhe	2,60 m
Antrieb	V12-Dieselmotor mit 500 PS
Geschwindigkeit	55 km/h (Straße)
Reichweite	465 km (Straße)
Besatzung	4 Mann
Panzerung	20–70 mm
Bewaffnung	1 x 7,62-cm-Kanone F-34 und 2 x MG DT 7,62 mm (eines im Bug und eines koaxial)

Umbauten an Beutepanzern T-34

Beutepanzer T-34 in gutem Zustand wurden umgebaut, um möglichst viele Fehler zu beseitigen. Diese Umbauten umfassten:

- Ersatz der großen einteiligen Turmluke durch ein neues Dachteil mit Kommandantenkuppel aus einem beschädigten Panzer III oder IV und Einbau einer neuen Ladeschützenluke. Dadurch wurde das Sichtfeld des Kommandanten enorm verbessert, und die Besatzung konnte besser entkommen, wenn der Panzer getroffen wurde.
- Einbau eines deutschen Funkgeräts, in der Regel ein FuG 5.
- Ein zusätzlicher Stauraum verschaffte der Besatzung etwas mehr Platz. Das wurde bei jedem Panzer anders gemacht. Einige erhielten Metallkästen an den Seiten, aber es wurden auch Turmstaukästen von beschädigten Panzer III und IV benutzt.
- Einige T-34 erhielten Schürzen, um das Laufwerk und den oberen Bereich der Kette vor Panzerabwehrbüchsenfeuer zu schützen.
- Wie alle Beutepanzer erhielten die T-34 einen deutschen Tarnanstrich und übergroße Hoheitsabzeichen, um der Gefahr eines Eigenabschusses vorzubeugen. Auf der hinteren Motorabdeckung wurden oft große Hakenkreuzflaggen drapiert, die als Erkennungszeichen für Flieger dienten.

Luke – sehr unpraktisch, sehr schwer." Wegen der zahlreichen Beschwerden der Besatzungen wurde sie schließlich im Modell 1932 durch eine doppelte Luke ersetzt.

- Bis einschließlich zum Modell 1942 war der Turm sehr eng und so niedrig, dass die 7,62-cm-Kanone und das koaxiale MG nur um 3° abgesenkt werden konnten. So war der Panzer kaum in der Lage, Hinterhangstellungen mit der Wanne nach unten einzunehmen und auf Ziele im Nahbereich zu feuern.

REPARATUR UND UMBAU VON ERBEUTETEN T-34

Ende 1941 hatte die Wehrmacht so viele T-34 erbeutet, dass sie in Riga eine spezielle Werkstatt für Reparatur und Umbau dieser Panzer einrichtete. Im Jahr 1943 wurden T-34 auch bei Mercedes-Benz in Marienfelde und bei Wumag in Görlitz repariert und umgebaut. Dabei war die Versorgung mit Ersatzteilen kein Problem, denn es waren ständig etwa 300 erbeutete Panzer auf Lager.

So kam vielleicht das II. SS-Panzerkorps auf eine Idee, als nach der Wiedereroberung von Charkow im März 1943 auch eine Panzerfabrik intakt in ihre Hände fiel, in der mindestens 50 T-34 zur Reparatur standen. Sie nahm die Einrichtung als SS-Panzerwerk in Betrieb und baute dort die T-34 nach deutschen Vorgaben um. 25 dieser Panzer wurden bei der 2. SS-Panzer-Division „Das Reich" in Dienst genommen.

Diese Beutepanzer wurden bei der Schlacht um Kursk eingesetzt. Am Nachmittag des 12. Juli 1943 rückten über 50 sowjetische T-34 von Winogradowka auf Jasnaja Poljana vor, als sie von den deutschen T-34 abgefangen wurden. Augenzeuge Sylvester Stadler, Kommandeur des Panzergrenadier-Regiments „Der Führer", berichtete: „In kürzester Zeit wurden alle 50 Panzer durch die Beutepanzer mit den deutschen Besatzungen in Brand geschossen. Die sowjetischen Panzer führten hinten ein Fass Benzin mit sich. Dieses konnte durch einen gezielten Schuss in Brand gesetzt werden, und kurz darauf explodierte der gesamte Panzer. Bei den Sowjets hatte nur der Befehlspanzer ein Funkgerät. Daher wurde dieser als erster vernichtet. Die anderen Besatzungen waren verblüfft. Sie hatten offensichtlich die T-34 auf dem Hügel nicht als Feind erkannt."

Die „deutschen" T-34 hatten ihren Wert unter Beweis gestellt, aber sie waren für die unter Druck stehenden Fronteinheiten so wertvoll, dass diese die Beutepanzer gar nicht meldeten. Man erkannte erst spät die verständliche Sorge, wertvolle Panzer zu verlieren. Am 30. Juli 1943 wurde ein offizielles Programm für die Vereinnahmung und Verteilung dieser Panzer ins Leben gerufen.

T34/85 – PANZER T-34/85 747(R)

Gewicht	32,00 t
Länge	8,10 m
Breite	3,00 m
Höhe	2,65 m
Antrieb	V12-Dieselmotor mit 500 PS
Geschwindigkeit	55 km/h (Straße)
Reichweite	380 km (Straße)
Besatzung	5 Mann
Panzerung	20–90 mm
Bewaffnung	1 x 8,5-cm-Kanone D5-T und 2 x MG DT 7,62 mm (eines im Bug und eines koaxial)

T34/85 – Panzer T-34/85 747(r)
Ein T34/85 747(r) der 5. SS-Panzer-Division „Wiking" 1944 in der Gegend von Warschau.

SU-85 – Jagdpanzer SU-85(r)
Ein erbeuteter SU-85 im Dienst der Wehrmacht als Jagdpanzer SU-85(r) mit übergroßen Hoheitsabzeichen, um der Gefahr eines Eigenabschusses vorzubeugen.

SU-85 – JAGDPANZER SU-85(R)

Gewicht	29,20 t
Länge	8,25 m
Breite	3,00 m
Höhe	2,45 m
Antrieb	V12-Dieselmotor mit 500 PS
Geschwindigkeit	47 km/h (Straße)
Reichweite	400 km (Straße)
Besatzung	4 Mann
Panzerung	20–45 mm
Bewaffnung	1 x 8,5-cm-Kanone D5-S

Unter anderem ergingen folgende Anweisungen an die Truppe: „Bisher wurden nur wenige der zahlreichen Beutepanzer T-34 an der Ostfront vereinnahmt, und diese wurden auch noch unsachgemäß eingesetzt. Die zurzeit zur Verfügung stehenden Bergetrupps für die Vereinnahmung und Bergung russischer Beutepanzer und anderer Fahrzeuge reichen für diese Aufgabe nicht aus. Kampfeinheiten haben auf eigene Faust ihre Kampfkraft durch Beutepanzer erhöht, was zur Plünderung weiterer dieser Fahrzeuge geführt hat. Diese Einheiten haben weder genügend Munition und Ersatzteile noch ausgebildetes Wartungspersonal. So kommt es dazu, dass diese Panzer selbst bei geringen Schäden ausgeschlachtet und aufgegeben werden. Die Truppe hat die zentralisierte Vereinnahmung und Bergung wertvoller Beutepanzer (besonders T-34) zu unterstützen. Beutepanzer T-34 sollen ausgegeben werden an:

- Panzereinheiten im Ostheer, die noch französische Beutepanzer haben.
- Panzereinheiten, die Partisanenbanden bekämpfen.
- Andere auf Beutepanzer umgestellte Einheiten.

Alle geborgenen Beutepanzer T-34 und Ersatzteile gehen an die Werkstatt in Riga. Die Armeen unterstützen die Bergung der Beutepanzer durch den Einsatz aller verfügbaren Bergekräfte und -mittel und haben die freudige Zusammenarbeit ihrer Soldaten sicherzustellen.

Als Anreiz erhalten Panzereinheiten, die einen voll einsatzfähigen T-34 abgeben, vom OKH zwei schwere Panzerjäger oder (wenn die Einheit ihre Sollstärke hat) drei Maultier-Halbkettenfahrzeuge sowie Infanterieeinheiten mit zwei PaK 40 mit Zugfahrzeugen. Dazu hat das OKH eine besondere Ration Marketenderwaren als Preis für einen nicht einsatzfähigen Beutepanzer T-34 bewilligt (40 Flaschen Alkohol), für einen kompletten Motor, Getriebe, Visier oder ein Funkgerät (6 Flaschen), sowie für eine komplette Kanone, einen Kühler, Anlasser oder ähnliches (1 bis 3 Flaschen)."

Selbst stark beschädigte T-34 wurden noch eingesetzt. Einige wurden als Bunker eingegraben, andere wurden nach Entfernung der Türme auf Eisenbahnwaggons gesetzt und dienten in gepanzerten Eisenbahnzügen als Panzerjägerwagen.

SUPERPANZER

Während des gesamten Krieges arbeiteten die deutschen Konstrukteure an Panzern aller Formen und Größen. Wir zeigen hier einige faszinierende Projekte, die nie die Serienreife erlangt haben.

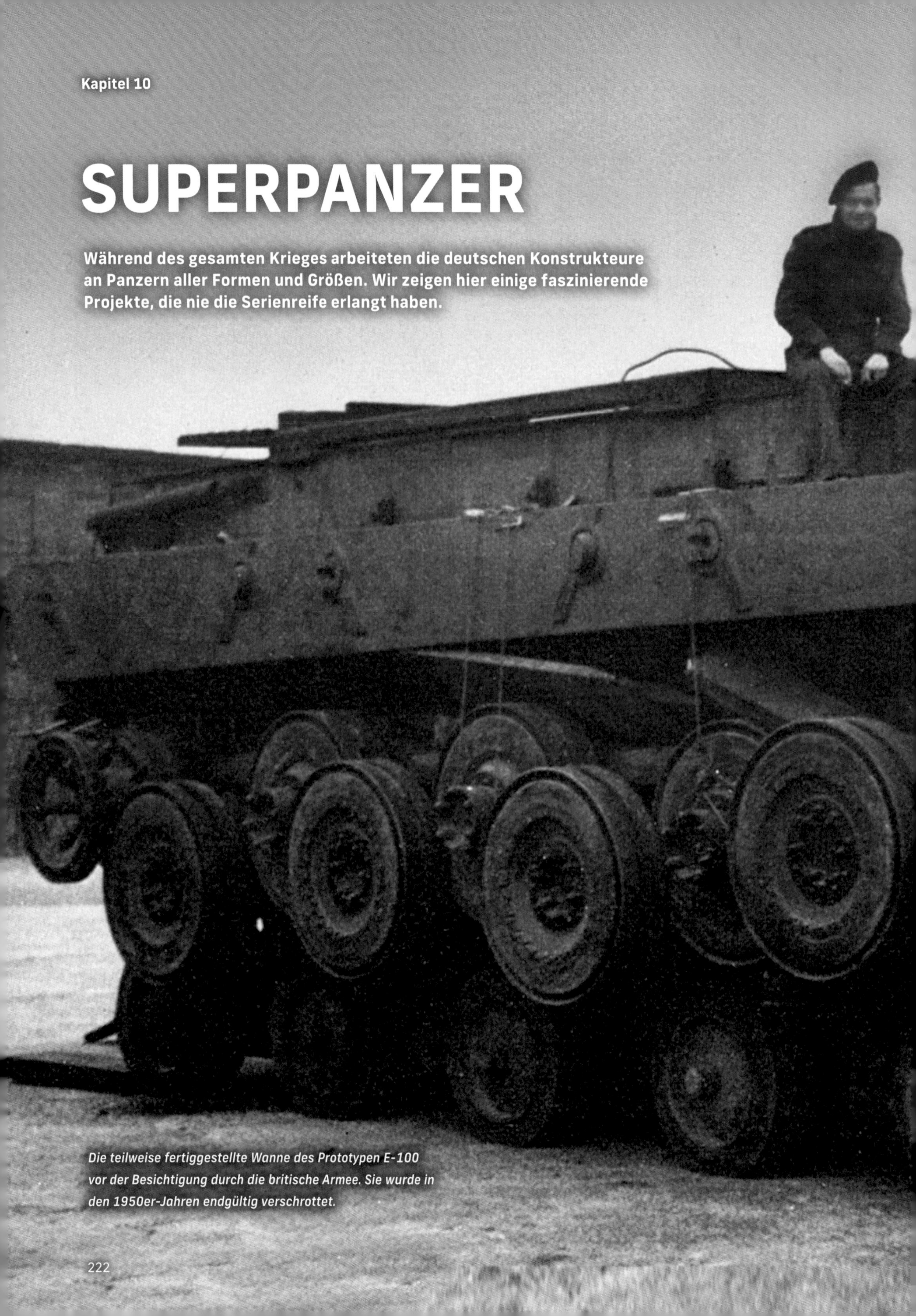

Die teilweise fertiggestellte Wanne des Prototypen E-100 vor der Besichtigung durch die britische Armee. Sie wurde in den 1950er-Jahren endgültig verschrottet.

DIESES KAPITEL UMFASST DIE FOLGENDEN FAHRZEUGE:

- Landkreuzer P-Serie
- Panzer VII Löwe VK 7201
- Selbstfahrende Geschütze
- Porsche Typ 205, Panzer VIII Maus
- E-Serie

Landkreuzer der P-Serie

Das Konzept der gigantischen Landkreuzer gibt es seit mindestens 1903, als H. G. Wells über das Potenzial dieser Panzer die Kurzgeschichte „The Land Ironclads“ (Die Landpanzerschiffe) schrieb. In den 1930er-Jahren schien dann diese Technik auch reif zur Umsetzung zu sein. Berichten zufolge soll der deutsche Ingenieur Eduard Grote, der für das Ingenieurbüro OKMO in Leningrad arbeitete, hinter einem gescheiterten Projekt stehen, einen sowjetischen Landkreuzer unter der Bezeichnung „Bolschewik-Panzer“ zu bauen.

Es sind nur wenige Details bekannt, aber das Gewicht wurde auf etwa 1.000 Tonnen geschätzt, und zwei 20,3-cm-Schiffsartilleriegeschütze sollen als Bewaffnung vorgesehen gewesen sein. Mehrere Motoren sollten insgesamt 24.000 PS liefern, und der Panzer hätte eine Besatzung von 60 Mann gebraucht. Manche verweisen dieses Projekt in das Reich der Fabel, aber es hätte gut in die Reihe von Stalins Prestigeprojekten, wie die Reihe der Schlachtschiffe der Sowjetski-Sojus-Klasse, gepasst.

LANDKREUZER P1000 RATTE

Das Projekt Landkreuzer P1000 hatte seinen Ursprung wohl in Krupps Prüfung der schweren sowjetischen Panzer im Jahr 1941. Das kam Grote zu Ohren, der seinerzeit für Krupp an Studien für den U-Boot-Bau arbeitete. Im Juni 1942 sendete er Hitler eine Projektskizze für einen 1.000-Tonnen-Panzer, den Landkreuzer. Hitler war von dem Konzept beeindruckt und forderte weitere Konstruktionsstudien von Krupp.

Bis Dezember 1942 erstellte Krupp eine Reihe von Konstruktionszeichnungen für das Projekt Ratte. Albert Speer hatte Hitlers Begeisterung für das Projekt nie geteilt und konnte es Anfang 1943 stornieren, bevor der Bau überhaupt begann. Trotz des offiziellen Gewichts von 1.000 Tonnen wäre die Ratte vermutlich noch viel schwerer geworden. Im Hauptturm sollten zwei 28-cm-Schnellladekanonen aus den Schlachtschiffen der Scharnhorst-Klasse Platz finden. Allein dieser Turm hätte wohl schon mindestens 650 Tonnen gewogen, obwohl man schon eine der drei Kanonen aus dem Schiffsturm weggelassen hatte.

Munition mitzuführen war angesichts der Größe kaum möglich, denn jede 28-cm-Panzersprenggranate mit Treibladung wog allein 450 Kilogramm. Dazu kam dann noch das beträchtliche Gewicht der 12,8-cm-Nebenbewaffnung, der Fla-MGs und ihrer Munition. Aufgrund des enormen Gewichts sollte die Ratte drei 1,2 Meter breite Ketten auf jeder Seite haben, die gesamte Kettenbreite inklusive Zwischenabständen betrug 7,2 Meter. Das sollte für etwas Stabilität und weniger Bodendruck sorgen, aber die schiere Masse des Fahrzeugs hätte jede Straße zerstört und das Überqueren von Brücken unmöglich gemacht. Auf der anderen Seite hätte der riesige Panzer viele Flüsse ohne große Vorbereitung durchwaten können. Trotzdem war geplant, Tiefwatgerät wie Schnorchel für die Lufteinlässe mitzuführen. Es war auch ein Fahrzeugstauraum vorgesehen, der so groß war, dass zwei Motorräder BMW R12 für die Erkundung Platz fanden. Daneben gab es zwei kleinere Stauräume, einen engen Sanitätsbereich und ein autarkes Toilettensystem. Es wurden zwei Motorisierungen vorgeschlagen:

- 2 MAN-V12Z32/44-24-Zylinder-Schiffsdiesel mit jeweils 8.500 PS, wie sie auch in U-Booten zum Einsatz kamen.
- 8 Daimler-Benz-MB-501-20-Zylinder-Schiffsdiesel mit je 2.000 PS, bereits verwendet für Schnellboote.

Vermutlich hätte man wohl den einfacheren und bewährten MB 501 gewählt. Er hätte eine theoretische Höchstgeschwindigkeit von 40 km/h ermöglicht, obwohl man diese in der Praxis nie erreicht hätte, um Getriebe und Laufwerk zu schonen. Selbst bei optimistischster Einschätzung wäre das Projekt in der Praxis nie durchführbar gewesen. Das Fahrzeug war viel zu groß für die Herstellung in einer Panzerfabrik. Man hätte wohl auf eine Werft ausweichen müssen. Und dort hätte bereits ein einziger Prototyp einen Großteil der verfügbaren Ressourcen über mehrere Monate blockiert. Die Feuerkraft war enorm. Das 28-cm-Geschoss hätte bei seiner effektivsten Direktfeuerdistanz von etwa fünf Kilometern eine Panze-

Landkreuzer P1000 Ratte
Die Ratte war ein völlig unbrauchbares Prestigeprojekt.

LANDKREUZER P1000 RATTE

Gewicht	1.800,00 t
Länge	35,00 m
Breite	14,00 m
Höhe	11,00 m
Antrieb	8 x Daimler-Benz-Dieselmotor MB 501 mit je 2.000 PS
Geschwindigkeit	40 km/h
Reichweite	190 km (Straße)
Besatzung	über 20, evtl. sogar 40 Mann
Panzerung	150–360 mm
Bewaffnung	2 x 280-mm-SK-C/34-L54,4, 1 x 12,8-cm-KwK-44-L/55, 2 x 2-cm-Flak-Vierling-38 sowie 2 x 1,5-cm-Kanone Mauser MG 151/15

rung von mehr als 450 Millimetern durchbrechen können. Bei der maximalen Erhöhung von 40° betrug die Schussweite fast 41 Kilometer. Das Problem war aber, diese Feuerkraft in der Praxis zur Wirkung zu bringen. Die Beweglichkeit im Gelände wäre sehr eingeschränkt gewesen, eine Panne hätte aufwendige logistische und technische Maßnahmen erfordert. Man hätte wohl mindestens eine andere Ratte gebraucht, um eine liegen gebliebene Ratte abzuschleppen. Und dazu bot dieses Fahrzeug ein riesiges, extrem langsames Ziel. Seine Panzerung war zwar vielen bodengestützten Waffen gewachsen, aber aufgrund der Luftüberlegenheit der Alliierten wäre es immer wieder Luftangriffen ausgesetzt gewesen. Den schweren panzerbrechenden Bomben hatte die Panzerung von Turm und Wannendach aber nichts entgegenzusetzen.

LANDKREUZER P1500 MONSTER

Das Monster war eine Weiterentwicklung der Ratte und ein noch kurzlebigeres Projekt. Sein Ursprung lag wohl in einer Projektskizze von Krupp vom Dezember 1942, gefolgt von einigen Konzeptstudien, bevor Albert Speer das Projekt Anfang 1943 endgültig einstellen ließ. Die Probleme mit Größe und Gewicht, die bereits bei der Ratte nicht lösbar waren, traten hier noch stärker zutage. Man hätte wohl eine Art knickbarer Wanne bauen müssen, damit das Fahrzeug überhaupt lenkbar war. Ein dieselelektrischer Antrieb, wobei jeder der vier Dieselmotoren einen eigenen Generator antrieb, hätte wohl genug Leistung gehabt, um die geplante Höchstgeschwindigkeit von zehn km/h zu erreichen. Dafür hätte man aber alle möglichen Routen sorgfältig erkunden müssen, denn die Kopflastigkeit aufgrund der riesigen Kanone hätte bereits bei einer geringen seitlichen Neigung dafür gesorgt, dass das Monster umgekippt wäre.

Die gesamte Konfiguration des Fahrzeugs ist merkwürdig und lässt einen klaren Denkansatz vermissen. Die 80-cm-Kanone Dora/Schwerer Gustav hatte eine Höchstschussweite von 48 Kilometern. Sie war aber für direktes Feuer kaum zu gebrauchen, da die Feuergeschwindigkeit bei vielleicht zwei Schuss pro Stunde lag. Damit hätte man das Monster allenfalls hinter der Front als riesiges selbstfahrendes Geschütz einsetzen können. Dem widersprach jedoch die geplante Panzerstärke von 250 Millimetern, die man bei indirektem Feuer aus der Ferne gar nicht gebraucht hätte.

Auch die Ausrüstung mit zwei 15-cm-Haubitzen ist in diesem Zusammenhang merkwürdig. Ihre maximale Schussweite betrug nämlich nur 13,25 Kilometer. So hätte man das Fahrzeug für ihren Einsatz relativ nah an die Front bringen müssen, wo es dem Feuer der gegnerischen, mittleren Artillerie ausgesetzt gewesen wäre. Da man aus Gründen der Stabilität keine schwere Dachpanzerung einbauen konnte, wäre das Monster dem Artilleriebekämpfungsfeuer schnell zum Opfer gefallen.

Aber selbst wenn es Artillerie- und Luftangriffe überstanden hätte, wäre sein Einsatz äußerst problematisch gewesen. Man hätte kaum Stauraum für die Munition gehabt, denn jede der 80-cm-Sprenggranaten war 3,5 Meter lang und wog 4,8 Tonnen, während die Treibladung weitere 2,24 Tonnen auf die Waage brachte.

Bei der Standardversion als Eisenbahngeschütz erfolgte der Nachschub über die Schiene, das Monster hingegen hätte ganz spezielle Munitionsfahrzeuge benötigt. Dafür am ehesten in Frage gekommen wäre ein umgebauter Munitionspanzer IV, wie er für die Batterien mit dem Belagerungsmörser Karl eingesetzt wurde. Jeder Munitionspanzer hätte aber nur ein Geschoss mit Treibladung tragen können.

So hatte das Monster alle Probleme der Ratte, aber aufgrund von Gewicht und Größe in viel stärkerem Ausmaß. In der Theorie war es eine faszinierende Studie, aber in der Praxis einfach nicht umsetzbar.

Panzer VII Löwe VK 7201

Im Jahr 1941 war klar, dass die Wehrmacht an der Ostfront einen Panzer brauchte, der den sowjetischen KW gewachsen war. Ein Vorschlag kam von Krupp. Im selben Jahr begann Krupp mit den Entwürfen für einen schweren Panzer zur Bekämpfung des sowjetischen KW. Dieser hatte sich in den ersten Wochen der Operation Barbarossa als zu stark gepanzert für die vorhandenen Kanonen erwiesen.

Anfang 1942 gab es Vorgaben für einen überschweren 90-t-Panzer mit bis zu 140 Millimeter Panzerung, von Krupp als Löwe VK 7201 bezeichnet. Als Hauptbewaffnung im Turm war entweder eine 10,5-cm-Kanone-L/70 oder eine 15-cm-Kanone-L/37 vorgesehen. Gleichzeitig sollten möglichst viele Komponenten vom Tiger II benutzt werden, um die Produktion zu vereinfachen.

Es wurden eine schwere (90 Tonnen) und eine leichte (76 Tonnen) Version vorgeschlagen, die sich aber nur in der Stärke der Panzerung und der Position des Turms voneinander unterschieden. Beide sollten mit der 10,5-cm-Kanone-L/70 und einem koaxialen MG ausgestattet werden. Hitler bevorzugte die schwere Version, die dann so angepasst wurde, dass die 15-cm-KwK-44-L/38 eingebaut werden konnte.

Ende 1942 wurde das Projekt zugunsten des Projekts Maus aufgegeben. Krupp schlug dann eine abgeänderte Version vor, die entweder mit der 8,8-cm-KwK-L/71 oder der 12,8-cm-KwK-L/60 ausgestattet war und schließlich den Tiger II ersetzen sollte.

PANZER VII LÖWE VK 7201

Gewicht	90,00 t
Länge	7,74 m
Breite	3,83 m
Höhe	3,08 m
Antrieb	Maybach-HL-230-Ottomotor mit 800 PS
Geschwindigkeit	35 km/h (Straße)
Reichweite	190 km (Straße)
Besatzung	5 Mann
Panzerung	50 – 140 mm
Bewaffnung	1 x 10,5-cm-KwK-L/70 und 3 x MG 34 7,92 mm (ein Fla-MG, eines koaxial und eines vorn in der Wanne)

Panzer VII Löwe
Ein Löwe mit 10,5-cm-Kanone und IR-Suchscheinwerfer FG1250 IR mit Sichtgerät.

Selbstfahrende Geschütze

Mitte 1942 wurden Studien in Auftrag gegeben, um die Machbarkeit selbstfahrender Versionen der häufigsten schweren Artilleriegeschütze zu prüfen. Bis dahin musste die schwere Artillerie in zwei oder mehr Paketen gezogen werden, was vor und nach dem Einsatz zu langen Verzögerungen führte, denn die Waffen mussten zusammen- und auseinander gebaut werden. Die ersten Studien auf der Wanne des Tiger II begannen im Januar 1943. Bis zum Kriegsende war ein einziger Prototyp fertig, der entweder die 17-cm-Kanone K 72 oder die 21-cm-Kanone Mrs 18/1 tragen konnte. Es war vorgesehen, die Kanone aus der Lafette auf eine Plattform mit 360° Schwenkbereich zu ziehen, die sich am hinteren Ende des nach oben offenen Kampfraums befand.

12,8-cm-K-43 Selbstfahrlafette Krupp II/Grille 12
Diese Konstruktion von 1942 kombinierte eine 12,8-cm-Kanone mit dem Fahrgestell des Panther. Die Kanone konnte vom Panzer aus abgefeuert werden. Man konnte aber auch den kompletten Turm abbauen und als bodengestützte Waffe einsetzen. Es wurden verschiedenste Versionen für die 12,8- und 15-cm-Kanonen erdacht, die aber nie über das Stadium einer Attrappe hinauskamen.

GESCHÜTZWAGEN TIGER FÜR 17-CM-KANONE-72 (SF.) GRILLE

Gewicht	58,00 t
Länge	13,00 m
Breite	3,27 m
Höhe	3,15 m
Antrieb	Maybach-HL-230-P-30-Ottomotor mit 600 PS
Geschwindigkeit	35 km/h (Straße)
Reichweite	200 km (Straße)
Besatzung	7 Mann
Panzerung	16 – 30 mm
Bewaffnung	1 x 17-cm-K-72-(Sf)-L/50 oder 1 x 21-cm-Mrs-18/1-(Sf) sowie 1 x MG 34 7,92 mm vorn in der Wanne und 1 x Fla-MG-42

Geschützwagen Tiger für 17-cm-Kanone-72-(Sf.) Grille II
Hauptbewaffnung war eine Version der bekannten 17-cm-Kanone-18 mit einer „Pfefferstreuer"-Mündungsbremse.

Porsche Typ 205, Panzer VIII Maus

Ferdinand Porsche erhielt im Juni 1942 von Hitler die Zusage, den Entwurf als Prototyp umsetzen zu können. Er machte sich sofort an die Arbeit und baute den Panzer als VK 7001/Porsche Typ 205. Der erste Prototyp sollte im Jahr 1943 fertiggestellt werden und lief zunächst unter der Bezeichnung Mammut. Der Name wurde im Dezember 1942 erst in Mäuschen und dann im Februar 1943 in Maus geändert.

Im Januar 1943 legte Hitler fest, dass der Panzer koaxiale 12,8-cm- und 7,5-cm-Kanonen im Turm haben sollte. Dabei sollten für spätere Serienmodelle Vorrichtungen für die Bewaffnung mit einer 15-cm-KwK-44-L/38 oder einer 17-cm-KwK-44 getroffen werden. Die anfänglichen Vorgaben für den Munitionsstauraum wurden nie erfüllt, durch spätere Änderungen wurde er immer kleiner.

Im Mai 1943 wurde Hitler eine hölzerne Attrappe der Maus vorgeführt. Er genehmigte die Serienfertigung, zunächst für ein Los von 150 Fahrzeugen. Die Arbeit war aufzuteilen zwischen Krupp, wo Chassis, Bewaffnung und Turm gebaut werden sollten, und Alkett, wo die Endmontage erfolgen sollte. Es ist durchaus möglich, dass diese Panzer eine 15-cm-Kanone erhalten sollten. Angeblich resultierte diese Vorgabe aus einem Kommentar von Hitler, wonach die schiere Größe des Panzers die 12,8-cm-Kanone wie ein Spielzeug wirken ließ.

PROTOTYP V1

Im Oktober 1943 stornierte Hitler die Serienfertigung und ließ auch jegliche Weiterentwicklung dieses Typs verbieten. Es wurde allerdings genehmigt, die im Bau befindlichen Prototypen fertigzustellen.

Die Wanne des ersten Prototypen war im Dezember 1943 fertig. Sie erhielt eine Turmattrappe mit Ballastgewicht, um das Gewicht des Serienmodells zu simulieren, bevor ausführliche Fahrversuche unternommen wurden. Angetrieben wurde der Prototyp von Porsches bevorzugtem benzinelektrischen Antrieb. Dabei wurde der Generator von einem modifizierten Zwölfzylinder-V-Motor Daimler-Benz MB 509 (der von dem Flugzeugmotor DB 603 abgeleitet wurde) angetrieben. Die geforderte Geschwindigkeit von 20 km/h wurde nie erreicht. Mehr als 13 km/h waren nicht machbar.

Schon das schiere Gewicht des Fahrzeugs sorgte für Probleme. Das Fahrwerk musste für das bislang nie

Dr. Ferdinand Porsche bei der Geländeerprobung des ersten Prototyps der Maus mit der Turmattrappe.

Porsche Typ 205, Panzer VIII Maus

So hätte die Maus wohl bei der Einführung ausgesehen. Dieser Panzer hätte eine enorme Feuerkraft gehabt, aber wahrscheinlich auch noch schwerwiegendere Probleme im Gelände als der Jagdtiger.

PORSCHE TYP 205, PANZER VIII MAUS

Gewicht	188,00 t
Länge	10,09 m
Breite	3,64 m
Höhe	3,66 m
Antrieb	Daimler-Benz-MB-517-Dieselmotor mit 1.200 PS
Geschwindigkeit	20 km/h (Straße)
Reichweite	200 km (Straße)
Besatzung	5 Mann
Panzerung	50 – 250 mm
Bewaffnung	1 x 12,8-cm-KwK-44-L/55 mit 68 Schuss, 1 x koaxiale 7,5-cm-KwK-44-L/36,5 und 1 x koaxiales MG 34 7,92 mm mit 1.000 Schuss

erreichte Gewicht aufwendig verstärkt werden. Dazu kam, dass es kaum Brücken gab, die eine Last von 188 Tonnen tragen konnten. Mit seiner Größe konnte der Panzer durch viele Flüsse waten, aber bei tieferen Gewässern musste er tauchen und auf dem Flussbett fahren. Für diese Lösung wurden aber zwei Panzer benötigt. Eine Maus musste der anderen Strom über ein Kabel liefern, bis der erste Panzer am anderen Ufer angekommen war. Unter Wasser saugte der Panzer über einen großen Schnorchel Luft an und konnte auf diese Weise bis in acht Meter Tiefe operieren.

Der zweite Prototyp (V2) war erst im Juni 1944 fertig. Er erhielt einen Turm von Krupp, bewaffnet mit einer 12,8-cm-KwK-44-L/55 und einer koaxialen 7,5-cm-KwK-44-L/36,5 sowie einem MG 34 7,92 mm. Dazu sollte ein Raumbild-Entfernungsmesser von Zeiss installiert werden, der präzises Feuer aus der 12,8-cm-Kanone bis auf 4.000 Meter Entfernung ermöglichen sollte.

Der erste Prototyp sollte den zweiten Turm von Krupp erhalten, aber dieser wurde nie ausgeliefert, sodass es bei der Turmattrappe mit Ballast blieb. Am 25. Juli 1944 meldete Krupp, dass vier weitere Wannen vor der Fertigstellung standen. Daraufhin kam der Befehl, alle Wannen zu verschrotten und die Arbeit an dem Projekt einzustellen.

DER ZWEITE PROTOTYP

Im September 1944 wurde an dem zweiten Prototypen ein dieselelektrischer Antrieb erprobt. Er basierte auf einem Dieselmotor MB 517 von Daimler-Benz und hatte eine fortschrittliche, elektrische Lenkung. Aber es ließen sich nur geringe Verbesserungen gegenüber dem vorherigen System feststellen. Der Prototyp hatte auch ein geändertes Laufwerk und 1.100 Millimeter breite Ketten, beide von Skoda konstruiert. Obwohl das Projekt Maus offiziell storniert worden war, baute die Simmering-Graz-Pauker AG in Wien mindestens einen speziellen 14-achsigen Verladewaggon für den schweren Panzer.

In den letzten Kriegswochen fiel V1 noch mit seiner Turmattrappe in der Nähe der Heeresversuchsanstalt Kummersdorf den Sowjets in die Hände. V2 wurde dort ebenfalls erbeutet, war aber von der Wehrmacht bereits gesprengt worden.

Die Rote Armee wollte den Panzer selbst erproben und ließ den Turm von V2 auf die Wanne von V1 setzen. Dieses Fahrzeug wurde in Deutschland fertiggestellt und ging im Mai 1946 für weitere Erprobungen nach Russland. Nach Abschluss der Erprobungen ging der Panzer an das Panzermuseum Kubinka in der Nähe von Moskau, wo er heute zu sehen ist.

E-Serie

Im Jahr 1942 ließ es sich nicht mehr leugnen, dass die Produktion der Panzer durch die immer größere Typenvielfalt bei begrenzten Fabrikkapazitäten stark behindert wurde. Bei den Ersatzteilen sah es noch schlimmer aus. Viele Panzer mussten aufgegeben werden oder standen lange herum, weil selbst einfachste Ersatzteile fehlten.

Im Mai 1942 fing der Regierungsbaurat Ernst Kniepkamp, Chefentwickler bei der Abteilung Waffenprüfamt 6 (WaPrüf 6) an, ein Entwicklungsprogramm (E) aufzulegen, um bestimmte Aspekte der Panzerkonstruktion zu durchleuchten. Er setzte dabei auf Ingenieurbüros von Firmen, die nicht aus dem Panzerbau kamen. Im April 1943 billigte das Heereswaffenamt seinen Vorschlag, den Panzerbau zu rationalisieren, indem alle vorhandenen Typen durch sechs Kategorien von Panzerfahrzeugen ersetzt wurden.

Zur Vereinfachung von Herstellung und Instandsetzung sollte jede Kategorie auf standardisierten Bauteilen basieren. Dazu sollten für alle Fahrzeuge vom E5 bis zum E100 dieselben Grundprinzipien gelten. Dazu zählten:

- Angeschraubte Tellerfedern statt der wesentlich aufwendigeren Drehstabfederung.
- Ersatz der konventionellen Laufrollen mit Gummireifen durch stählerne Laufrollen mit innenliegendem Gummiring.
- Wo immer möglich, Ersatz der Kugel- und Rollenlager durch einfache Lager.
- Alle Hauptwaffen sollten stabilisiert werden, um zu einem gewissen Maß aus der Bewegung feuern zu können und die Belastung das Schildzapfens bei Geländefahrt zu reduzieren.

Die Panzer der E-Serie waren ausgezeichnete, höchst fortschrittliche Fahrzeuge, von denen einige fast noch vor dem Kriegsende in die Fertigung gegangen wären. Die Prototypen des Jagdpanzers E25 mit einer modernisierten Version der 7,5-cm-KwK-L/70 aus dem Panther waren Anfang 1945 bereit zur Erprobung.

Das spektakulärste dieser Fahrzeuge, der E100, war nach einem Beschluss von Ende 1944, die Entwicklung überschwerer Panzer einzustellen, offiziell storniert worden. Die Arbeiten an der Wanne wurden aber mit geringerer Priorität fortgesetzt. Im April 1945 war sie fast fertig. Krupp schaffte es aber nicht mehr, den Turm zu liefern. Er hätte über eine 15-cm-KwK-44-L/38, eine koaxiale 7,5-cm-KwK-44-L/36,5 und ein MG 34 verfügen sollen.

E100

Gewicht	140,00 t
Länge	10,27 m
Breite	4,48 m
Höhe	3,32 m
Antrieb	Maybach-HL-234-Ottomotor mit 800 PS
Geschwindigkeit	20 km/h (Straße)
Reichweite	170 km (Straße)
Besatzung	5 Mann
Panzerung	40–240 mm
Bewaffnung	1 x 15-cm-KwK-44-L/38 mit 32 Schuss, 1 x koaxiale 7,5-cm-KwK-44-L/36,5 und 1 x koaxiales MG 34 7,92 mm mit 1.000 Schuss

Typen der E-Serie

Typ	Klasse in Tonnen	Fahrzeugtyp
E5	5–10	Alle leichten Panzer
E10	10–25	Schwerere Panzerwagen, leichte Jagdpanzer und selbstfahrende Artilleriegeschütze
E25	25–50	Spähpanzer, mittlere Jagdpanzer und schwere, selbstfahrende Artilleriegeschütze
E50	50–75	Mittlere Panzer als Ersatz für Panther, Tiger I und darauf basierende Panzer
E75	75–100	Schwere Panzer als Ersatz für Tiger II und Jagdtiger
E100	100 und darüber	Überschwere Panzer wie Maus und E100

E50

Der E50 sollte den Panther beerben und ähnelte ihm auch stark. Er hatte ein deutlich vereinfachtes Laufwerk und einen neuen, etwas kleineren Turm. Die modernisierte 7,5-cm-Kanone-L/70 sollte voll stabilisiert sein und über ein halbautomatisches Ladesystem verfügen. Dazu sollte die Feuerleitanlage ein Raumbild-Entfernungsmessgerät und einen IR-Suchscheinwerfer FG1250 IR mit Sichtgerät umfassen.

E100

So hätte ein einsatzfähiger E100 aussehen können. Mit seinem geringeren Gewicht war er nicht ganz so anfällig für Ausfälle wie die Maus, aber das enorme Gewicht der 15-cm-Munition hätte die Feuergeschwindigkeit stark beeinträchtigt.

TRUPPENKENNZEICHEN DER PANZERDIVISIONEN

1940 wurde ein vereinfachtes System von Divisionsabzeichen eingeführt. Es verfügte über gerade Striche, die einfach anzuwenden, zu behalten und zu erkennen waren. Für die am Unternehmen Zitadelle teilnehmenden Divisionen wurden im Juni 1943 ganz neue, vorübergehende Abzeichen geschaffen.

1. Panzer-Division
Das auf dem Kopf stehende „Y" der 1. Panzer-Division hat einen hohen Wiedererkennungswert.

2. Panzer-Division
Das Truppenkennzeichen der Division ähnelte dem der 1. Panzer-Division, hatte aber einen zusätzlichen kurzen Strich rechts neben dem Aufstrich des umgekehrten „Y".

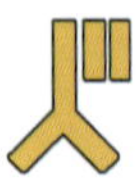

3. Panzer-Division
Das Abzeichen folgte mit zwei kurzen Strichen der Logik der 1. und 2. Panzer-Division.

4. Panzer-Division
Das Standardabzeichen folgte mit drei kurzen Strichen der Logik der 1., 2. und 3. Panzer-Division.

5. Panzer-Division
Das Standardabzeichen der 5. Panzer-Division entsprach dem der 1. Panzer-Division mit einem zusätzlichen kleinen Kreis rechts neben dem umgekehrten „Y".

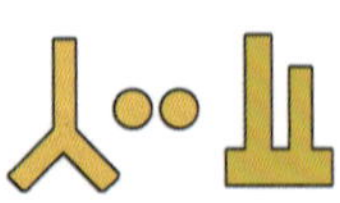

6. Panzer-Division
Links: Standard-Truppenkennzeichen.
Rechts: Neues Abzeichen für die Operation Zitadelle.

7. Panzer-Division

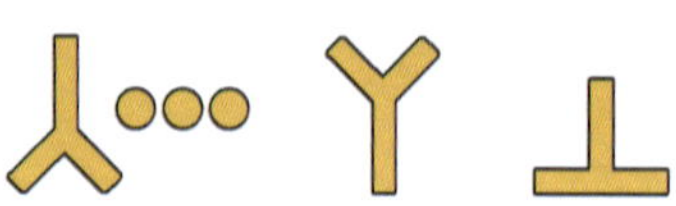

Links: Standard-Truppenkennzeichen ab Mitte 1940.
Mitte: Neues Abzeichen ab 1941 bis zum Ende des Krieges.
Rechts: Vorübergehendes Abzeichen für die Operation Zitadelle.

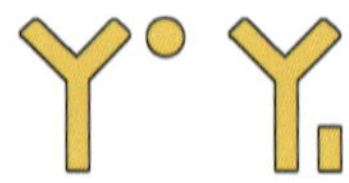

8. Panzer-Division
Links: Standard-Truppenkennzeichen der 8. Panzer-Division im Jahr 1940.
Rechts: Geänderte Version von 1941 bis 1945.

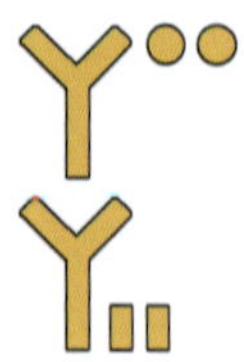

9. Panzer-Division
Oben: Truppenkennzeichen nach dem Frankreichfeldzug 1940.
Unten: Geänderte Version von 1941 bis 1945.

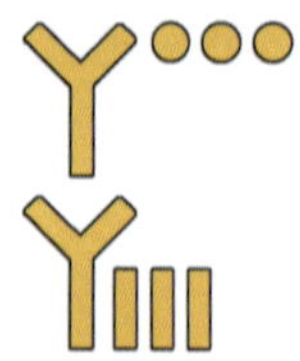

10. Panzer-Division
Oben: Standard-Truppenkennzeichen im Jahr 1940.
Unten: Geänderte Version von 1941 bis 1943.

11. Panzer-Division
Das Standardabzeichen der Division von ihrer Aufstellung 1940 bis zum Ende des Krieges.

12. Panzer-Division
Dieses Abzeichen trugen die Fahrzeuge der Division von ihrer Aufstellung 1941 bis zum Ende des Krieges.

13. Panzer-Division
Wie bei der 12. Panzer-Division trugen die Fahrzeuge der Division dieselben Abzeichen von ihrer Aufstellung 1941 bis zum Ende des Krieges.

14. Panzer-Division
Das Standardabzeichen der Division ab ihrer Aufstellung im August 1941. Es gab auch eine ähnliche, länglichere Version.

15. Panzer-Division

Das Abzeichen der Division in Nordafrika von 1941 bis 1943. Es gab es auch in Schwarz und in Weiß auf einem roten Kreis.

16. Panzer-Division

Truppenkennzeichen der Division von 1941 bis 1945. Ein ähnliches Symbol wurde 1943 in Italien benutzt.

17. Panzer-Division

Das Abzeichen der Division von ihrer Aufstellung im Herbst 1940 bis zum Ende des Krieges.

18. Panzer-Division

Das Truppenkennzeichen der Division war an die der 16. und 17. Panzer-Division angelehnt, hatte aber einen weiteren Querstrich.

19. Panzer-Division

Links: Das ursprüngliche Abzeichen war das alte Symbol der Wolfsangel. Rechts: Das neue Abzeichen für die Operation Zitadelle.

20. Panzer-Division

Ab Mitte 1941 trugen die Fahrzeuge der Division ein neues Abzeichen. Es gab Versionen mit gebogenen und geraden Linien.

21. Panzer-Division

Nach der Rückkehr aus Nordafrika im Jahr 1943 kämpfte die Division mit diesem neuen Abzeichen in Nordwesteuropa.

22. Panzer-Division

Das Abzeichen der 22. Division entsprach dem der 21. Panzer-Division, aber um 45° gegen den Uhrzeigersinn gedreht.

23. Panzer-Division

Das Abzeichen folgte der Logik der 21. und 22. Panzer-Division.

24. Panzer-Division

Links: Das Abzeichen der Division zeigt ihre Herkunft aus der Kavallerie. Rechts: Ab 1943 gab es auch diese vereinfachte Version.

25. Panzer-Division

Das Abzeichen war ursprünglich farbig, kam aber in Russland in vereinfachter Version zum Einsatz.

26. Panzer-Division

Das Abzeichen der Division stellte einen Grenadier aus der Zeit Friedrichs des Großen dar.

116. Panzer-Division

Diese Division war auch unter dem Namen „Windhund-Division" bekannt.

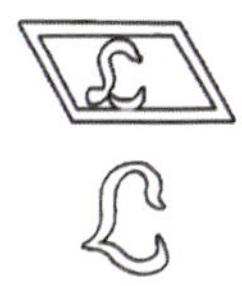

130. Panzer-Lehr-Division

Das Abzeichen der Division zeigte den Buchstaben „L" für „Lehr" innerhalb der Raute als taktisches Zeichen für einen Panzer.

1. SS-Panzer-Division Leibstandarte SS Adolf Hitler

Zu Ehren ihres Kommandeurs, Josef Dietrich, trug die Division einen Dietrich als Abzeichen.

2. SS-Panzer-Division „Das Reich"

Auch die Division „Das Reich" nutzte die Wolfsangel als Abzeichen.

3. SS-Panzer-Division „Totenkopf"

Der Totenkopf als Abzeichen verwies auf die Ursprünge als SS-Totenkopfverbände.

5. SS-Panzer-Division „Wiking"

Die Division „Wiking" nutzte das Sonnenrad, eine Version der Swastika, als Abzeichen.

9. SS-Panzer-Division „Hohenstaufen"

Das Abzeichen zeigte ein Schwert und ein „H" stellvertretend für den Ehrentitel der Division.

10. SS-Panzer-Division „Frundsberg"

Dieses Abzeichen zeigt das große „F" in deutscher Schrift vor Eichenlaub.

12. SS-Panzer-Division „Hitlerjugend"

Die Division zeigte ihre enge Verbundenheit mit der Leibstandarte SS Adolf Hitler durch eine Version des Dietrich-Symbols.

DEFINITION DER SONDERKRAFTFAHRZEUGE

Die Sonderkraftfahrzeuge wurden unter der Abkürzung SdKfz geführt. Dieser Begriff bezog sich auf Fahrzeuge, die für militärische Zwecke konstruiert und gebaut wurden und nicht auf solche ziviler Herkunft. Die einzelnen Versionen einer Konstruktion wurden durch eine Ziffer hinter einem Schrägstrich gekennzeichnet. Bei größeren Änderungen wurde eine neue SdKfz-Nummer vergeben.

NUMMER	FAHRZEUG	BESCHREIBUNG
SdKfz 2	Kleines Kettenkraftrad	Halbkettenfahrzeug mit Motorradvorderbau
SdKfz 3	Gleisketten-Lkw 2 t (Maultier)	2-t-Lkw mit Halbkettenlaufwerk
SdKfz 4	Schwerer Gleisketten-Lkw	4,5-t-Lkw mit Halbkettenlaufwerk (Maultier)
SdKfz 6	Mittlerer Zugkraftwagen 5 t	5-t-Lkw mit Halbkettenlaufwerk
SdKfz 7	Mittlerer Zugkraftwagen 8 t	8-t-Lkw mit Halbkettenlaufwerk
SdKfz 8	Schwerer Zugkraftwagen 12 t	12-t-Lkw mit Halbkettenlaufwerk
SdKfz 9	Schwerer Zugkraftwagen 18 t	18-t-Lkw mit Halbkettenlaufwerk
SdKfz 10	Leichter Zugkraftwagen 1 t	Halbkettenfahrzeug mit einer Tonne Anhängelast
SdKfz 11	Leichter Zugkraftwagen 3 t	Halbkettenfahrzeug mit drei Tonnen Anhängelast
SdKfz 101	Panzerkampfwagen I Ausf A, B	Panzer I
SdKfz 111	Munitionsschlepper auf PzKpfw I	Munitionsträger
SdKfz 121	Panzerkampfwagen II Ausf a, A, B, C, D, E, F	Panzer II
SdKfz 122	Panzerkampfwagen II (Flamm)	Flammenwerfer auf Panzer II
SdKfz 123	Panzer-Spähwagen II Ausf L Luchs	Aufklärungspanzer auf Panzer II
SdKfz 124	Geschützwagen II für leFH 18/2 (Sf.) Wespe	Selbstfahrendes Geschütz Wespe
SdKfz 131	Panzerjäger II für 7,5-cm-Pak-40/2	Selbstfahrendes Panzerabwehrgeschütz
SdKfz 132	Panzerselbstfahrlafette 1 / Panzerjäger II für 7,62-cm-Pak 36	Selbstfahrendes Panzerabwehrgeschütz
SdKfz 135	7,5-cm-Pak-40/1 auf Gw LrS (f) Marder I	Selbstfahrendes Panzerabwehrgeschütz auf Lorraine-Schlepper
SdKfz 135/1	15-cm-Schwere-Feldhaubitze-13/1-(Sf.) auf Gw Lorraine (f)	Feldhaubitze auf Lorraine-Schlepper
SdKfz 138	7,5-cm-Pak-40/3 auf PzJäg 38(t) Marder III	Selbstfahrendes Panzerabwehrgeschütz auf tschechischem Pz-38-Chassis
SdKfz 138/1	15-cm-sIG-33-(Sfl.) auf Pz 38(t) „Grille"	Schweres Infanteriegeschütz auf tschechischem Pz-38-Chassis
SdKfz 138/2	Jagdpanzer 38 Hetzer	Leichter Jagdpanzer
SdKfz 138/2	Flammpanzer 38	Flammenwerfer auf Panzer 38
SdKfz 138/2	Bergepanzer 38	Bergepanzer auf Panzer 38
SdKfz 138/2	15-cm-sIG-33/2-(Sf) auf Jagdpanzer 38	Selbstfahrendes Schweres Infanteriegeschütz
SdKfz 139	Panzerjäger 38(t) für 7,62-cm-PaK-36(r) Marder III	Panzerabwehrgeschütz (russisch) auf tschechischem Pz-38-Chassis
SdKfz 140	Flakpanzer 38(t) 2 cm Ausf L	Selbstfahrendes Flugabwehrgeschütz
SdKfz 140/1	Aufklärungspanzer 38(t) 2 cm	Selbstfahrendes Schweres Infanteriegeschütz auf Chassis des Hetzer
SdKfz 141	Panzerkampfwagen III Ausf A, B, C, D, E, F, G, H	Panzer III
SdKfz 141/1	Panzerkampfwagen III Ausf J, L, M	Panzer III

NUMMER	*FAHRZEUG*	*BESCHREIBUNG*
SdKfz 141/2	*Panzerkampfwagen III N*	*Panzer III*
SdKfz 141/3	*Panzerkampfwagen III (Flamm)*	*Flammenwerfer auf Panzer III*
SdKfz 142	*gep. SF für StuG 7,5 cm Ausf A, B, C, D, E (StuG III 7,5 L/24)*	*Sturmgeschütz*
SdKfz 142/1	*gep. SF für StuG 7,5 cm 40 Ausf F, F/8, G*	*Sturmgeschütz*
SdKfz 142/2	*gep. SF für 10,5 cm StuH 42 (StuH 42)*	*Sturmhaubitze*
SdKfz 143	*Panzerbeobachtungswagen (PzBeobWg III)*	*Beobachtungspanzer für Panzerartillerie*
SdKfz 161	*Panzerkampfwagen IV Ausf A, B, C, D, E, F*	*Panzer IV*
SdKfz 161/1	*Panzerkampfwagen IV Ausf F2, G*	*Panzer IV*
SdKfz 161/2	*Panzerkampfwagen IV Ausf H, J*	*Panzer IV*
SdKfz 161/3	*3,7-cm-Flak auf Pz IV (Möbelwagen)*	*Flugabwehrpanzer*
SdKfz 162	*StuG nA mit 7,5-cm-Pak-39-L/48 (Jagdpanzer IV)*	*Schwerer Jagdpanzer*
SdKfz 162/1	*Panzer IV/70(v) (Jagdpanzer IV 7,5 cm lang)*	*Schwerer Jagdpanzer*
SdKfz 164	*8,8-cm-Pak-43/1-L/71 auf Pz III und IV (Sf)*	*Selbstfahrendes Panzerabwehrgeschütz (Nashorn, früher Hornisse)*
SdKfz 165	*15-cm-Schwere-Panzerhaubitze-18/1*	*Selbstfahrende Schwere Feldhaubitze auf Pz III/IV (Sf) (Hummel)*
SdKfz 166	*StuH 43 L/12 auf Pz IV (Sf) (Brummbär)*	*Sturmpanzer mit Sturmhaubitze*
SdKfz 167	*StuG IV L/48*	*Sturmgeschütz*
SdKfz 171	*Panzerkampfwagen V Ausf D, A, G Panther*	*Panzer V Panther*
SdKfz 172	*StuG für 8,8-cm-StuK-43 auf Panther I*	*Ursprüngliche Bezeichnung für Schweren Jagdpanzer (Jagdpanther)*
SdKfz 173	*8,8-cm-Pak-43/3-L/71 auf Panzerjäger Panther*	*Schwerer Jagdpanzer*
SdKfz 179	*Bergepanzerwagen Panther*	*Bergepanzer*
SdKfz 181	*Panzerkampfwagen VI Ausf E*	*Schwerer Panzer VI Tiger I*
SdKfz 182	*Panzerkampfwagen VI Ausf B*	*Schwerer Panzer VI Tiger II oder Königstiger*
SdKfz 184	*Pz Jäger Tiger(P) Ferdinand für 8,8 cm mit Pak 43/2 (Elefant)*	*Schwerer Jagdpanzer*
SdKfz 185	*Jagdtiger für 8,8-cm-Pak-43-L/71*	*Schwerer Jagdpanzer*
SdKfz 186	*Jagdtiger für 12,8-cm-Pak-44-L/5*	*Schwerer Jagdpanzer*
SdKfz 221	*Leichter Panzerspähwagen (MG)*	*Leichtes Aufklärungsfahrzeug mit MG*
SdKfz 222	*Leichter Panzerspähwagen (2-cm-Kanone)*	*Leichtes Aufklärungsfahrzeug mit Kanone*
SdKfz 223	*Leichter Panzerspähwagen (Fu)*	*Leichtes Aufklärungsfahrzeug mit Funkgerät*
SdKfz 231	*Schwerer Panzerspähwagen 6-Rad*	*Schweres Aufklärungsfahrzeug 6x4*
SdKfz 231	*Schwerer Panzerspähwagen 8-Rad*	*Schweres Aufklärungsfahrzeug 8x8*
SdKfz 232	*Schwerer Panzerspähwagen 6-Rad (Fu)*	*Schwerer Panzerfunkwagen 6x4*
SdKfz 232	*Schwerer Panzerspähwagen 8-Rad (Fu)*	*Schwerer Panzerfunkwagen 8x8*
SdKfz 233	*Schwerer Panzerspähwagen 7,5-cm-KwK-37-L/24*	*Schweres Aufklärungsfahrzeug 8x8 mit 7,5-cm-Kanone*
SdKfz 234/1	*Schwerer Panzerspähwagen mit 2-cm-Kanone*	*Schweres Aufklärungsfahrzeug 8x8 mit 2-cm-Kanone*
SdKfz 234/2	*Schwerer Panzerspähwagen Puma mit 5-cm-Kanone*	*Schweres Aufklärungsfahrzeug Puma 8x8 mit 5-cm-Kanone KwK 39/1 L/60*
SdKfz 234/3	*Schwerer Panzerspähwagen mit 7,5-cm-KwK-51-L/24*	*Schweres Aufklärungsfahrzeug 8x8 mit 7,5-cm-Kanone*
SdKfz 234/4	*Schwerer Panzerspähwagen mit 7,5-cm-Pak-40-L/46*	*Schwerer Jagdpanzer 8x8 mit 7,5-cm-Kanone*
SdKfz 247	*Schwerer geländegängiger gepanzerter Personenkraftwagen*	*Gepanzerter Kommandeurswagen*

NUMMER	FAHRZEUG	BESCHREIBUNG
SdKfz 250	Leichter Schützenpanzerwagen (Munitionsfahrzeug)	Leichtes Halbkettenfahrzeug zum Mannschaftstransport
SdKfz 250/I-I	Leichter Schützenpanzerwagen (Fu)	Leichtes Halbkettenfahrzeug mit Funkgerät
SdKfz 250/2	Leichter Fernsprech-Panzerwagen	Leichtes Halbkettenfahrzeug mit Fernsprecher
SdKfz 250/3	Leichter Funkpanzerwagen	Leichtes Halbkettenfahrzeug mit Funkgerät
SdKfz 250/4	Leichter Truppenluftschutzpanzerwagen	Leichtes Halbkettenfahrzeug mit 2 Fla-MG-34
SdKfz 250/5-I	Leichter Beobachtungspanzerwagen	Leichtes Halbkettenfahrzeug mit Scherenfernrohr
SdKfz 250/5-II	Leichter Aufklärungspanzerwagen	Leichtes Halbkettenfahrzeug für die Aufklärungstruppe
SdKfz 250/6	Leichter Munitionspanzerwagen Ausf A, B	Leichter Munitionspanzerwagen für Sturmgeschütze
SdKfz 250/7	Leichter Schützenpanzerwagen (Munitionsfahrzeug)	Leichtes Halbkettenfahrzeug als Mörserträger (Schwerer Granatwerfer)
SdKfz 250/7	Leichter Schützenpanzerwagen (Munitionsfahrzeug)	Munitionsträger mit 66 Wurfgranaten
SdKfz 250/8	Leichter Kanonenwagen mit 7,5-cm-KwK-37	Leichtes Halbkettenfahrzeug für Feuerunterstützung
SdKfz 250/9	Leichter Schützenpanzerwagen mit 2-cm-KwK-38	Leichtes Halbkettenfahrzeug für die Aufklärungstruppe
SdKfz 250/10	Leichter Schützenpanzerwagen mit 3,7-cm-PaK-36-L/45	Leichtes Halbkettenfahrzeug für den Zugführer mit 3,7-cm-Panzerabwehrkanone
SdKfz 250/11	Leichter Schützenpanzerwagen (sPzB 41)	Leichtes Halbkettenfahrzeug für den Zugführer mit der 2,8-cm-schweren-Panzerbüchse-41
SdKfz 250/12	Leichter Messtruppwagen	Leichtes Halbkettenfahrzeug für Schall- und Lichtmessung
SdKfz 251	Mittlerer Schützenpanzerwagen	Mittleres Halbkettenfahrzeug zum Mannschaftstransport
SdKfz 251/I-II	Mittlerer Schützenpanzerwagen (Fu)	Mittleres Halbkettenfahrzeug mit Funkgerät
SdKfz 251/2	Mittlerer Schützenpanzerwagen (Granatwerfer)	Mittleres Halbkettenfahrzeug als Mörserträger
SdKfz 251/3	Mittlerer Funkpanzerwagen	Mittleres Halbkettenfahrzeug mit Funkgerät
SdKfz 251/3-IV	Mittlerer Funkpanzerwagen (Kommandowagen)	Mittleres Halbkettenfahrzeug mit Funkgerät und Rahmenantenne
SdKfz 251/4	Mittlerer Schützenpanzerwagen (IG Mun)	Mittleres Halbkettenfahrzeug zum Transport von Munition und Zubehör für das 7,5-cm-Leichtes-Infanteriegeschütz-18
SdKfz 251/5	Mittlerer Pionierpanzerwagen	Mittleres Halbkettenfahrzeug für Pionierzug mit Behelfsbrücke
SdKfz 251/6	Mittlerer Kommandopanzerwagen	Mittleres Halbkettenfahrzeug mit Funkgerät und Rahmenantenne
SdKfz 251/7	Mittlerer Pionierpanzerwagen	Mittleres Halbkettenfahrzeug für Pionierzug mit Behelfsbrücke
SdKfz 251/8	Mittlerer Krankenpanzerwagen	Mittleres Halbkettenfahrzeug als Sanitätsfahrzeug
SdKfz 251/9	Mittlerer Schützenpanzerwagen	Mittleres Halbkettenfahrzeug mit 7,5-cm-KwK 37
SdKfz 251/10	Mittlerer Kanonenpanzerwagen mit 3,7-cm-PaK-36	Mittleres Halbkettenfahrzeug für den Zugführer mit 3,7-cm-Panzerabwehrkanone
SdKfz 251/11	Mittlerer Fernsprechpanzerwagen	Mittleres Halbkettenfahrzeug für das Verlegen von Fernsprechleitungen
SdKfz 251/12	Mittlerer Messtrupp- und Gerätepanzerwagen	Mittleres Halbkettenfahrzeug für Schall- und Lichtmessung
SdKfz 251/13	Mittlerer Schallaufnahmepanzerwagen	Mittleres Halbkettenfahrzeug für die Schallaufnahme
SdKfz 251/14	Mittlerer Schallauswertepanzerwagen	Mittleres Halbkettenfahrzeug für die Schallauswertung
SdKfz 251/15	Mittlerer Lichtauswertepanzerwagen	Artillerie-Mündungsblitz-Erkennungsmaschine
SdKfz 251/16	Mittlerer Flammpanzerwagen	Mittlerer Flammpanzerwagen
SdKfz 251/17	Mittlerer Schützenpanzerwagen	Mittleres Halbkettenfahrzeug mit 2-cm-FlaK-38
SdKfz 251/18	Mittlerer Beobachtungspanzerwagen	Mittleres Halbkettenfahrzeug für die Beobachtung
SdKfz 251/19	Mittlerer Fernsprechbetriebspanzerwagen	Mittleres Halbkettenfahrzeug als mobile Fernsprechzentrale
SdKfz 251/20	Mittlerer Schützenpanzerwagen	Mittleres Halbkettenfahrzeug mit Infrarotscheinwerfer (Uhu)

NUMMER	FAHRZEUG	BESCHREIBUNG
SdKfz 251/21	Mittlerer Schützenpanzerwagen	Mittleres Halbkettenfahrzeug mit Fla-MG Drilling (1,5 oder 2 cm)
SdKfz 251/22	7,5-cm-Pak-40-L/46 auf Mittlerem Schützenpanzerwagen	Mittleres Halbkettenfahrzeug als Panzerjäger
SdKfz 251/23	2-cm-Hängelafette-38 auf Mittlerem Schützenpanzerwagen	Mittleres Halbkettenfahrzeug für die Aufklärungstruppe
SdKfz 252	Leichter gepanzerter Munitions-transportkraftwagen	Leichter Munitionspanzerwagen für Sturmgeschütze
SdKfz 253	Leichter gepanzerter Beobachtungskraftwagen	Leichtes Halbkettenfahrzeug mit Scherenfernrohr
SdKfz 254	Mittlerer gepanzerter Beobachtungskraftwagen	Mittleres Halbkettenfahrzeug für die Beobachtung
SdKfz 260	Kleiner Panzerfunkwagen (4-Rad)	Leichtes Aufklärungsfahrzeug mit Funkgerät
SdKfz 261	Kleiner Panzerfunkwagen (4-Rad)	Leichtes Aufklärungsfahrzeug mit Funkgerät
SdKfz 263	Schwerer Panzerfunkwagen (6-Rad)	Schwerer Panzerfunkwagen 6x4
SdKfz 263	Schwerer Panzerfunkwagen (8-Rad)	Schwerer Panzerfunkwagen 8x8
SdKfz 265	Kleiner Panzerbefehlswagen (Pz I)	Leichter Befehlswagen auf Panzer I
SdKfz 266	Panzerbefehlswagen Ausf E, H, 5-cm-KwK-L/42, Ausf K	Mittlerer Befehlswagen auf Panzer III
SdKfz 267	Panzerbefehlswagen Ausf D (Pz III)	Mittlerer Befehlswagen auf Panzer III
SdKfz 267	Panzerbefehlswagen Panther	Befehlswagen auf Panzer Panther
SdKfz 267	Panzerbefehlswagen Tiger I	Befehlswagen auf Panzer Tiger
SdKfz 268	Großer Panzerbefehlswagen	Großer Befehlswagen auf Panzer III, Panther oder Tiger
SdKfz 280	Gepanzerter Munitionsschlepper	Gepanzertes Munitionstransportfahrzeug
SdKfz 300	Minenräumwagen Ausf I und II	Minenräumpanzer
SdKfz 301	Schwerer Ladungsträger Ausf A, B und C	Schweres Sprengfahrzeug mit Fernsteuerung
SdKfz 302	Leichter Ladungsträger Ausf A (Goliath)	Leichtes Sprengfahrzeug mit Fernsteuerung
SdKfz 303	Leichter Ladungsträger Ausf B (Goliath)	Leichtes Sprengfahrzeug mit Fernsteuerung
SdKfz 304	Mittlerer Ladungsträger (Springer)	Mittleres Sprengfahrzeug mit Fernsteuerung

BILDHINWEISE

ABBILDUNGEN

Amber Books/Art-Tech: *10, 14/15, 16, 23, 41, 71, 72, 77, 86, 96/97, 136, 140, 147*

Bundesarchiv: *23 oben*

Cody Images: *6/7, 11, 13, 17, 19, 35, 44/45, 46, 49, 56, 67, 69, 94, 95, 98/99, 105, 108/109, 113, 115, 116/117, 121, 123, 129, 130, 135, 142/143, 144, 148, 154, 157, 161, 165, 166, 168/169, 174, 175, 184, 191, 196/197, 203, 222/223, 228*

Getty Images: *62/63 (LAPI/Roger Viollet)*

Staatsarchiv der Ukraine: *51, 75, 120*

Stock.Adobe.com: *4 (Sean Gladwell)*

US-Nationalarchiv: *112, 195*

ILLUSTRATIONEN:

Alle Illustrationen mit freundlicher Genehmigung der ***Tank Encyclopedia (www.tanks-encyclopedia.com)****, bis auf Folgende:*

Alcaniz Freson's S.A.: *38–39, 60, 88–89*

Amber Books/Art-Tech: *24–25, 78–79, 102/103, 107 oben, 158–159, 172, 173 Mitte und unten, 176*